西门子运动控制丛书——数控系统篇

SINUMERIK 828D

铣削操作与编程轻松进阶

第 2 版

主编　皆　华　陈伟华

参编　曹彦生　李晓晖　温大为

　　　徐　超　曹彦文

U0191122

机械工业出版社

本书主要介绍了 SINUMERIK 828D 数控系统铣削加工操作和编程指令的运用方法，并针对具体实例给出了完整的加工程序及其说明。本书针对不同的编程思路和方法，介绍了不同指令的应用范围、实际效果对比，容易出现的问题、错误以及解决方法等。本书主要内容包括：SINUMERIK 828D 系统简介、机床系统面板操作、数控铣削编程基础、刀具补偿编程指令、程序运行控制、变量与数学函数、标准工艺循环指令、铣削工艺循环编程实例和 SinuTrain 仿真软件的应用。

本书可供使用西门子 SINUMERIK 828D 数控系统的工程技术人员及操作人员使用，还可供大中专院校和各类职业学校的数控专业师生以及数控技能大赛的选手参考。

图书在版编目（CIP）数据

SINUMERIK 828D 铣削操作与编程轻松进阶/昝华，陈伟华主编. —2版. —北京：机械工业出版社，2018.5（2024.2 重印）

（西门子运动控制丛书. 数控系统篇）

ISBN 978-7-111-59603-5

Ⅰ.①S… Ⅱ.①昝… ②陈… Ⅲ.①数控机床-铣床-程序设计②数控机床-铣床-金属切削 Ⅳ.①TG547

中国版本图书馆 CIP 数据核字（2018）第 065964 号

机械工业出版社（北京市百万庄大街 22 号 邮政编码 100037）
策划编辑：赵磊磊 责任编辑：赵磊磊 王 良 责任校对：张 薇
封面设计：马精明 责任印制：张 博
北京建宏印刷有限公司印刷
2024 年 2 月第 2 版第 5 次印刷
184mm×260mm · 18 印张 · 486 千字
标准书号：ISBN 978-7-111-59603-5
定价：49.80 元

序

　　西门子工业业务领域对逻辑、过程以及运动控制领域的全解决方案，为中国的现代化建设、重点关键行业的发展以及产业升级都起到了积极的促进作用。西门子股份公司与中国企业的合作也是中德合作的典型代表。

　　在数控机床领域，西门子数控系统在中、大、重型机床，高速、高精复合机床方面的表现尤为突出。特别是近几年在众多国家重大专项新机型的开发上也成为用户的普遍选择。西门子数控系统具有其独特的开放性，在设计、制造有特色而非同质化的机床方面展现出优良的二次开发创新潜力。在这个重创新、重工艺、重信息化，并以数字化为制造基础的时代，这些显得尤为重要。西门子为中国市场提供的不仅是低、中、高全系列数控产品，更是一个先进、可持续的应用发展开放平台。

　　为了让更多用户熟悉、用好西门子的数控技术，我们现在和今后都将重视培训教材的开发，本书便是一个很好的例子。本书由具有多年丰富经验的产品经理陈伟华女士和北京联合大学昝华老师担任主编，同时也组织了大量有设计经验的优秀工程师、用户以及有多年数控教育经验的名师共同参与创作。相信这本书一定会给更多的使用者带来新的体验和创新灵感！

西门子（中国）有限公司
数字化驱动集团运动控制部
机床数控系统总经理

前　言

西门子公司自 1960 年推出第一款 SINUMERIK 数控产品至今已有 50 余年的历史。SINUMERIK 系列主流数控产品（SINUMERIK 808D、828D、840D sl）在机械制造领域占有很大的市场份额，其先进、强大、创新的 NC、驱动、用户界面功能获得了业内人士的青睐和肯定。尤其是 2009 年底推出的 SINUMERIK 828D 紧凑型系统，以其卓越的性能和独创、便捷的用户界面（SINUMERIK Operate）赢得了国内外市场的好评。在第五届全国数控技能大赛中该系统正式进入铣床和车床赛项，对我国数控技术应用人才的培养和储备发挥了重要作用。

SINUMERIK 828D 系统采用与 SINUMERIK 840D sl 相同的 SINUMERIK Operate 用户界面，其布局清晰、直观，并具有众多便捷、强大的操作和编程功能，极大地提升了铣削、车削加工的生产率。随着该产品在各行业应用范围的迅速增加，业界内对于学习 SINUMERIK 数控操作和编程加工技术的需求日益增多。本书就是以 SINUMERIK 828D 系统为例，深入浅出地介绍了其操作和编程方法，旨在帮助读者快速掌握并提升应用 SINUMERIK 产品的水平。

本书内容由浅入深，不仅包括了适合初学者学习的 SINUMERIK 828D 面板操作方法、快捷键使用方法，编程基本指令以及部分高级指令的用法及实例，工艺循环指令的用法及编程实例，并介绍了 SinuTrain 仿真软件和 RCS Commander 通信软件等工具软件的内容。本书围绕着 SINUMERIK 828D 数控系统铣削加工操作和编程方法，同时结合实例给出了完整的加工程序清单及其说明。对于编程时的注意事项、编程技巧等，辅以"说明""注意"等小栏目进行说明。本书可供使用西门子 SINUMERIK 828D 数控系统的工程技术人员及操作人员使用，还可供大中专院校和各类职业学校的数控专业师生以及数控技能大赛的选手参考。

本书由昝华和陈伟华主编，参加编写的有曹彦生、李晓晖、温大为、徐超和曹彦文。本书的编写得到了西门子（中国）有限公司、北京联合大学、北京新风机械厂、北京工业技师学院的大力支持，在此表示感谢！同时参考或引用了一些资料，在此对其作者表示感谢！

由于作者水平有限，书中难免存在不足之处，恳请广大读者批评指正。相关意见和建议请发送至 taolun2014@ 126. com，对您的意见和建议，我们将表示由衷的感谢。

编　者

SINUMERIK 828D 数控系统介绍

　　SINUMERIK 828D 数控系统是西门子数控系统中面向标准型车削、铣削和磨削机床的紧凑型数控系统。凭借支持不同加工工艺的系统软件，其应用范围广泛多样，适用于加工中心和基本型卧式加工中心，平面及内外圆磨床，以及带有副主轴、动力刀头和 Y 轴的双通道车床。坚固耐用的硬件架构和智能的控制算法，以及出色的驱动和电动机技术，确保了极高的动态响应性能和加工精度。直观的 SINUMERIK Operate 用户界面成就了高效的机床操作。SINUMERIK 828D 系列控制系统的卓越性能使其能够满足标准车床、铣床和磨床的各种要求。除此之外，它还配套了众多的 IT 集成解决方案。凭借卓越的数控性能，SINUMERIK 828D 系列数控系统无论在标准车/铣机床上，还是功能相对单一的磨削机床上，都成了高效加工的典范。

　　可根据需要选择水平布局面板、垂直布局面板和四种性能系统软件（SW24、SW26、SW28、SW28A），满足机床不同的安装形式和性能的需要。完全独立的车削、铣削和磨削应用系统软件，可以尽可能多地预先设定机床工艺功能，从而最大极度地减少机床调试所需时间。

　　SINUMERIK 828D 集 CNC、PLC、操作界面以及轴控制功能于一体，通过 Drive-CLiQ 总线与全数字驱动 SINAMICS S120 实现高速可靠的通信，PLC I/O 模块通过 PROFINET 连接，可自动识别，无须额外配置。大量高档的数控功能和丰富、灵活的工件编程方法使其可以自如地应用于各种加工场合。

　　SINUMERIK 828D 首次将现代的计算机和手机技术应用于紧凑型机床。SINUMERIK Operate 人机界面具有丰富的图形化在线帮助以及动画支持来引导操作者对参数进行修改，这给用户带来了极大的便利。USB、CF 卡和以太网接口使得数据的传输和集成车间局域网变得简便快捷。通过 Easy Message 短信功能，SINUMERIK 828D 可以通过短消息实施过程监控。根据接收者的属性定义，机床可以发送工件加工状态、当前刀具状态以及机床维护提示等信息。通过以上功能的应用，可将机床的待机时间压缩到最短。

　　SINUMERIK 828D 支持铣削、车削和磨削工艺应用。铣床版充分满足立式加工中心的应用，同时可以控制诸如用于圆柱形工件加工的 A 轴或用于倾斜平面加工的转台或旋转主轴附件头。利用精优曲面（Advanced Surface）和臻优曲面（Top Surface）控制，通过先进的预读算法和智能程序段压缩、平滑功能，确保模具加工的最快速度以及最佳表面质量和加工精度，SINUMERIK 828D 可以完美胜任高精度模具的加工。

　　SINUMERIK 828D 支持各种灵活的编程方式，既适用于单件和小批量的加工，也适用于大批量工件的生产。小批量生产时，使用 ShopMill 或 ShopTurn 图形化工步式编程可以大大缩短编程时间；大批量生产时，通过高级语言编程和参数化工艺循环编程向导的配合，也可以有效减少编程时间。除此之外，SINUMERIK 828D 支持亚洲比较流行的 ISO 编程语言，机床制造商可用一种数控系统就能打开全球市场。

1

1.1 SINUMERIK 828D 系统的特点

1. 紧凑

1）10.4in（1in＝0.0254m）或15.6in（触模屏）的TFT彩色显示器和全尺寸CNC键盘，让用户拥有最佳的操作体验。

2）丰富便捷的通信端口：前置USB 2.0、CF卡和以太网接口。

3）前面板采用压铸镁合金制造，精致耐用。

2. 强大

1）80位浮点数纳米计算精度（NANOFP），达到了紧凑型系统新的巅峰。

2）组织有序、直观的刀具管理功能和强大的坐标转换功能，满足对高级数控功能的需要。

3）精优曲面和臻优曲面控制技术，可以让模具制造获得最佳表面质量、加工精确度和最少加工时间。

3. 简单

1）SINUMERIK Operate——全新集成的图形化人机界面集方便的操作、编程功能于一身，确保用户可以高效快捷地操作机床。

2）ShopMill工步编程：加工单个零件和小批量生产时可将编程时间控制到最短。

3）programGUIDE编程向导：大批量生产时可实现最短的加工时间和最大的灵活性。

4）独特的工艺循环。覆盖从带剩余材料检测的任意轮廓铣削加工，到在线测量的各类加工工艺。

5）动画功能。独特的动画功能支持操作和编程。生动的动画提示，使工艺参数的设置更加方便和直观。

6）加工程序仿真。不仅可以确保从最佳视角观察到加工细节，还可以计算出加工时间，保证生产率。

7）Easy Archive备份管理功能使调试和维护准备充分且执行迅速。轻触Easy Extend机床选项管理的一个按键即可完成机床选件的安装。

8）摒弃了电池、硬盘和风扇等易损部件，真正做到了免维护。

1.2 数控编程特点

SINUMERIK 828D数控系统的编程特点如下：

1）带有高级语言指令的SINUMERIK G代码编程，适用于中大批量生产的编程。

2）programGUIDE编程向导：用于SINUMERIK G代码编程的工艺循环支持。

3）ShopMill工步编程，适用于单个零件和小批量加工的高效编程。

4）集成ISO代码编译器。

5）采用可读程序名的程序管理器。

6）自由访问所有储存介质的程序管理器工艺循环。

7）适用于programGUIDE编程向导和ShopMill工步编程的工艺循环。

8）标准工艺循环

① 标准几何形状的钻铣循环。

② 轮廓路径铣削。

③ 快速设定。

9）高级工艺循环

① 钻孔和铣削螺纹的组合加工。

② 铣削螺纹。

③ 铣削多边形。

④ 刻字。

⑤ 铣削轮廓型腔和凸台。

10）用于钻铣加工的多种位置模型。

11）用于自由轮廓输入的几何计算器。

12）剩余材料自动检测和加工。

13）自动测量循环，带记录功能和图形功能。

14）动画功能。

15）上下文关联的图形在线帮助系统。

16）二维图形加工模拟。

17）三维图形加工模拟。

1.3　最终用户相关的系统选项功能

1）高级扩展工艺循环：6FC5800-0AP58-0YB0。

2）扩展的操作功能：6FC5800-0AP16-0YB0。

3）工步编程 ShopTurn/ShopMill：6FC5800-0AP17-0YB0。

4）双通道同步编程 programSYNC：6FC5800-0AP05-0YB0。

5）轮廓加工的剩余材料检测和去除：6FC5800-0AP13-0YB0。

6）3D 成品模拟：6FC5800-0AP25-0YB0。

7）加工实时模拟：6FC5800-0AP22-0YB0。

8）钻削/铣削及车削的测量循环：6FC5800-0AP28-YB0。

9）网络驱动器管理：6FC5800-0AP01-0YB0。

10）替换刀具管理：6FC5800-0AM78-0YB0。

11）远程诊断功能 RCS Host：6FC5800-0AP30-0YB0。

12）轮廓手轮：6FC5800-0AM08-0YB0。

13）臻优曲面 Top Surface：6FC5800-0AS17-0YB0。

14）样条插补（A、B 和 C 样条）：6FC5800-0AS16-0YB0。

15）旋转轴运动测量循环：6FC5800-0AP18-0YB0。

16）SINUMERIK Integrate Access MyMachine/OPC UA：6FC5800-0AP67-0YB0。

17）DXF-Reader：6FC5800-0AP56-0YB0。

18）扩展 CNC 用户存储器：6FC5800-0AP77-0YB0。

19）从外部存储器 EES 上执行：6FC5800-0AP75-0YB0。

第 2 章

机床系统面板操作

了解 SINUMERIK 828D 用户操作界面（SINUMERIK Operate）是学习和使用该系统的基础。其操作界面以独特的方式展示了系统的强大功能，并引导操作者轻松地完成对机床的控制和加工程序的编辑工作。

2.1 操作组件

横排面板操作单元如图 2-1 所示。

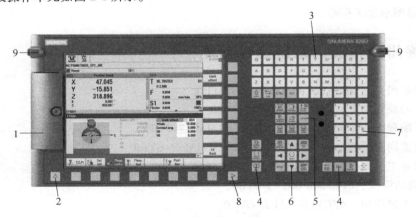

图 2-1 横排面板操作单元

1—用户接口的保护盖 2— 菜单回调键 3— 字母区 4— 控制键区 5—热键区
6— 光标区 7— 数字区 8— 菜单扩展键 9— 3/8in 螺孔

SINUMERIK 828D 数控系统采用 TFT 彩色显示屏，有 10.4in（PPU 24x.3/28x.3）或 15.6in（PPU 290.3 触屏）两种。显示屏共有 8 个水平软键和 8 个垂直软键，目录菜单级数少，操作简单方便。键盘是 QWERTY 全键盘，可以直接输入程序文本、刀具名称以及文本语言指令，无须按下【Shift】[⊖]键即可输入双挡键的第二行字符。在操作面板上方的两侧配有标准的 3/8in 的螺孔，可以安装常用的辅助装置，如图纸架等。

2.1.1 操作面板

在操作面板上可对 SINUMERIK Operate 操作界面进行显示和操作。面板处理单元 PPU 280 是用于操作控制系统和机床运行的典型组件。

⊖ 本书为了叙述方便，使用图形符号或【 】表示键盘按钮（硬键），如 或【选择】，使用图形符号或〖 〗表示屏幕按钮（软键），如 G功能 或〖G 功能〗。

4

1. 面板操作单元

SINUMERIK 828D 数控系统面板操作单元的外形布置有横排和竖排两种，横排面板操作单元如图 2-1 所示。在面板的左侧配有用户接口，如图 2-2 所示。

光标区功能按键如图 2-3 所示，控制键区和热键区部分功能按键说明见表 2-1。

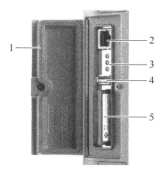

图 2-2　用户接口保护盖后的接口布置示意图

1—用户接口的保护盖　2—Ethernet（维修插口）X127　3—RDY、
NC、CF 状态 LED　4—USB 插口 X125　5—CF 卡的插槽

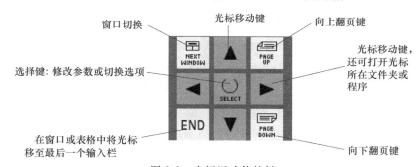

图 2-3　光标区功能按键

表 2-1　控制键区和热键区部分功能按键说明

按　键	功　能	按　键	功　能
ALARM CANCEL	删除带此符号的报警和显示信息	MENU SELECT	调用基本菜单来选择操作区域
1…n GROUP CHANNEL	当存在多个通道时，在通道间进行切换	INSERT	插入键。在插入模式下打开编辑区域。再次按下此键时，退出区域并取消输入 打开选择区域并显示可进行的选择
HELP	调用所选窗口中和上下文相关的在线帮助	INPUT	完成输入栏中值的输入 打开目录或程序

2. 机床控制面板

一般情况下可以为数控机床配备西门子机床标配型控制面板或者机床制造商提供的专用机床控制面板。通过机床控制面板可以对机床进行控制，例如运行轴或者加工工件等。

本书以 MCP 483C PN（见图 2-4）和 MCP 310 PN（见图 2-5）为例，介绍机床控制面板的操作方法和显示单元。

图 2-4 所示键盘功能区说明（按分区号）见表 2-2。

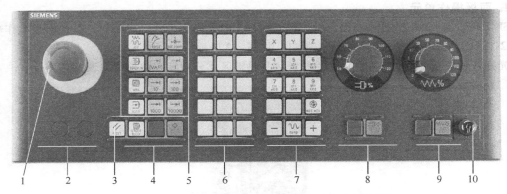

图 2-4 MCP 483C PN 机床控制面板功能分区说明

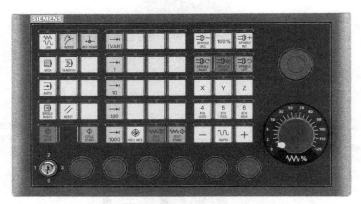

图 2-5 MCP 310 PN 机床控制面板

表 2-2 键盘功能区说明（按分区号）

分区	按键	功 能	分区	按键	功 能
1		急停键。在下列情况下按下此键：有生命危险时，机床或工件存在受损的危险时	4	CYCLE STOP	停止键。程序控制停止执行程序
2		指令设备的安装位置（$d=16mm$）		JOG	选择运行方式"JOG"
3	RESET	复位键。中断当前程序的处理。NCK 控制系统保持和机床同步。系统恢复了初始设置，准备好再次运行程序。删除报警		TEACH IN	选择子运行方式"示教"
4	SINGLE BLOCK	单段方式选择键。程序控制打开/关闭单程序段模式	5	MDA	选择运行方式"MDA"
	CYCLE START	启动键。程序控制开始执行程序		AUTO	选择运行方式"AUTO"

（续）

分区	按键	功　能	分区	按键	功　能
5	REPOS	再定位、重新逼近轮廓	7	＋ … －	方向键。选择运行方向
	REF.POINT	返回参考点		RAPID	同时按下方向键时快速移动轴
	1 … 10000	增量进给键。用于设定的增量值 1,…,10000 运行		WCS MCS	在工件坐标系（WCS）和机床坐标系（MCS）之间切换
	[VAR]	可变增量进给键。以可变增量运行,增量值取决于机床数据	8	SPINDLE STOP	主轴停止。用于主轴控制,带倍率开关
6		用户自定义键：T1～T15。例如刀库转动、冷却启停、工作灯选择键等		SPINDLE START	启动主轴
7	X … Z	运行轴,带快速移动倍率和坐标转换轴按键选择轴	9	FEED STOP	进给轴控制,带倍率开关。停止正在执行的程序,停止进给轴驱动
				FEED START	启动当前程序段的运行,进给轴加速到程序指定的进给率
			10		钥匙开关（四个位置）

2.1.2　基本操作界面和按键

按图 2-1 所示的面板处理单元中的热键区的功能按键 "基本菜单选择" 即〖MENU SELECT〗，进入图 2-6 所示的系统功能界面；再按水平软键或垂直软键，使用软键可以显示一个新的窗口或者执行相应功能。操作软键分为 6 个操作区域（〖加工〗、〖参数〗、〖程序〗、〖程序管理器〗、〖诊断〗、〖调试〗）以及 6 种运行方式或子运行方式（【JOG】、【MDA】、【AUTO】、【TEACH In】、【REF POINT】、【REPOS】）。

基本操作的功能软键与对应显示的水平软键的关系如图 2-7 所示。

2.1.3　系统快捷键

SINUMERIK 828D 数控系统为提高信息的输入速度，还允许使用快捷键方式对系统进行操作，系统操作快捷键见表 2-3。

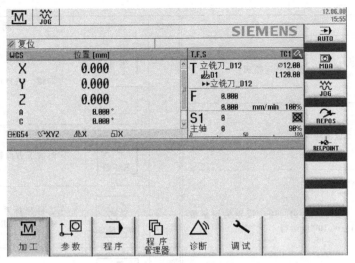

图 2-6 系统功能界面

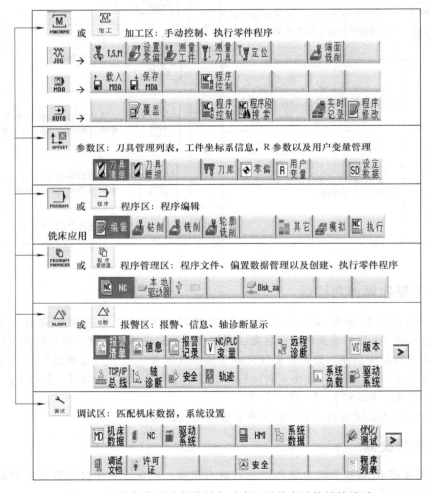

图 2-7 基本操作的功能软键与对应显示的水平软键的关系

表 2-3　系统操作快捷键

Ctrl+P	屏幕截屏,并将它保存为文件【调试】→【系统数据】:system data/HMI data/logs/screenshots	▲ ▶ ▼ ◀	程序模拟或实时记录中,移动视图
Ctrl+L	依次切换操作界面上所有已安装语言	Shift+ ▲ / ▼	旋转 3D 视图(程序模拟／实时记录)
Ctrl+C	复制选中的内容	▲ ▼	程序模拟或实时记录中,移动窗口
Ctrl+X	剪切选中的文本。文本位于剪贴板中	Ctrl+ ▲ / ▼	倍率+/-(程序模拟)
Ctrl+V	粘贴:将文本从剪贴板中粘贴至当前的光标位置,或将文本从剪贴板中粘贴至选中的文本位置	Ctrl+S	在模拟中启用/关闭"单程序段"
Ctrl+Y	重复插入(编辑功能)最多可撤销 10 次修改	Ctrl+F	激活查找功能在 MDA 编辑器与程序管理器中载入和保存数据时,该快捷键打开机床数据表和设定数据表,在系统数据中打开搜索对话框
Ctrl+Z	取消,最大 5 行(编辑功能)		
Ctrl+A	全选(仅在程序编辑器和程序管理器中)	Alt+S	激活中文输入
		Ctrl+E	Control Energy 打开节能界面
Ctrl+ NEXT WINDOW	返回程序头	Ctrl+G	在程序编辑器的 ShopMill 或 ShopTurn 程序中切换加工计划和图形视图。或者在参数设置对话框中切换帮助画面和图形视图
Ctrl+ END	返回程序尾		
Ctrl+Alt+S	保存完整备份数据 NCK/PLC/驱动/HMI在 828D 系统的外部数据存储器(USB 闪存驱动器)上创建完整的 Easy Archive 存档(.ARC)	Ctrl+M	最大程序模拟速度
Ctrl+Alt+D	保存记录文件至 U 盘或 CF 卡将日志文件保存到 USB 闪存驱动器上。如果没有插入 USB 闪存驱动器,则文件会被保存到 CF 卡的制造商区域中	Shift+ END	标记到本程序段结尾
Shift+【INSERT】	直接编辑编程向导 program Guide 工艺循环语句	Shift+ NEXT WINDOW	标记到本程序段头
【INSERT】	在插入模式下打开编辑栏。再次按下此键,退出输入栏,撤销输入(例如参数被误操作修改,可撤销输入)。或打开下拉菜单,显示下拉选项。或在工步程序中插入一行空行,用于 G 代码。也可在双编辑器或多通道视图中从编辑模式切换为操作模式。再次按下该键可重新进入编辑模式	Alt+ NEXT WINDOW	返回本程序段头
		END	返回本程序段结尾
" = "	激活口袋计算器		

2.1.4 屏幕界面的区域划分

SINUMERIK 828D 数控系统显示屏幕按照区域划分的方式，将数控程序指令、运行参数或报警信息等内容呈现给操作者，如图 2-8 所示。

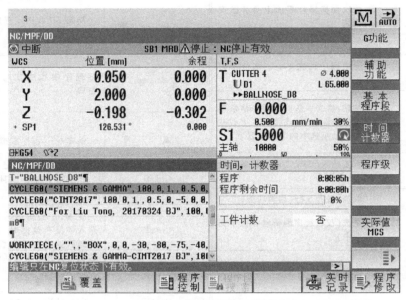

图 2-8 屏幕界面信息区域划分

现将各分区的功能说明如下：

（1）有效操作区域和操作模式

1）操作区域包括：加工 、参数 、程序 、程序管理器 、诊断 、调试 。

2）操作模式包括： **JOG** 、 **AUTO** 、 **MDA** 、 **Teach In** 、 **REPOS** 、 **REF POINT** 。

（2）报警或信息行

1）NC 或 PLC 信息： **700001** **PLC** 没有 **OFF1** 。信息编号和文本都以黑色字体显示。箭头表示存在多个有效的信息。

2）报警显示： **8080** 已经设置了 7 个选项，并且没有输入许可证密码 ，会在红色背景下以白色字体显示报警编号"8080"；相应的报警文本"已经设置了 7 个选项，并且没有输入许可证密码"则以红色字体显示；箭头"↓"表示存在多个有效的报警；确认符号" "表示可以确认报警或者删除报警。

3）来自 NC 程序的信息 **SINUMERIK Operate** 测试程序没有编号，以绿色字体显示。

（3）当前选择执行的程序名和程序路径 如 NC/MPF/EXAMPLE。

（4）通道状态和程序控制

1） **复位**：使用"Reset"中断程序。

2） **有效**：正在处理程序。

3）⊘ **中断**：用"Stop"中断程序。

4）**SB1 SKP M01 RG0 DRY PRT**：显示有效的程序控制。

① PRT：程序测试模式，没有轴运行（程序开始，处理程序时带辅助功能输出和停留时间。轴在此过程中不运行。可以检测及控制程序内编程的轴位置和辅助功能输出）。

② DRY：空运行进给（编程的和 G1、G2、G3、CIP 以及 CT 相联系的运行速度可以通过确定的空运行进给替代，空运行进给也可替代编程的旋转进给）。注意：在"空运行进给"有效的情况下不得进行工件的加工，因为通常系统默认的空运行进给速率是 5000mm/min（设定参数 MD42100 $SC_DRY_RUN_FEED），由于进给速率的变化可能会超出刀具的切削速度而导致工件或机床受损。

③ RG0：快速移动减速%〔在 G00 快速移动模式下，轴的运行速度将降低至 RG0 中输入的百分比值，不需要修改机床快移速率参数或调整快速倍率开关，在自动运行设置中定义"快速倍速率有效"即可（或设定参数 MD42122 $SC_OVR_RAPID_FACTOR），常用于首件试切，确保安全〕。

④ M01：编程停止 1。

⑤ M101：编程停止 2（名称可变）。

⑥ SB1：单程序段粗（仅在结束执行加工功能的程序段后程序停止）。

⑦ SB2：运算程序段（结束每个程序段后程序停止）。

⑧ SB3：单程序段精（在循环中，仅在结束执行加工功能的程序段后程序停止）。

⑨ MRG：系统会在程序中打开测量结果图的显示（方便加工过程中进行在线测量时对测量结果的及时查看、确认）。

（5）通道运行信息

1）⚠停止：需要操作，如 ⚠停止：M0/M1生效 。

2）⊙等待：不需要操作。

（6）实际值窗口中的轴位置显示

1）**WCS** 或 **MCS**：所显示的坐标可以参照机床坐标系或者工件坐标系。通过软键 实际值 MCS 在机床坐标系 MCS 与工件坐标系 WCS 之间进行显示切换。

2）位 置：所显示轴的位置。

3）余 程：程序运行中显示当前 NC 程序段的剩余行程。

4）Repos 偏移：显示手动方式下已运行的轴行程差值。只有在子运行方式"Repos"下可以显示此信息。

5）◯夹紧回转轴。

6）⊞**G54** ◌**XYZ** ⚔**X** ⊡**X** ♁：显示当前激活的工件坐标系以及转换功能。

（7）T，F，S 窗口显示的内容　当前有效刀具信息　如图 2-8 所示，当前激活刀具的名称为 CUTTER 4，激活的是 D1 刀沿数据（在 ISO 模式下会显示 H 编号，而不是刀沿号），是一把刀具直径为 φ4mm、刀长为 65mm 的球头立铣刀，执行的程序中将要更换的下一把刀具（预选刀具）名称为 BALLNOSE_ D8。

注意：如果执行的程序中没有正确激活刀具指令，对应激活刀具信息栏里有关的刀具半径或直径值以及刀具长度信息都将为 0，并且不显示当前激活刀具的类型图标。遇此情况请仔细检查加工程序。

（8）加工窗口　在当前程序段显示的窗口中可以看到目前正在处理的程序段。在运行的程序中，操作者可以获得以下信息：标题行中为工件或者程序名，正在处理的程序段显示为彩色。如果在自动模式的〖设置〗中确定获取加工时间，测得的时间则会按不同方式以不同的颜色显示在程序行末尾。

（9）辅助信息窗口　根据选择不同的垂直软键显示不同信息：〖G功能〗显示激活的有效 G 功能，〖辅助功能〗当前激活的辅助功能，〖基本程序段〗显示程序试运行或程序执行过程中关于进给轴位置和关键 G 功能的准确情况，〖时间计数器〗显示程序运行时间以及已加工工件数的概览，〖程序级〗当前处理的程序指令位于哪个程序级。或者通过选择不同的水平软键用于不同功能的输入窗口显示，例如〖程序段搜索〗激活从指定程序段开始运行程序，〖程序控制〗选择激活各种空运行、程序测试、编程停止等程序控制模式。

（10）用于显示其他用户说明或提示信息　如"待生成程序的名称尚未输入"。

（11）水平软键栏

（12）垂直软键栏

（13）系统时间显示　如 ，如果当前有报警或信息显示，系统时间会被覆盖。

2.2　机床设置和手动功能

2.2.1　手动方式功能

在手动方式下，借助各种水平软键提供的功能可以轻松实现机床加工前的辅助工艺条件设置（准备）工作。例如，更换所选刀具、主轴旋转、激活指定零偏、设置零偏、工件找正、对刀、毛坯正式加工前端面预铣削等。只需要设定简单的数据，按【循环启动】键即可快速便捷地完成各项功能，能有效缩短辅助工艺准备所需的时间。

2.2.2　T，S，M 窗口

在手动方式按软键〖T，S，M〗，在弹出 T，S，M 界面（见图 2-9）中，通过选择或输入参数即可轻松完成加工准备工作。例如进行刀具更换、主轴旋转、激活工件坐标系等。

现将 T，S，M 窗口中的输入栏或选择项目的内容说明如下：

1）T：用于输入刀具名称或刀位号。也可以按软键〖选择刀具〗从刀具表中选择刀具。

2）D：用于输入所选刀具的刀沿号（1～9）。

3）主轴：用于输入主轴的转速。

4）齿轮挡：用于确定齿轮级（AUTO，I～V）。

5）主轴 M 功能：用于选择主轴的旋转方向，顺时针转动为 M3，逆时针转动为 M4。

6）其他 M 功能：用于输入其他机床控制功能，如切削液的控制开、关。

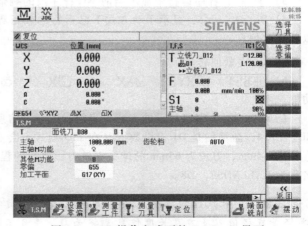

图 2-9　JOG 操作方式下的 T，S，M 界面

7）零偏：零点偏移基准（G54～G59）的选择。可以按软键〖选择零偏〗从可调零点偏移列表中选择编程的零点偏移编号。

8）加工平面：选择加工平面 G17（XY）、G18（ZX）、G19（YZ）。

9）计量单位：尺寸单位选择 in 或 mm，此处所作的设置会影响到编程（通过机床数据 MD52210 BIT0 = 0 显示）。

可以在手动方式下通过输入刀具名称或位置编号选择刀具，也可以按软键〖选择刀具〗进入刀具表中直接选择已经输入的刀具。如果输入一个数字，会先搜索名称，然后再搜索位置编号。例如输入"5"并且不存在以"5"为名称的刀具，则就会选择位置编号为"5"的刀具。使用调用刀具位置编号方式，也可以将刀库中的空闲位置转到加工位置，便于安装新刀具。

更换刀具的操作步骤如下：

1）选择加工区。

2）选择"JOG"运行方式。

3）按软键〖T，S，M〗。

4）直接输入刀具的名称或刀位号。或者按软键〖选择刀具〗打开刀具列表，移动光标键 ▲、▼ 定位至所需刀具，如图 2-10 所示。

5）按软键〖选定刀具〗，该刀具名称将自动输入在 T，S，M 窗口中的刀具参数"T"一栏中，如

| T | 3D探头（铣削） | D 1 |

6）选择刀沿 D 或直接在"D"栏中输入编号。

7）按下【循环启动】键，执行换刀操作。

3	🔱	3D探头（铣削）
4		
5	✖	立铣刀_D12
6	🔄	立铣刀_D12

图 2-10　选择刀具

2.2.3　设置零点偏移

在当前有效的零点偏移（如 G54）中，可以在各轴实际值显示中为单个轴输入一个新的位置值，偏移值则直接输入 G54 坐标系中。

机床坐标系 MCS 中的位置值与工件坐标系 WCS 中新位置值之间的差值会被永久保存在当前有效的零点偏移（如 G54）中。例如，当前已经激活 G54 坐标系并选择显示 WCS 工件坐标系，将 X、Y、Z 轴分别移动到工件零点处，按软键〖设置零偏〗，再按软键〖X＝Y＝Z＝0〗，系统自动将当前位置设置为 G54 坐标系的零点，如图 2-11 所示。

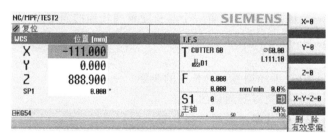

图 2-11　设置零点偏移的操作

设置零点偏移的前提条件：控制系统处于工件坐标系中，并且实际值在复位状态中设置。

MCS 位置值与 WCS 新位置值之间的差值会永久保存在当前生效的零点偏移，例如 G54 坐标系中。除此之外，还可以在相对坐标系 REL 中输入位置值，仅显示新的轴相对实际值，查看坐标系是否设置正确。相对实际值对轴位置和生效的零点偏移没有影响。利用垂直软键〖实际值 REL〗激活相对坐标系，然后可以选择水平软键〖设置 REL〗进行各轴相对坐标系的设置和清除（相对坐标系功能需要参数设置激活，请确认机床相应功能参数正确设置）。

> **说明**：如果在系统中断状态下，当前激活的工件坐标系 Z0 偏置值输入了新的实际值，则这一修改只有在程序继续运行后才会显示并生效。

2.2.4 定位

定位是指能够快速精准地完成各轴的定位。可以同时将一个或多个轴按照定义的进给速度或快速移动运行到指定的目标位置，以进行简单的加工。进给修调或快进修调在移动过程中有效。

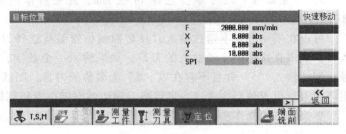

图 2-12 轴定位的设置

例如，在手动方式下按软键〖定位〗，输入 F = 2000.000，X = 0.000，Y = 0.000，Z = 10.000，按【循环启动】键，各轴以 2000.000mm/min 的速度运行到当前激活坐标系的 X0.000 Y0.000 Z10.000 位置，如图 2-12 所示。

2.2.5 测量刀具

手动测量刀具的过程如下：按【基本菜单选择】键，再依次按 加工 → JOG → 测量刀具 → 手动长度 或 手动半径。

在手动测量时，将刀具手动移动到一个已知的参考点，以测出刀具长度、半径或者直径。然后，控制系统通过刀架参考点的位置以及参考点的位置计算刀具补偿数据。测量结果将被直接输入到所选择的刀具、刀沿号 D 和备用刀具 ST 号的补偿数据中。

在测量刀具长度时，既可使用工件，也可使用机床坐标系中的一个固定点来作为参考点，比如一个机械测压计或者一个与长度量规相连的固定点。

在确定半径或直径时，总是使用工件作为参考点。通过机床数据可以确定所测量的是刀具半径还是直径。

（1）手动测量刀具长度的步骤

1）更换需要测量的刀具。

2）按【基本菜单选择】键。

3）依次按 加工 → JOG → 测量刀具 → 手动长度。

4）选择刀沿号 D 和备用刀具编号 ST。

5）选择参考点类型，并输入参考点的坐标值 Z0（例如当前位置为 Z = 2）。

6）移动刀具并逼近已知的机床参考点，比如工件上沿 Z2 的位置。

7）按软键〖设置长度〗，刀具长度将自动计算并输入到刀具列表对应的刀具补偿值中，如图 2-13 所示。

> **说明**：只能对激活的刀具进行测量，该功能不支持对 3D 测头类型刀具进行测量。

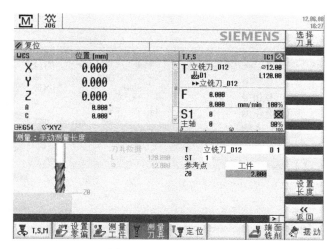

图 2-13　测量刀具长度

（2）手动测量刀具半径或直径的步骤

1）更换需要测量的刀具到主轴。

2）按【基本菜单选择】键。

3）依次按 加工 → JOG → 测量刀具 → 手动长度 → 手动半径 。

4）选择刀沿号 D 和备用刀具编号 ST。

5）选择参考工件测量轴，并输入参考工件测量轴的坐标值。

6）移动刀具并逼近已知的机床参考点，如工件的上沿。

7）按软键〖设置直径〗，刀具半径或直径将自动计算并输入到刀具列表对应的刀具补偿值中，如图 2-14 所示。

图 2-14　测量刀具直径

2.2.6　测量工件

（1）手动测量工件的步骤　依次按 MENU SELECT → 加工 → JOG → 测量工件，如图 2-15 所示。

（2）测量工件的方式　测量工件的方式有以下几种：

1）边对齐（标准功能）。

2）2 个边沿的间距。

15

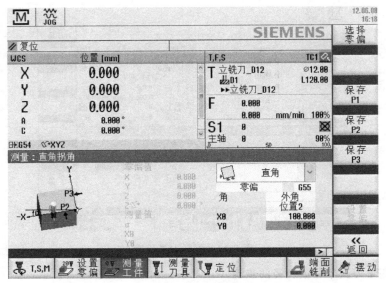

图 2-15　手动测量工件

3）直角（标准功能）。

4）任意角。

5）矩形腔。

6）1 个孔（标准功能）。

7）2 个孔。

8）3 个孔。

9）4 个孔。

10）矩形凸台（标准功能）。

11）1 个圆形凸台（标准功能）。

12）2 个圆形凸台。

13）3 个圆形凸台。

14）4 个圆形凸台。

15）平面对齐。

以手动方式将刀具逼近工件，利用已知半径与长度的寻边器、测量块或指针测量仪，或任意已知半径与长度的参考刀具。用于测量的参考刀具不允许为 3D 测头。常用的测量位置方式及其说明见表 2-4。

表 2-4　常用的测量位置方式及其说明

软键标识	含　义	说　明
	设置边	在工作台上,工件与坐标系平行。在（X,Y,Z）中的一条轴上测量一个参考点
	测量边沿:边对齐	工件任意放置,即在工作台上不与坐标系平行。通过测量操作者所选工件基准边沿上的两点,得出与坐标系的夹角

（续）

软键标识	含　义	说　　　明
	测量直角	需要测量的工件拐角有一个 90°内角，随意装夹在工作台上。测量 3 个点后，操作者可以确定工作平面中的拐角点（即角面的交点）、工件基准边（穿过 P1 和 P2 的直线）和基准轴（加工平面中的几何轴 1）的夹角 α
	测量 1 个圆形腔	需要测量钻孔的工件随意夹装在工作台上。在这一个钻孔中自动测量 4 个点，并由此计算出钻孔的中心点
	测量 1 个圆形凸台	工件任意放置在工作台上，并且带有圆形凸台。通过 4 个测量点可以测出凸台的直径和中心点
	测量 1 个矩形凸台（四点分中）	工件任意放置在工作台上，并且带有矩形凸台。通过 4 个测量点可以测出凸台的长、宽尺寸和中心点

> **说明**：手动测量工件零点时，将任意刀具插入主轴中进行对刀；自动测量工件零点时，将电子工件测头插入主轴中，并激活测头。

（3）边对齐测量方式　边对齐（校准边沿）的操作步骤如下：

1）更换参考刀具或寻边器到主轴。

2）依次按 加工 → JOG → 测量工件 → ，如图 2-16 所示。

3）选择测量值处理方式：按软键〖仅测量〗或〖零偏〗保存到指定零偏（如 G54）。

4）按软键〖选择零偏〗进入零偏列表，移动光标选择指定的零点偏移，然后按软键〖选择零偏〗重新返回到测量窗口。

5）在测量轴中选择需要的轴以及测量方向（+或−）。

6）输入工件边沿与基准轴之间的设定角 α。

7）手动移动刀具到工件边沿测量位置 1，按软键〖保存 P1〗。

8）手动移动刀具到工件边沿测量位置 2，按软键〖保存 P2〗。

9）按软键〖设置零偏〗，计算后显示工件边沿与基准轴的夹角 α，并激活相应零偏及旋转角度。

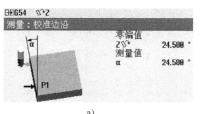

a)

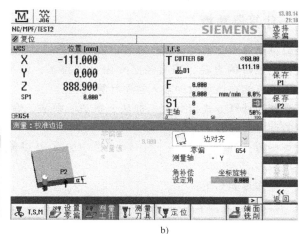

b)

图 2-16　测量工件

a）校准边沿　b）边对齐

（4）设置工件零点 可以选择手动方式或自动方式测量工件零点。手动测量可以采用"设置边"方式。设置边的操作步骤如下：

1）更换参考刀具或寻边器到主轴。

2）依次按 加工 → JOG → 测量工件 → □ 。

3）选择测量轴（如 Z 轴）： X 、 Y 或 Z 。

4）选择测量值的处理方式：按软键〖仅测量〗或〖零偏〗保存到指定零偏（如 G54）。

5）输入工件上平面位置在 G54 坐标系的设定值，如 Z0＝0。

6）手动移动刀具到工件上平面位置，按软键〖设置零偏〗，系统自动计算后将当前 Z 轴位置的偏置值输入到 G54 坐标系中，并显示工件测量轴的边沿测量值，同时当前激活的 G54 坐标系，Z 轴位置显示变为 0.000，如图 2-17 所示。

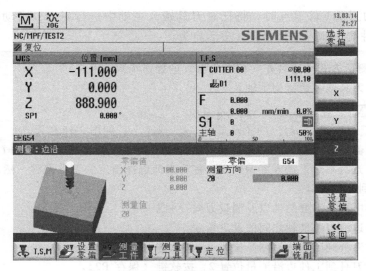

图 2-17 设置工件零点

2.2.7 计算器功能

在编辑或输入参数时，操作者可以使用计算器功能，以便计算参数值。例如，如果图样上没有直接标注工件的直径，即直径必须由计算得出，使用计算器，可以直接在该参数的输入栏中计算直径。

计算器的计算方式指令有：加法、减法、乘法、除法、带括弧的运算、开方、平方。

计算器界面如图 2-18 所示，输入栏中最多可以输入256 个字符。

基本操作步骤如下：

1）将光标移到需要计算的输入栏上。

2）按【＝】键，屏幕即弹出计算器界面。

3）输入算数表达式，可以使用四个算数符号、数字和小数点。

图 2-18 计算器界面

函数的输入顺序为：如果要使用开方或平方函数，请注意在输入数值之前要先按软键〖R〗或〖S〗。

4）按计算器的软键〖=〗，或按软键〖计算〗，或按【INPUT】键。计算器会计算数值，结果显示在输入栏中。

5）按软键〖接收〗。计算结果被传送并显示到窗口的输入栏中。

2.2.8 直接编辑程序

在复位状态下可以直接编辑当前程序，操作步骤如下：

1）按【INSERT】键。

2）将光标置于所需位置并编辑程序段。直接编辑功能只适用于 NC 存储器中的 G 代码段，而不适用于外部执行。

3）再次按【INSERT】键，退出程序和编辑器模式。

2.2.9 保护等级

在某些关键操作中，向控制系统输入数据或修改数据会受到系统"密码"的保护，即可通过设定保护等级实现对数控系统访问的保护。

使用下列功能中，输入或者修改数据的权限取决于所设定的保护等级：

1）刀具补偿。

2）零点偏移。

3）设定数据。

4）程序创建或程序修改。

说明：可以为软键设置保护等级，或者使软键完全隐藏，见表2-5。

表 2-5 软键设置的保护等级说明

操 作 区	图 标	保 护 等 级
加工	SYNC 同步	最终用户（保护等级 3）
参数	刀具管理列表 详细 资料	钥匙开关 3（保护等级 4）
诊断	机床 识别	钥匙开关 3（保护等级 4）
	编辑	最终用户（保护等级 3）
	新项	最终用户（保护等级 3）
	调试1	制造商（保护等级 1）
	调试2	最终用户（保护等级 3）
	添加	维修（保护等级 2）

（续）

操 作 区	图 标		保 护 等 级
调试	系统		最终用户（保护等级3）
	批量		钥匙开关3（保护等级4）
	通用	控制单元	钥匙开关3（保护等级4）
	许可证		钥匙开关3（保护等级4）
	设 MD		钥匙开关3（保护等级4）
	NCK		维修（保护等级2）
	修改		最终用户（保护等级3）
	删除		最终用户（保护等级3）

2.3 加工工件

2.3.1 控制程序运行

在"AUTO"和"MDA"运行方式中可以通过选择和取消选择相应的复选框，按所需的方式和方法对程序进行控制，或改变程序的运行。图2-19所示为程序控制（运行）方法。

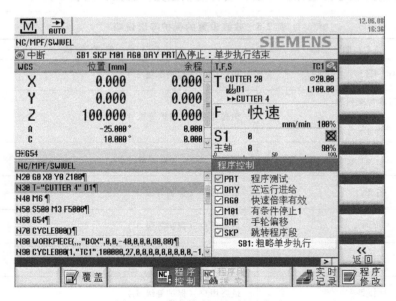

图2-19 程序控制（运行）方法

如果激活了某类程序控制，则在状态显示栏中会显示相应功能的符号，见表2-6。

表 2-6　程序控制（运行）方法说明

功能符号	说　　明
PRT	没有轴运行。程序开始，处理程序时带辅助功能输出和停留时间，在此过程中轴不运行。如此便可以控制程序内编程的轴位置和辅助功能输出 提示：不带轴运行的程序处理也可以与"空运行进给"功能一起激活
DRY	G1、G2、G3、CIP 以及 CT 相联系的运行速度可以通过确定的空运行进给替代。空运行进给也可替代编程的旋转进给 提示：在"空运行进给"有效的情况下不得进行工件的加工，由于进给率的变化可能会超出刀具的切削速度而导致工件或机床受损
RG0	快速倍率有效。在快速移动模式下，轴的运行速度将降低至 RG0 中输入的百分比值 提示：在自动运行设置中定义"快速倍率有效"
M01	1）有条件停止 1。程序处理总是在包含辅助功能 M01 的程序段处停止。如此便可以在加工工件期间检查得到的结果 提示：再次按【循环启动】键，继续处理程序 2）有条件停止 2（例如：M101）。程序处理总是在包含"循环终点"（例如 M 101）的程序段处停止 提示：1. 再次按【循环启动】键，继续执行程序 　　　2. 显示可能已经改变。请注意机床制造商的说明。
DRF	手轮偏移。在自动运行方式下带电子手轮加工时，可能会产生另外的增量零点偏移。从而可以在某个程序段内补偿刀具磨损 提示：828D 系统的手轮偏移功能需要选件"扩展操作功能"
SB1	单步执行。可以用下列方式配置单步执行方式 1）粗略单步执行：程序仅在结束执行机床功能的程序段后停止 2）运算程序段：程序在结束每个程序段后停止 3）精准单步执行：在循环中，程序也仅在结束执行机床功能的程序段后停止 按下 ⟳SELECT 键选择所需设置
SKP	跳转程序段。可以跳过各程序运行时未执行的程序段 加工时将跳过程序段。在程序段号码之前用符号"/"（斜线）或"/x"（x 为跳过级的编号）标记所要跳过的程序段。也可以连续跳过多个程序段。跳过的程序段中的指令不执行，即程序从其后的程序段继续执行。可以使用跳过级取决于机床数据 激活跳过级：勾选对应的复选框，激活所需程序段级别的跳过 提示：仅当设置了多个跳过级时，窗口"程序控制-跳过程序段"才能使用。

2.3.2　在特定位置开始运行程序

如果加工程序被意外中断，或是希望从指定程序段开始进行加工，不需要从程序头开始执行程序，可以利用程序段搜索功能快速从特定程序段处开始加工。该功能不仅适用于存储于 NC 里的程序，同样也适用于存储在 U 盘或网盘上直接外部执行的加工程序，即便是机床断电后再次上电，也可以通过软键〖中断位置〗快速实现断电时的程序断点搜索，重新从中断点开始再次加工。

（1）应用情况

1）处理程序时中断或停止。

2）给出特定的目标位置，例如再加工时确定搜索目标。

3）便捷的搜索目标设定（搜索位置）。

① 在选定的程序（主程序）中通过光标定位直接设定搜索目标。

② 通过文本搜索查找目标。

③ 搜索目标为中断点（主程序和子程序）。只有当存在中断点时，才提供该功能。在程序中断后（循环停止或复位），控制系统保存中断点的坐标值。

④ 搜索目标是中断点的上一级程序（主程序和子程序）。只有当之前选择了子程序中的中断点时，才可以切换程序级。可以从子程序级切换到主程序级，然后再次返回到中断点的程序级。

⑤ 搜索指针。直接输入程序路径即可。

> **说明：** 使用搜索指针，可以在没有中断点的情况下有目的地查找子程序中的位置。

（2）程序段搜索功能的查找模式（见图 2-20）

1）带计算

① 无返回（不逼近）方式，这样可以在任何状态下逼近目标位置（如换刀位置）。各轴从当前位置，使用目标程序段中有效的插补类型到达目标程序段的终点或者下一个编程位置。只移动目标程序段中编程的坐标轴即可。

② 带返回（逼近）方式，这样可以在任何状态下逼近轮廓。各轴从当前位置首先逼近目标程序段之前程序段的终点位置，然后才开始执行目标程序段。程序会同样退回到正常程序处理。

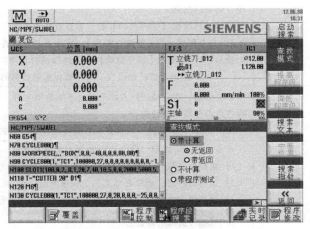

图 2-20　程序段搜索功能的查找模式

2）不计算。用于在主程序中快速搜索。在搜索程序段期间不进行任何计算，即不考虑目标程序段之前的任何辅助动作，操作者必须考虑编程所有用于处理的指令，例如进给率、转速、刀具、切削液开启等。

3）带程序测试。用于在程序测试运行方式下带计算的程序段搜索。在程序段搜索过程中计算所有程序段。该模式不会执行任何轴运行，但是会输出全部辅助功能。

（3）程序段搜索示例　在 ![AUTO] 运行方式中已选择程序，在处理程序时通过 ![CYCLE STOP] 或 ![RESET] 中断程序。程序的中断程序段搜索及重新执行操作步骤：

1）按软键 ![程序段搜索] → ![中断位置]，系统将自动搜索并载入中断点。

2）当软键〖提高程序级〗或〖降低程序级〗可见时，可通过这两个软键切换程序级。

3）按软键 ![启动搜索] 开始进行搜索，如图 2-21 所示。此过程取决于预先设定的程序段搜索模式。

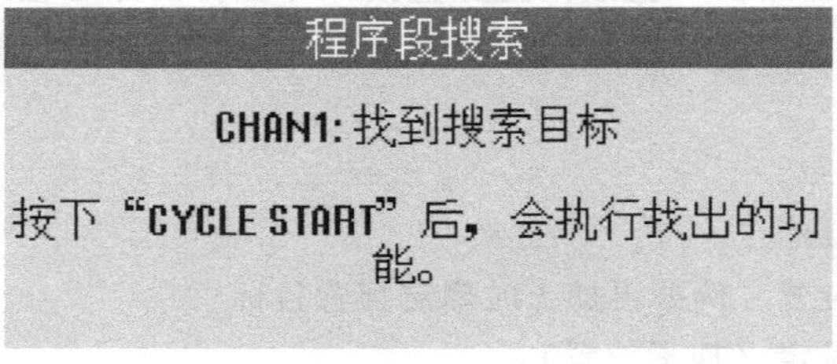

程序段搜索

CHAN1: 找到搜索目标

按下"CYCLE START"后，会执行找出的功能。

图 2-21　程序段搜索完成后的提示信息

如果程序较大，会出现⊘等待：程序段搜索在进行 的提示，同时开始预选断点所用刀具 T CUTTER 32 / ≫01 / ►►CUTTER 6 。

搜索结束后，光标定位在中断程序段处并激活 CYCLE STOP ，出现提示信息后按软键〖确认〗。

4）按【循环启动】键，按照所选择的查找模式执行相应的断点处辅助功能，例如换刀、主轴旋转、切削液启动、工件坐标系等。

5）再次出现提示信息"CHAN1：用 CYCLE START（循环启动）来继续程序"和 10208 ◇ 带NC启动连续程序，按软键〖确认〗后，按【循环启动】键开始从中断点继续加工。

前提条件如下：

1）已经选择了所需的程序。

2）控制系统处于复位状态。

3）选择了所需的搜索模式。

注意： 必须确保起始位置无碰撞，并达到相应的技术值以及相应的刀具已经使能。如需要，可以手动返回到无碰撞的起始位置。选择目标程序段时须考虑程序段的搜索类型。

2.3.3　当前程序段和程序级

（1）当前程序段显示　在当前程序段显示的窗口中可以看到目前正在处理的程序段。对于正在运行的程序，可以获得以下信息：标题行中为工件或者程序名；正在处理的程序段显示为彩色。

（2）直接编辑当前程序　在复位状态下可以直接编辑当前程序。只需按【INSERT】键，并且将光标置于所需位置并编辑程序段。直接编辑功能只适用于 NC 存储器中的 G 代码段，而不适用于外部执行。再次按下【INSERT】键，重新退出程序和编辑器模式。

（3）显示基本程序段　程序试运行或程序执行过程中，关于进给轴位置和关键 G 功能的准确情况，可以通过基本程序段显示获得。这样就可以在使用循环时检查机床的实际运行状态。

基本程序段显示中删除了通过变量或 R 参数编程的位置，用变量值代替。在测试模式以及在机床实际加工

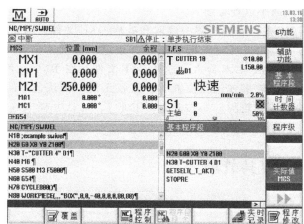

图 2-22　基本程序段显示

工件的过程中都可以使用基本显示。为当前有效的程序段启动某项机床功能的所有 G 代码指令，会显示在"基本程序段"窗口中（见图 2-22）。

1）绝对坐标轴位置。

2）第一个 G 组中的 G 功能。

3）其他模态 G 功能。

4）其他编程地址。

5）M 功能。

2.3.4　程序覆盖

利用〖覆盖〗功能，在程序段搜索后，在不更改存储的加工程序的前提下，可通过刷新存储，使机床进入可继续执行常规零件程序的状态（例如 M 功能、刀具、进给、转速、轴位置等）。

这些〖覆盖〗的程序指令就像在常规零件程序中一样生效，只是这些程序指令仅在本次程序运行中生效。这样零件程序就不会被永久更改，在下一次再次启动时程序会像原先编程时那样运行。

2.3.5　转换 DXF 图样

使用"DXF 图纸转换"选项功能可在 SINUMERIK Operate 程序编辑器上直接打开 CAD 系统创建的 DXF 文件并且可以将轮廓和钻孔位置直接作为 G 代码和 ShopMill 程序加以接收和保存。打开 DXF 文件 可以在程序管理器中直接打开 DXF 文件

1）选择操作区域〖程序管理器〗→选择 DXF 文件存放的文件夹并将光标放置在想要显示的 DFX 文件→选择〖打开〗，选中的 CAD 图纸将显示其全部图层→选择〖关闭〗，关闭 CAD 图纸并返回程序管理器。

打开 DXF 文件后会显示其中的所有图层，可以选择软键〖清除〗→〖选择层面〗显示或隐藏不包含轮廓或位置数据的图层，或是〖自动清除〗隐藏所有无关的图层。

通过软键〖详细〗扩展的〖自动缩放〗、〖缩放+〗、〖缩放-〗、〖旋转图片〗以及〖几何数据信息〗软键对 DXF 图纸进行缩放、旋转，或是通过〖放大镜〗选择要截取的图形部分并进行放大或缩小以查看细节。

2）在程序编辑器中读取和处理 DXF 文件，通常步骤如下：创建/打开 G 代码或 ShopMill 程序→调用循环〖轮廓铣削〗并创建〖新轮廓〗或者调用〖钻削〗下的循环〖位置/位置模式〗→〖从 DXF 导入〗选择 DXF 文件→在 DXF 文件或 CAD 图中〖指定参考点〗、〖选择元素〗选择轮廓或钻孔位置→〖接收元素〗确认选择的元素→最后按下软键〖确认〗接收并按软键〖传输轮廓〗→按软键〖接收〗，确认并插入在 G 代码或 ShopMill 程序中转换的轮廓或孔位程序段。

2.4　刀具管理

SINUMERIK 828D 数控系统标配有机床刀具管理功能，包含〖刀具清单〗、〖刀具磨损〗、〖刀库〗三个列表。

在现代数控系统中，推荐采用机床刀具管理功能的"管理型"实施对刀具参数和使用寿命等情况进行实时控制。这是因为"管理型"功能更强调操作者将所选择的刀具信息数据输入到刀具补偿存储器中，在执行 NC 程序时供数控系统内部计算刀具运行轨迹并对刀具运行状况进行监控。例如输入立铣刀的齿数、刀具半径，编程时只要输入刀具厂商提供的经验或推荐刀具切削速度、每齿进给量等，数控系统便会自动完成如转速 S 或进给速度 F 等参数的计算与控制，而无须编程员和操作者更多地介入。

2.4.1 铣削加工刀具类型

（1）刀具类型的常用信息　SINUMERIK 828D 数控系统的铣削加工刀具被分为各种刀具类型。每种刀具类型都被分配了一个 3 位的编号，在系统的刀具参数界面上都有一个图形符号表示其外形特征。表 2-7 列出了组别所用的工艺特征，为刀具类型第一个数字。

表 2-7　刀具组类型

刀 具 类 型	刀 具 组
1xy	铣刀
2xy	钻头
3xy	备用
6xy	备用
7xy	专用刀具，如探头、切槽锯片

（2）预置的刀具类型与名称　在创建新刀具时，系统会提供多个刀具类型选项。刀具类型决定了需要哪些几何数据及如何计算这些数据。828D 系统预置了一些刀具类型供操作者选择，如图 2-23～图 2-26 所示。

图 2-23　"收藏"窗口提供的刀具类型

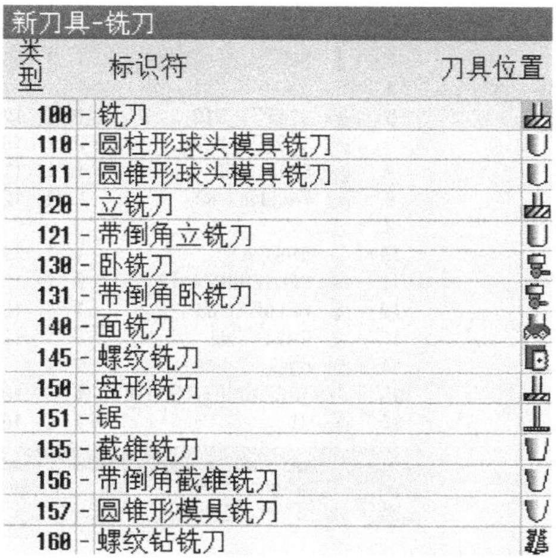

图 2-24　"铣刀"窗口提供的刀具类型

图 2-25　"钻头"窗口提供的刀具类型

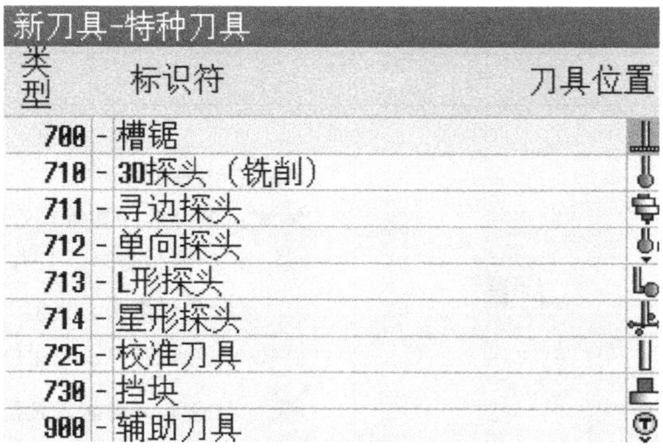

图 2-26　"特种刀具"窗口提供的刀具类型

2.4.2 刀具清单列表

刀具清单列表（简称刀具表）中显示了创建、设置刀具时必需的工艺参数和功能。每把刀具可以通过刀具名称和备用刀具编号进行识别，如图 2-27 所示，刀具表中各符号的含义见表2-8。

刀具表中显示了在系统中创建或配置的所有刀具和刀库位置（刀位）。所有列表都按照同样的顺序排列同类刀具。因此，在列表间切换时，光标将停留在同一种刀具上。列表之间的区别在于显示的参数和软键的布局不同。可以根据需要，从一个主题（水平软键）切换到下一个主题。

各软键的含义如下：

〖刀具清单〗：显示所有用于创建和设置刀具的参数和功能。

〖刀具磨损〗：此处包含了持续运行中必须的所有参数和功能，如磨损和监控功能。

〖刀库〗：此处包含了和刀具或刀库相关的参数以及刀具或刀库位置的功能。

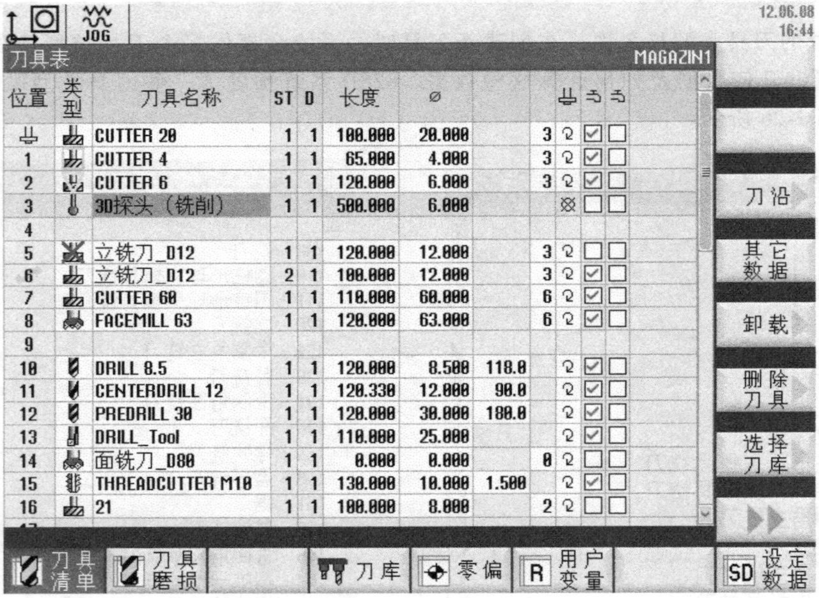

图 2-27　刀具表界面显示的刀具参数情况

表 2-8　刀具表中各符号的含义

符　号	含　义
位置	：主轴位 ：换刀爪（如链式刀库） 1：刀库位置号，只有一个刀库则只显示刀位号 ：绿色双箭头，当前刀具位置或刀具处于换刀位 ：灰色双箭头，刀库位置位于加载位置上 ✕：红色叉，当前刀具位置被禁用

（续）

符　　号	含　　义
类型	根据刀具类型（表示为符号）显示确定的刀补数据 可通过软键〖SELECT〗更改刀具类型 □：绿色方框，该刀具为预选刀具 ✕：红色叉形，刀具被禁用 ▽：黄色三角形，尖端向下，刀具达到预警极限 △：黄色三角形，尖端向上，刀具处于特殊状态中 将光标置于该标记处，工具栏提供简短说明
刀具名称	刀具通过其名称和刀具号加以标识，名称可以为文字或编号 注：刀具名称的最大长度为 31 个 ASCII 字符。当使用亚洲字符或 Unicode 字符时，字符数要相应减少。不允许使用下列特殊字符：|、#、"和.
ST	ST 为备用刀具编号，用于备用刀具方案
D	每把刀最多可创建 9 个刀沿
长度	几何数据：长度
Ø	刀具半径或直径，可以通过机床数据 MD 设置为直径或半径
刀尖角度　螺距	表示钻削类刀具的刀尖角或丝锥的螺距值 指刀具型号为 200（麻花钻）、型号 220（中心钻）和型号 230（沉头钻）的刀尖角，刀具型号为 240 时的螺纹螺距
N	所有类型的铣削刀具的刀齿数
⊥	⊗：主轴未激活 ↻：主轴顺时针旋转 ↺：主轴逆时针旋转 该参数只有在激活 ShopMill 工步程序选项功能后才显示
⊐⊏	切削液 1 和 2 的开启状态（例如内部冷却和外部冷却） 该参数只有在激活 ShopMill 工步程序选项功能后才显示
M1～M4	其他刀具专用功能，比如附加的切削液供给、转速监控、刀具损坏等 该参数只有在激活 ShopMill 工步程序选项功能后才显示

主要刀具外形尺寸如图 2-28~图 2-31 所示。

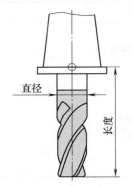

图 2-28 立铣刀（120 型）

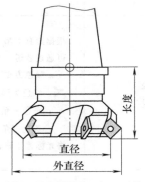

图 2-29 面铣刀（140 型）

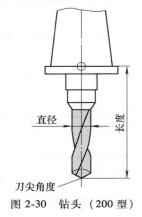

图 2-30 钻头（200 型）

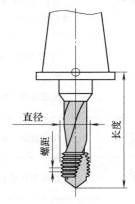

图 2-31 丝锥（240 型）

2.4.3 创建新刀具

创建新刀具的步骤如下：

1）按【MENU SELECT】键，打开刀具列表：参数 → 刀具清单。

2）将光标移动到期望的空刀位或装载空刀位 刀位。

3）按软键 新刀具，自动进入 收藏 刀具类型列表，如果 收藏 中没有要创建的刀具类型，根据需要按软键 铣刀 100-199、钻头 200-299 或 特种刀具 700-900 显示更多类型，如图 2-32 所示。

4）移动光标键 ▼ ▲，选择对应的刀具类型。如 140 类型表示面铣刀。

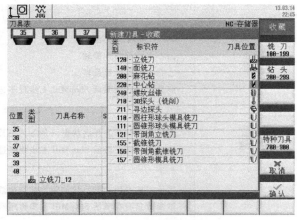

图 2-32 创建新刀具

5）按软键〖确认〗，根据所选刀具类型自动生成预定名称，按【INPUT】键，将该刀具收入刀具列表中。

2.4.4　装载刀具

在刀具清单列表中，可以将 NC 存储器中的刀具（没有对应位置号的刀具）装载到刀库中指定的空刀位或主轴上。装载刀具的操作步骤如下：

1）按【MENU SELECT】键，打开刀具表 参数 → 刀具清单。

2）将光标移动到需要装载的刀具（位置参数栏没有数字的刀具）处，如：面铣刀　1　1　0.000。

3）按软键〖装载〗，系统自动推荐一个空刀位；也可以输入指定的空刀位，如 16，按软键〖确认〗，即完成刀具装载 15　THREADCUTTER M18　1　1 16　面铣刀　1　1，如图 2-33 所示。

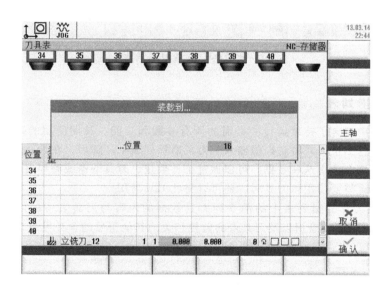

图 2-33　装载刀具

2.4.5　卸载刀具

在刀具清单列表中，通过软键〖卸载〗从刀库中卸载暂不需要的刀具，刀具数据存储在 NC 中。若想重新使用该刀具，只需再次将该刀具装载到相应的刀位，避免了多次输入同一刀具数据。

通过软键〖删除刀具〗将指定刀具直接从刀库以及 NC 中彻底删除，系统不再存储该刀具的任何信息，如图 2-34 所示。

通过软键〖刀沿〗，实现对多个刀沿的管理。可以新建多个刀沿或删除某个指定的刀沿数据，但是第一刀沿无法删除。创建一把新刀具时，默认新建第一刀沿（D1）。

对于带有多个刀沿的刀具，每个刀沿都有各自的补偿数据。

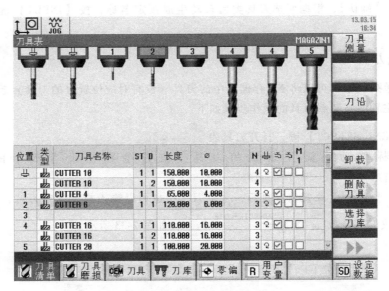

图 2-34 卸载刀具

2.4.6 刀具磨损列表

在刀具磨损表中包含了持续运行中必需的所有参数和功能。长期使用的刀具可能会出现磨损。可对此磨损进行测量，并将磨损值输入至刀具磨损列表中。随后，在计算刀具长度或刀具半径补偿时，控制系统会考虑这些数据。可以通过工件数量、刀具寿命或磨损自动监控刀具的使用寿命。此外，当不再需要使用该刀具时，还可以将此刀具禁用。

图 2-35 所示的刀具磨损列表中的前 5 列刀具数据的内容与刀具表中的内容一致，请参考2.4.2 节中的说明。与刀具磨损以及刀具寿命监控相关的其他符号的含义见表 2-9。

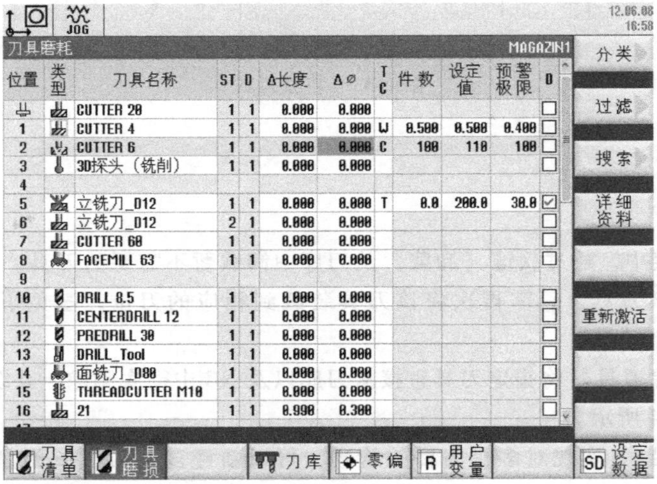

图 2-35 刀具磨损列表

表 2-9　与刀具磨损以及刀具寿命监控相关的其他符号的含义

符　号	含　义
Δ长度	长度磨损
Δ∅	半径磨损
TC	表示刀具监控选择 监控刀具磨损（W） 监控刀具寿命（T），以 min 为单位 监控工件加工数量（C），结合 SETPIECE（1）指令。可以按软键〖SELECT〗选择不同的刀具寿命监控方式 额定值：刀具寿命、工件数量或磨损的额定值 预警极限：输出警告时的刀具寿命、工件数量或磨损的给定值
D	当复选框勾选时 ✓，刀具被禁用

2.4.7　刀具寿命监控功能

利用刀具寿命监控功能，可以对刀具的切削时间、加工件数、磨损量进行监控，结合备用刀具管理功能，可以有效缩短由于刀具的破损对机床造成的停机时间。

1）按 【MENU SELECT】键，打开刀具磨损列表 参数 → 刀具磨损。

2）将光标移动到需要处理的刀具处，并移动到寿命监控栏。

3）按软键 选择刀具寿命监控的类型：T、C 或 W。

4）依次输入刀具寿命、设定值、预警极限值，如图 2-36 所示。刀具 （CUTTER 10） 选择 T 类型寿命监控功能对其切削时间进行监控，刀具寿命为 200min，设定值为 200min，预警极限为 60min。

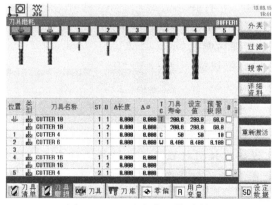

图 2-36　刀具寿命监控功能

2.4.8　刀库

在刀库中显示有刀具及与刀库相关的数据，如图 2-37 所示。此处可以根据需要对刀库以及刀位进行操作。

各个刀位可以为刀具进行位置编码，或者设置禁用。刀库中的前5列刀具数据的内容与刀具表中的内容一致，下面只介绍与刀库、刀库位置相关的内容：

1）D：禁用刀位。显示刀具有哪种位置类型。

2）Z：刀具标记为"超大"。普通刀具占据了刀库中的一个左半刀位、一个右半刀位，例如刀库相邻刀位的距离为120mm，如果是 ϕ140mm 的面铣刀，需要将此刀具设置为超大刀具，占据刀库中的两个左半刀位、两个右半刀位。此项只能对没有装载到刀库或主轴上的刀具进行大尺寸刀具设置。

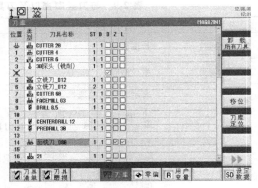

图 2-37　刀库界面

3）L：固定位置编码。将刀具固定分配到一个刀位上。

2.5　程序管理

2.5.1　程序管理概述

用户通过程序管理器可以随时访问程序，利用各种功能软键或快捷键可以新建、打开、执行、更改、复制、粘贴、剪切、预览或重命名程序，或者删除不需要的程序，也可以重新释放存储器或清空存储器。在程序管理器的全部驱动器（例如本地驱动器或 USB）上通过系统数据文件树显示 HTML，并打开PDF 文档以及图片文件（ * .bmp、 * .png、 * .jpg）。各种程序管理功能就像在计算机上处理文件一样简便快捷。如图 2-38 所示，在本地驱动器（NC 存储器）上对光标选中的"TEST"文件进行操作。

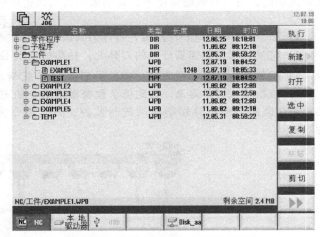

图 2-38　选中"TEST"工件进行操作

　　注意：不推荐从 USB 设备直接执行程序。在持续运行中，USB 设备可能会因接触不良、掉落、碰撞或不小心拔出而折断。如果在刀具加工期间拔出 USB 设备，将会停止加工并损坏工件。

通过程序管理器可以随时访问并直接处理以下存储空间的程序：

1）　**NC**　NC　：NC。

2）　**本地驱动器**：本地驱动器，激活软件选项"NCU 256 MB HMI CF 卡用户存储器"时，才会显示该软键。

3）![Disk图标] Disk：网络驱动器，即网盘，激活软件选项"网络管理功能"时，才会显示该软键。

4）![USB图标] USB：USB 驱动器，只有在操作面板的 USB 端口上连接了一个 USB 设备，该软键才可使用。

5）V24（RS232C）。

程序管理器目录结构中的符号![目录图标]表示目录，![文件图标]表示文件，如图 2-39 所示。

在数控机床通电后第一次进入程序管理器时，所有的程序目录前都有一个加号，可以利用![打开] ![▶] 或![INPUT图标]打开光标所在的目录或文件。只有在第一次查看后，空目录前的加号才被删除。

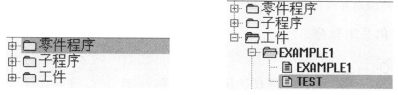

图 2-39　程序管理器中的目录结构

图 2-38 所示的数控系统界面所列出的目录和程序包含以下信息：

1）名称：最多允许包含 24 个字符。允许使用所有的大写字母、数字和下划线。

2）类型：目录（WPD），主文件夹（DIR），程序（MPF），子程序（SPF），初始化程序（INI），工作表（JOB），刀具数据（TOA），刀库数据（TMA），零点（UFR），R 参数（RPA），全局用户数据/定义（GUD），设定数据（SEA），保护区（PRO），悬垂度（CEC）。

3）大小：以字节为单位。

4）日期或时间：设置或上次更改的日期或时间。

5）当目录或文件符号变为绿色时，表示被执行、激活的文件夹及程序已被选择。

2.5.2　创建新目录或程序

目录结构有助于一目了然地管理程序和数据。为此可以在本地驱动器以及 USB 或网络驱动器的目录中创建子目录。在子目录中可以继续创建程序并随即创建程序段。

目录名称必须使用扩展名".DIR"或者".WPD"，包括扩展名在内长度最多为 49 个字符。给定名称时允许使用所有的字母、数字和下划线。名称使用的字母会被自动转换成大写字母，但该限制对于 USB 或网络驱动器上的文件名称不起作用。在一个工件目录内可以建立不同的文件类型，如主程序文件、初始化文件和刀具补偿文件。

> 说明：在 828D 上用户可以建立多级工件目录，但工件目录名称的长度是受限制的，如果超出了最大允许的字符数量，在输入时会显示提示信息。

在本地驱动器、USB 和网络驱动器上可以任意组建目录结构。也就是说，可以在一个工件目录内建立其他工件目录或者任意一个目录。将这些数据复制到 NC 内存后，便会检查该目录或文件名称的长度。

创建新目录或程序的步骤如下：

1）打开相应的程序存储空间。选择 程序管理器

→ NC NC 、 本地驱动器或 USB 。

2）移动光标键，在目标目录中选择零件程序、子程序或工件。

3）按软键 新建 ，选择新建一个目录

目录 或程序 programGUIDE G代码 。

图 2-40 创建 "test" 主程序

4）如果在工件目录下，需要选择新建程序的类型，如 MPF 主程序或 SPF 子程序。按规定输入程序名称并按软键 确认 ，完成程序名称的建立，如图 2-40 所示。

5）进入程序编辑界面，开始编辑程序。

2.5.3 打开和关闭程序

1）按照 程序管理器 → NC NC 的步骤打开 NC 程序目录，或在 本地驱动器或 USB 中打开相应的外设程序存储空间。

2）移动光标键到目标目录或目标文件上。

3）按软键〖打开〗、光标键▶或 INPUT 键打开光标所在的目录或文件。

4）按软键〖关闭〗、光标键▶，则关闭当前打开的文件。

5）按光标键▶，则光标返回文件夹头，再按光标▶键则关闭该文件夹。

2.5.4 同时打开多个程序

在编辑器中可同时打开两个程序进行查看和编辑。例如可方便地复制一个程序的程序段或加工步骤，并将其粘贴至另一个程序中。最多可打开 10 个程序，通常默认同时显示两个程序，如需同时打开更多可以进行如下设置：

① 选择操作区域"程序"，编辑器已激活。

② 按软键〖▶▶〗和〖设置〗，进入"设置"菜单，修改参数"可见程序"1～10，选择程序的数量可以在编辑器中相邻显示。

③ 修改后按软键〖确认〗，需要对所做的设置进行确认。

同时打开多个程序的操作步骤如下：

1）在程序管理器中选中需要在多重编辑器视图中打开的程序，并按软键〖打开〗。编辑器会打开并显示前两个程序。

2）按【NEXT WINDOW】键切换至下一个打开的程序，如图 2-41 所示。

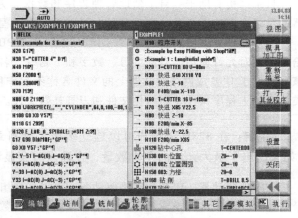

图 2-41 同时打开两个程序

3）按软键〖►►〗和〖关闭〗，将当前程序关闭。

2.5.5　执行程序

选中要执行的程序，系统自动切换到"加工"操作区。将光标置于所需程序或工件上，选择工件（WPD）、主程序（MPF）或子程序（SPF）。

选择工件时，在工件目录中必须有一个同名的程序，系统将自动选择它并进行加工。

如果存在同名的 INI 文件，则会在选择零件程序且首次执行零件程序时一次性执行。如有必要，根据机床数据 MD11280 $MN_WPD_INI_MODE 执行其他的 INI 文件。

执行程序的操作步骤如下：

1）按 程序管理器 → NC 或 本地驱动器或 USB 的步骤打开相应程序存储空间。

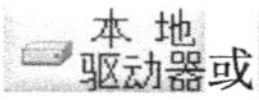

2）移动光标键到目标目录并打开目录，选择需要执行的程序文件。

3）按软键〖执行〗，选择执行光标所指的程序。

4）系统切换到 加工 操作界面以及 AUTO 自动运行方式下。

5）按软键 CYCLE START 开始执行程序加工工件。如果是执行程序编辑器当前正在编辑的程序，可以直接按软键〖执行〗，选择该程序进行加工。

2.5.6　预览显示程序

可以在编辑之前通过预览来显示程序的内容，不需要进入程序编辑画面即可在程序管理目录画面下通过光标键来查看相应的程序内容。

预览显示程序的步骤如下： 程序管理

→ ►► → 预览 → 预览 。

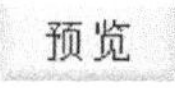

1）选择操作区域中的【程序管理器】。

2）选择所需的保存地点并将光标置于需要的程序上。

3）按软键〖►►〗和〖预览窗口〗，如图 2-42 所示。

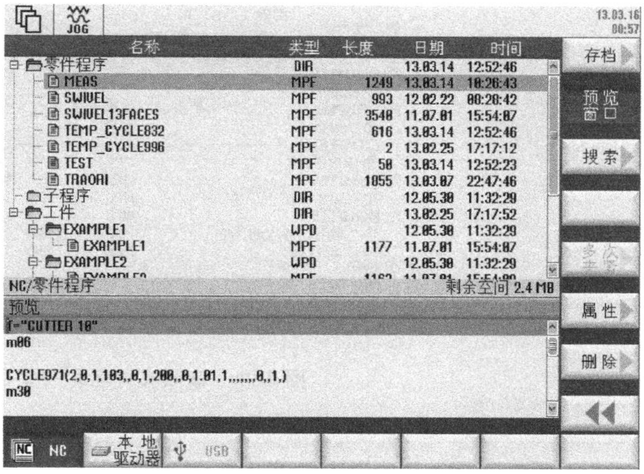

4）再次按软键〖预览窗口〗，可以重新关闭窗口。

图 2-42　预览窗口操作与显示界面

2.5.7　修改文件属性和目录属性

在窗口"…属性"中显示了有关目录和文件的信息。在文件的路径和名称旁显示了文件长度、建立日期和时间，用户可以修改名称。

在"属性"窗口中显示了执行、写入、列举和读取目录或文件的权限。

1）执行：设置选择目录或文件的权限。

2）写入：设置修改、删除目录或文件的权限。

可以设置的存取权限范围为：钥匙开关 0 到当前的存储权限，如图 2-43 所示。如果文件或目录的存储权限高于用户当前的存储权限，则无法进行设置。

> 说明：写入权限和删除权限在机床数据 MD 51050 中设置。

操作步骤如下：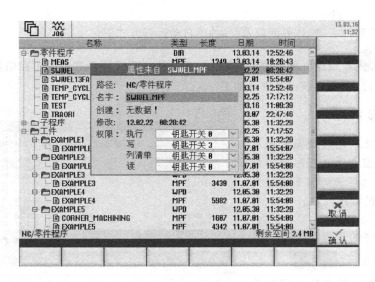

1）选择操作区域中的【程序管理器】。

2）选择所需存储器，并将光标移到需要显示或修改其属性的文件或目录上。

3）按软键〖▶▶〗和〖属性〗。打开"… 属性"窗口。

4）进行所需的更改。在 NC 存储器中，用户可以通过界面进行修改。

5）按软键〖确认〗，保存修改内容。

图 2-43　修改文件名称与钥匙开关权限

2.5.8　在程序管理器中创建存档

用户可以将 NC 存储器和本地驱动器中的文件作为"存档"保存。存档可使用二进制格式或者穿孔带格式。用户可以选择将存档文件保存在操作区域"调试"中的系统数据存档文件夹、USB 驱动器以及网络驱动器中。

对文件进行存档的操作步骤如下：

1）选择操作区域中的【程序管理器】。

2）选择存档地点。

3）在目录中选择需要建立存档的文件。当需要对多个文件或者目录进行存档时，按软键〖设置标记〗，通过光标或鼠标选择所需的目录或文件。

4）按软键〖►►〗和〖存档〗。

5）按软键〖创建存档〗，打开"创建存档：选择存储位置"窗口。

6）如果用户想搜索某个目录或子目录，可以将光标移到对应的存储位置，按软键〖搜索〗，然后在搜索对话框中输入关键字。

> **注意：**用星号"＊"替代字符串，用问号"？"替代字符可以使搜索更简单。

选择所需存储器，按软键〖新建目录〗，在"新建目录"窗口中输入名称并按软键〖确认〗，创建一个新的目录。

7）按软键〖确认〗，打开"创建存档：名称"窗口。

8）选择存档格式，比如 ARC 二进制格式（见图 2-44），输入名称并按软键〖确认〗。存档成功后，会有提示信息"创建文档：文档已成功结束"。

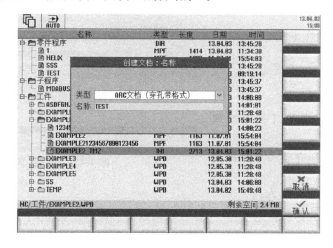

图 2-44　选择存档格式

2.5.9　在程序管理器中导入存档

在操作区域【程序管理器】中，从系统数据的存档文件夹、配置的 USB 驱动器或网络驱动器中可以导入存档。

导入存档的操作步骤如下：

1）选择操作区域中的【程序管理器】。

2）按软键〖存档〗和〖读入存档〗。打开"读入存档：选择存档"窗口。

3）选择存档的存储位置，并将光标移到所需存档上。只有当用户存档文件夹中至少有一个存档时，此处才会显示该文件夹。如果用户想搜索一个存档，可以按软键〖搜索〗，在搜索对话框中输入带有扩展名（＊.arc）的存档名，并按软键〖确认〗。

4）如果想覆盖现有文件，按软键〖确认〗或〖全部覆盖〗。如果不想覆盖现有文件，按软键〖未覆盖〗。如要继续导入一个存档，可以按软键〖跳过〗。打开"读入存档"窗口，进一步显示导入过程。接着会弹出一张"读存档"故障日志，其中会列出已跳过的文件或覆盖的文件。

5）按软键〖取消〗，可中断导入。

2.5.10 保存装调数据

除了程序外，用户还可以保存刀具数据和零点数据。使用此功能，用户可以保存某个工步程序所需的刀具数据和零点数据，以后再次执行该程序时，便可以快速获取该设置。即使是在外部刀具预调设备上获得的刀具数据，也可以方便地录入刀具管理数据中。

需要保存含有 ShopMill 和 G 代码程序的工作表时，会有独立的下拉列表分别用于保存刀具数据和零点。

只有当零件程序存储在"工件"目录中时，才可以保存装调数据。当零件程序位于"零件程序"目录中时，不提供"保存装调数据"功能。

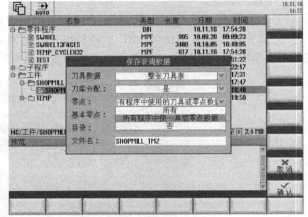

保存装调数据的操作步骤如下：

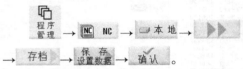

图 2-45 保存装调数据

1）选择操作区域中的【程序管理器】。

2）把光标移到要保存其刀具数据和零点数据的程序上。

3）按软键〖▶▶〗和〖存档〗。

4）按软键〖保存装调数据〗，打开"保存装调数据"窗口，如图 2-45 所示。

5）选择要保存的数据。

6）如有必要，在"文件名"一栏中可以修改所选程序原有的名称。

7）按软键〖确认〗，在选中程序所在的同一目录下，装调数据成功创建。文件会自动保存为 INI 形式的文件。

> **说明：**若主程序和同名 INI 文件位于同一个目录下，则选中该主程序时会首先自动启动 INI 文件，这样就可以修改不需要的刀具数据了。

保存设置数据的内容见表 2-10。

表 2-10 保存设置数据的内容

名　　称	说　　明
刀具数据	1）不选择 2）所有在程序中使用的刀具数据,仅针对 ShopMill 程序和含有 ShopMill 程序的工作表 3）整张刀具列表

（续）

名　　称	说　　明
ShopMill 程序的刀具数据：仅针对含有 ShopMill 程序和 G 代码程序的工作表	1）不选择 2）所有在程序中使用的零点 3）整张刀具列表
G 代码程序的刀具数据：仅针对含有 ShopMill 程序和 G 代码程序的工作表	1）不选择 2）整张刀具列表
刀库占用	1）选择 2）不选择
零点	1）不选择。下拉列表"基准零点"被隐藏 2）所有在程序中使用的刀具数据，仅针对 ShopMill 程序和含有 ShopMill 程序的工作表 3）全部
ShopMill 程序的零点：仅针对含有 ShopMill 程序和 G 代码程序的工作表	1）不选择。下拉列表"基准零点"被隐藏 2）所有在程序中使用的零点 3）整张刀具列表
G 代码程序的零点：仅针对含有 ShopMill 程序和 G 代码程序的工作表	1）不选择。下拉列表"基准零点"被隐藏 2）全部
基准零点	1）不选择 2）选择
目录	显示所选程序所在的目录
文件名	此处可以修改系统建议的文件名称

说明：只有系统可以预计刀具出入刀库的情况时，才可以读取刀库占用情况。

2.5.11　读入装调数据

在读取数据时，可以选择读入那些已经保存的数据：刀具数据；刀库占用；零点；基本零点。

读入刀具数据时，按照所选的数据，系统执行的动作如下：

1）整张刀具列表：删除当前所有刀具管理的数据，然后读入已经保存的数据。

2）所有程序中使用的刀具数据。

如果待读入的刀具中至少有一个已经在刀具管理中，则有以下选项：全部覆盖 、未覆盖 、跳过 。

如果要读入所有刀具数据，按软键〖全部替换〗，即可不经询问就会覆盖现有刀具。如果不想覆盖现有刀具，则按软键〖未覆盖〗，即可不经询问就会跳过现有刀具。如果不想覆盖现有刀具，按软键〖跳过〗，则对每把现有刀具都会进行询问。

如果为一个刀库设置了多于一个的装载位，则可通过软键〖选择装载位〗打开窗口，并在窗口中为刀库分配装载位。

读入装调数据的操作步骤如下：

程序管理 → NC NC 或 本地 → ▶ → SELECT → 【确认】。

1）选择操作区域中的【程序管理器】。

2）将光标移动到需要再次读取的、保存了刀具数据和零点数据的文件（∗.INI）上。

3）按下光标键▶，或双击文件，打开"读入装调数据"窗口。

4）选择需要读取的数据，例如刀库占用。

5）按软键【确认】。

2.5.12 模具加工图

在控制系统中，可以通过【模具加工图】功能，查看大型模具加工程序的加工轨迹，以清晰地了解程序的整个执行概况，必要时再进行修改，如同在 CAD 系统中的操作。利用该功能可以检查所编程的工件形状是否正确，是否有运行错误，需要修改哪个程序段，并可查看进刀或退刀路径。

程序和模具图可一同显示。在编辑器中，可以在程序段窗口旁打开图形视图。将光标移到左侧带有位置数据的一个 NC 程序段上时，在图形视图中会标出该程序段对应的轨迹；在右侧图形视图中选择一个点，左侧程序视图中会标出该点对应的 NC 程序段，这样便可以直接定位需要编辑的程序。

在模具图中支持以下 NC 程序段。

（1）类型

1）直线：G0、G1、X、Y、Z。

2）圆弧：G2、G3、圆心（I，J，K）或半径 CR，取决于工作平面 G17、G18、G19；CIP、圆心（I1，J1，K1）或半径 CR。

3）多项式：POLY、X、Y、Z 或 PO [X]、PO [Y]、PO [Z]。

4）B 样条：BSPLINE、度数 SD（SD < 6）、节点 PL、权重 PW。

5）增量值 IC 和绝对值 AC。

6）当 G2、G3、起点和终点半径不同时，会使用阿基米德螺旋线显示轨迹。

（2）G 指令

1）工作平面（用于圆弧定义 G2、G3）：G17、G18、G19。

2）增量值或绝对值：G90、G91。

（3）操作步骤

1）选择操作区域中的【程序管理器】。

2）选择存储模具加工程序的存储器，将光标移到需要模拟的模具加工程序上。

3）按软键【打开】，该模具加工程序随即在编辑器中打开。

4）按软键【▶▶】和【模具加工图】，编辑器会分为两个区域。左侧区域显示 G 代码程序，右侧区域显示模具加工图。所有零件程序中写入的点、轨迹都会以图形方式显示出来，如图 2-46 所示。

5）按软键【图形】可以隐藏图形，并恢复到常见的程序视图。

（4）修改和调整模具加工图 和"模拟""同步记录"功能一样，用户可以调整或修改模具加工图，也可以放大和缩小图形、移动图形、旋转图形、修改选取的区域，以便更好地观察加工过程。

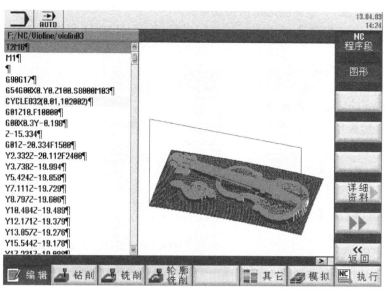

图 2-46 模具加工图

在模具加工图中不支持以下 NC 程序段：螺线编程、有理多项式、其他 G 代码或语言命令。所有不支持的程序段会被直接略过。

2.6 在线帮助

SINUMERIK Operate 用户界面中植入了强大的在线帮助系统，用户随时都可以通过软键快速查看在线帮助，无须查阅纸质手册即可获得各种功能参数、编程指令等信息说明。

（1）帮助文件内容 控制系统中保存了大量上下文相关的在线帮助：

1）系统为用户提供了对每个窗口的简要说明，以及操作界面的步骤介绍。

2）在编辑器中，为用户输入的每个 G 代码提供详细的帮助。此外，用户还可以查看所有的 G 代码并可以将在线帮助说明中选择的指令直接复制到编辑器中。

3）在循环编程中，输入屏幕中为用户显示帮助页面，其中包含了所有参数。

4）机床数据列表。

5）设定数据列表。

6）驱动参数列表。

7）所有报警列表。

调用上下文在线帮助的操作步骤如下：

1）进入操作区的任意一个窗口。

2）按【HELP】键；使用 MF2 键盘时按【F12】键。当前窗口的帮助页面在一个小窗口中打开。

3）按软键〖全屏幕〗，在线帮助全屏显示。再次按软键〖全屏幕〗，会恢复为小窗口显示。

4）如果系统还提供了功能或主题的进一步帮助信息，可将光标移到所需链接，并按软键〖对应描述〗，选中的帮助页面会显示在屏幕上。

按软键〖返回目录〗，返回到之前的帮助页面。

如图 2-47 所示，光标移动到"MSG 指令"所在行，按【HELP】键，显示所选"MSG"指令的使用方法。

（2）调用目录中的主题

1）按软键〖目录〗。根据用户使用的工艺，系统向用户显示"铣削操作""车削操作""通用操作"的操作手册，以及编程手册"编程"。

2）按光标键 ▼ 和 ▲，选择所需的手册。

3）按光标键 ▶ 或【INPUT】键，可打开手册的相应章节。

4）使用光标键 ▼ 导航至所需的主题。

5）按软键〖对应描述〗或【INPUT】键，可显示所选主题的帮助页面。

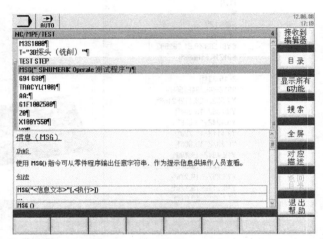

图 2-47　在线帮助显示"MSG"指令的使用方法

6）按软键〖当前主题〗，可返回初始帮助页面。

（3）查找主题

1）按软键〖搜索〗，打开【在帮助中搜索…】窗口。

2）激活"全文"复选框，在所有帮助页面中查找。如果不激活该复选框，则在目录和索引中查找。

3）在"文本"一栏中输入所需的关键字，按软键〖确认〗。

在操作面板上输入搜索关键字时，将星号（＊）用作占位符代替变音。所有输入的关键字和语句将通过"与"逻辑连接一起查找。因此，只显示满足所有搜索标准的文件和条目。

4）按软键〖关键字索引〗，只显示操作和编程手册的索引。

（4）显示报警说明和机床数据

1）如果在"报警""信息"或"报警日志"窗口中存在信息或报警，则将光标移至有疑问的显示上，按【HELP】键或【F12】键，显示相应的报警说明。

2）进入"调试"操作区域下的机床数据、设定数据和驱动数据显示窗口中，将光标移至所需机床数据或驱动参数上，按下【HELP】键或【F12】键。

（5）显示相应的编程指令说明　例如，在编辑器中显示和插入 G 代码指令的过程步骤如下：

1）在编辑器中打开程序。将光标移至所需的 G 代码指令上，按【HELP】键或【F12】键，显示相应的 G 代码说明。

2）按软键〖显示所有 G 功能〗。

3）使用搜索功能选择所需的 G 代码指令。

4）按软键〖接收到编辑器〗。光标位置上选择的"G 功能"指令会复制到程序中。

5）按软键〖退出帮助〗，即可退出帮助页面。

第 3 章

数控铣削编程基础

3.1 数控机床坐标系

为了便于编程时描述数控机床的运动，简化程序的编制方法，保证加工数据的合理性，国际标准化组织对数控机床的坐标系和运动方向均已做出标准化规定。

为了使机床和系统可以按照 NC 程序给定的位置加工，控制机床的运动方向和运动的距离，必须建立一个机床坐标系，统一规定数控机床坐标系各轴的名称及其正负方向，从而使数控机床的控制系统分别对各进给运动实行控制，使编制的加工程序对同类型机床具有互换性。

3.1.1 坐标系的概念

配置 SINUMERIK 828D 数控系统的铣床具有强大的编程和加工功能。为了使机床性能得到更好的发挥，快捷编写出优秀的加工程序，有必要深刻理解数控机床坐标系的概念。

数控铣床的坐标系分以分为：

① 机床坐标系（MCS），使用机床零点 M。

② 基准坐标系（BCS）。

③ 基准零点坐标系（BNS）。

④ 可设定的零点坐标系（ENS）。

⑤ 工件坐标系（WCS），使用工件零点 W。

（1）机床坐标系（MCS）　机床坐标系由所有实际存在的机床轴构成，坐标系与机床的相互关系取决于机床的类型。标准的机床坐标系是一个右手直角笛卡儿坐标系，如图 3-1 所示。轴方向由右手"三指定则"确定。站到机床面前，伸出右手，中指与主要主轴进刀的方向相对。然后可以得到：大拇指为+X 方向，食指为+Y 方向，中指为+Z 方向。

用 A、B 和 C 分别表示围绕坐标轴 X、Y 和 Z 的旋转运动。迎着坐标轴正方向观察，逆时针旋转时旋转方向为正。机床坐标系（MCS）六个轴方向如图 3-2 所示。

（2）基准坐标系（BCS）　工件总是在一个二维或者三维的垂直坐标系中（WCS）编程。但加工工件时经常需要使用带回转轴或非垂直排列的直线轴的机床。为了将在WCS 中编程的坐标（直角）投射到实际的机床轴运动中，需要用到运动转换。

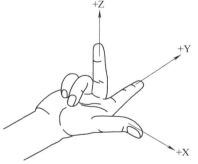

图 3-1　右手直角笛卡儿坐标系

基准坐标系（BCS）由三条相互垂直的轴（几何轴）以及其他没有几何关系的轴（辅助轴）构成。不带运动转换的机床（例如三轴铣床）的基准坐标系（BCS）被投影到机床坐标系（MCS）上时，BCS 和 MCS 总是重合，如图 3-3 所示。

带运动转换的机床，包含运动变换（如 5 轴变换、TRANSMIT/TRACYL/TRAANG）的 BCS

被投射到 MCS 上时，BCS 和 MCS 不重合。在该机床上，机床轴与几何轴必须使用不同的名称，如图 3-4 所示。

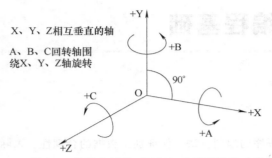

X、Y、Z相互垂直的轴

A、B、C回转轴围绕X、Y、Z轴旋转

图 3-2 机床坐标系（MCS）六个轴方向

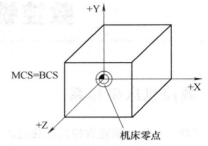

MCS=BCS

机床零点

图 3-3 MCS 与不带运动转换的 BCS 重合

（3）基准零点坐标系（BNS） 基准零点坐标系（BNS）由基准坐标系通过基准偏移后得到，如图 3-5 所示。所谓基准偏移，是表示基准坐标系（BCS）和基准零点坐标系（BNS）之间的坐标转换，它可以确定例如托盘零点等数据。基准偏移由外部零点偏移、DRF 偏移、已叠加的运动、链接的系统框架和链接的基准框架等部分组成。

（4）可设定的零点坐标系（ENS） 通过可设定的零点偏移，可以由基准零点坐标系（BNS）得到可设定的零点坐标系（ENS）。在 NC 程序中使用 G 指令 G54～G59 和 G507～G599 来激活可设定的零点偏移，如图 3-6 所示。

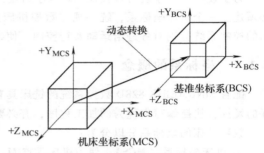

动态转换

基准坐标系(BCS)

机床坐标系(MCS)

图 3-4 MCS 和 BCS 间的运动转换

说明： 在一个 NC 程序中，有时需要将原先选定的工件坐标系（或者可设定的零点坐标系）通过位移、旋转、镜像或缩放定位到另一个位置。这可以通过可编程的坐标转换（框架）进行。可编程的坐标转换（框架）总是以可设定的零点坐标系为基准。

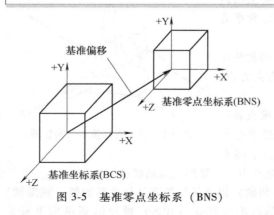

基准偏移

基准零点坐标系(BNS)

基准坐标系(BCS)

图 3-5 基准零点坐标系（BNS）

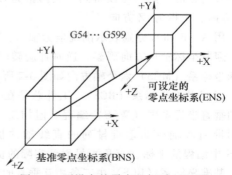

G54 … G599

可设定的零点坐标系(ENS)

基准零点坐标系(BNS)

图 3-6 可设定的零点坐标系（ENS）

（5）工件坐标系（WCS） 工件坐标系（WCS）是编程人员在编程和加工时使用的坐标系，工件坐标系始终是直角坐标系，并且与具体的工件相联系。工件坐标系是零件加工程序的参考坐标系, 其位置以机床坐标系为基本参考点, 工件坐标系的零点可以由编程人员选取。编程中常用的坐标系形式有直角坐标系和极坐标系两种。

3.1.2　坐标系之间的关联性

前面介绍了五种坐标系的概念, 各坐标系之间的相互关联性, 如图 3-7 所示。

① 运动转换未激活, 即机床坐标系 (MCS) 与基准坐标系 (BCS) 重合。

② 通过基准偏移得到带有托盘零点的基准零点坐标系 (BNS)。

③ 零点偏移 G54 或 G55 用于确定工件 1 或工件 2 的可设定零点坐标系 (ENS)。

④ 可编程的坐标转换确定工件坐标系 (WCS)。

⑤ 可编程的坐标转换 (框架) 未激活时, 可设定的零点坐标系 (ENS) 为工件坐标系 (WCS)。

当前工作坐标系。本书在描述加工编程和介绍系统界面操作时还会使用到 "当前工作坐标系" 的

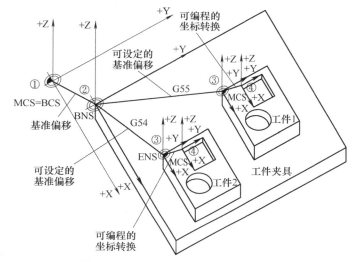

图 3-7　五种坐标系之间的相互关联性

概念。它是指在加工程序中所规定使用的当前处于工作状态的坐标系, 包括机床坐标系、工件坐标系、相对坐标系或局部坐标系等。

3.1.3　编程中的零点和基准参考点

在一台数控机床上定义了各种零点和基准参考点。本书在描述铣削加工编程中, 对所描述的零点和基准参考点使用的图符见表 3-1。

表 3-1　零点和基准参考点使用的图符

分类	图符	标记符	定　　义
零点		M	机床零点。使用机床零点可以确定机床坐标系 (MCS)。所有其他参考点都以机床零点为基准
		W	工件零点与程序零点重合。以机床零点为基准的工件零点可以用来确定工件坐标系
基准参考点		R	参考点。通过凸轮和测量系统所确定的位置。必须先知道它到机床零点 M 的距离, 这样才能精确设定轴的位置
		B	起点。可以由程序确定, 第 1 刀具从该点开始加工
		N	换刀点。需要考虑刀具不会与工件或夹具等发生干涉

3.2 铣削加工基本编程指令

3.2.1 数控加工编程语言

数控机床加工程序表达了数控机床实际运动顺序的功能指令的有序集合。所谓数控加工编程就是把零件的工艺过程、工艺参数、机床的运动以及刀具位移量等信息用数控语言记录在程序单上，并经校核的全过程。

由于 DIN 66025 所规定的指令程序段已经无法应对先进机床的复杂加工过程编程，因此又添加了 NC 高级语言指令。除了 G、M、T、S 和 F 指令外，还有许多指令由多个地址符（一般用单词字母缩写的形式表示）构成，例如：SPOS 用于主轴定位指令。

SINUMERIK 828D 数控系统的编程代码除了支持由 DIN 66025 所规定的指令和 NC 高级语言指令外，还支持 ISO 标准指令系统，使用中可以随时进行切换。这样就方便了已经熟悉 ISO 指令语言的用户掌握西门子数控系统配置的机床。

3.2.2 程序段构成内容

一个完整的数控加工程序由程序开始部分、若干个程序段和程序结束部分组成。

（1）程序语句　程序语句又称程序段。一个程序段表示一个完整的加工工步或动作，包含了执行一个加工工步的数据。每个刀具轨迹运动的工艺数据要作为单独的指令写出，由这种先后排列的指令便可组成一条完整的加工工步程序。

（2）指令字　一个程序段是由一个或若干个指令"字"组成，指令代表某一信息单元；一个指令"字"由地址符和数字（有些数字还带有符号）组成，这些字母、数字、符号统称为字，它代表机床的一个位置或一个动作。

1）地址符。地址符通常为一个字母，用来定义指令的含义。

在编制 NC 程序时，可以使用下面的符号：

① 大写字母：A，B，C，D，E，F，G，H，I，J，K，L，M，N，(O)，P，Q，R，S，T，U，V，W，X，Y，Z。

② 小写字母：a，b，c，d，e，f，g，h，i，j，k，l，m，n，o，p，q，r，s，t，u，v，w，x，y，z。

③ 数字：0，1，2，3，4，5，6，7，8，9。

④ 特殊符号：见表 3-2（书写程序时，均须在英文半角状态下输入）。

表 3-2　编程使用的特殊符号

特殊符号	含义	特殊符号	含义
%	程序起始符(仅用于在外部 PC 上编程)	+	加法
(	括号参数或表达式	−	减法,负号
)	括号参数或表达式	*	乘法
[	括号地址或组变址	/	除法,程序段跳跃
]	括号地址或组变址	=	分配,相等部分

（续）

特殊符号	含　义	特殊符号	含　义
:	主程序,标签结束,级联运算器	<	小于
'	单引号,特殊数值标志	>	大于
"	引号,字符串标志	.	小数点
$	系统自带变量标志	;	注释引导
,	逗号,参数分隔符	制表符	分隔符
_	下画线,与字母一起	空格键	分隔符(空格)
&	格式化符,与空格符意义相同	?	备用
LF	程序段结束	!	备用

　　说明：除刀具调用外，小写字母和大写字母没有区别。不可表述的特殊字符与空格符一样处理。

　　注意：字母"O"不要与数字"0"混淆！

　　数字或数字串表示赋给该地址符的值。数字串可以包含一个符号和小数点，符号位于地址字母和数字串之间。正号（+）和后续的零（0）可以省去。

　　每个单独的指令可作为一个程序段。一个程序段可由一个或多个指令组成。一个程序段内不得有两个相同的地址出现！

　　每个程序段结束处应有段结束标志符"LF"，表示该程序段结束转入下一个程序段。

　　2）标识符。标识符（定义的名称）用于系统变量、用户定义变量、关键字、跳转标记等。

　　注意：标识符必须是唯一的，不可以用于不同的对象。

　　3）功能字符。功能字符有程序控制运行符，除包括关系运算符、逻辑运算符、运算功能和控制结构外，还有程序段结束符、跳步符（/）、程序注释符（;）等。

　　（3）程序段格式　目前广泛采用地址符的可变程序段的书写格式。在这种格式中，指令字的排列顺序没有严格的要求，指令字的数目以及指令字的长度都是可变化的。各种指令并非在程序的每个程序段中都必须有，而是根据各程序段的具体功能来编入相应的指令，不需要的指令字以及与上段相同的模态指令字可以不写。这种格式的特点是程序简单，可读性强，易于检查。

　　（4）指令的有效性　指令的有效性分为模态有效或逐段（非模态）有效两类。

　　1）模态有效。模态有效的指令可以一直保持编程值的有效性（在所有后续程序段中），直到在相同的指令中编写了新的值或被同一组的另一个功能指令注销为止。

　　2）逐段（非模态）有效。逐段有效的指令只在所规定的程序段中生效。程序段结束时即被注销。

　　程序语句结构：

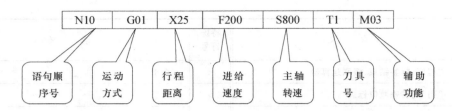

（5）程序结束　最后一个程序段包含一个特殊字，表明程序段结束：M2、M17 或者 M30。

3.2.3　程序段指令字编写规则

程序和程序段内容的规范编写，无论对初学者还是熟练程序员来说，都是一项基本要求。因为，编程人员与他人进行编程交流的基本媒介是程序清单。一个结构清晰、格式规范、注释简单而明了的程序清单是使大家能够看明白程序的基本条件。

（1）程序段段号　NC 程序段可以在程序段开始处使用程序段号进行标志。程序段段号由一个字符"N"和一个正整数构成，例如"N40"。

程序段段号的顺序可以任意，推荐使用升序的程序段段号。在一个程序中，程序段段号必须是唯一的，这样在对程序进行搜索时会有一个明确的结果。

（2）程序段结束　程序段以字符"LF"结束。字符"LF"可以省略，可以通过换行切换自动生成。

（3）程序段长度　一个程序段可以包含最多 512 个字符，包含注释和程序段结束符"LF"。通常情况下，在屏幕上一次显示 3 个程序段，每个程序段最多显示 66 个字符，含注释显示。

（4）指令的顺序　为了使程序段结构清晰明了，程序段中的指令应按如下顺序排列：

N… G… X… Y… Z… F… S… T… D… M… H…

有些地址也可以在一个程序段中多次使用，比如：G…，M…，H…。

（5）地址赋值　地址字可以被赋值，赋值方式有直接赋值和表达式赋值。

1）直接赋值方式及赋值时适用下列规则：直接赋值方式是指在地址字后面直接写出数值的赋值方式。在下列情况下，地址与值之间必须写入赋值符号"="：

① 地址由几个字母构成。

② 值由常数构成。如果地址是单个字母，并且值仅由一个常量构成，则可以不写符号"="。在数字扩展之后，必须紧跟"=""（"")""["""]"""，"几个符号中的一个，或者一个运算符，从而可以把带数字扩展的地址与带数值的地址字母区分开。否则，系统将其认作一个符号信息。

示例：X10　给地址 X 赋值（10），不要求写"="符号。

X1 = 10　地址（X）带扩展数字（1），赋值（10），要求写"="符号。

③ 允许使用正负号，通常"+"号可以省略。

④ 可以在地址字母之后使用分隔符，如 F100 或 F　100 是等效的。

⑤ 前一个地址字完全使用字符时，与后一个地址字之间必须有一个空格。

2）表达式赋值方式及赋值时适用下列规则：表达式赋值方式是指地址字后的数值以计算公式、函数表达式、数组等形式出现。

① 计算公式必须按照四则运算的形式书写，必须使用西门子 828D 系统规定的符号。

② 函数表达式必须正确，函数的值域必须在规定值的区间内。

③ 函数名称必须完整。目前，西门子 828D 系统还不能使用函数缩写的表述方法。

④ 函数值的单位必须符合西门子 828D 系统的规定，例如，角度值的单位是十进制的单位制。

示例：X = 10 * (5+SIN(37.5))；通过表达式进行赋值，要求使用"＝"符号。

　　　　ACOS(R3)= 36.8699°

由于 SINUMERIK 828D 坐标地址具有表达式赋值功能，在编程过程中，程序语句中地址字的数值允许以计算公式（函数表达式）的形式出现，这样可以不必计算出具体的数值，由数控系统内部完成坐标数值或参数的计算工作。由此可以节约坐标点的计算时间，大大减轻了编程过程中的计算任务，减少了计算或数值输入错误等情况的发生。

（6）语句注释部分　为了使 NC 程序更容易理解，可以为 NC 程序段加上注释，828D 支持中文注释。注释部分的内容如果是对程序的整体说明，一般放在程序的开始部分；如果是对程序段的说明，则放在程序段的段尾处。注释内容的开始处用分号（"；"）将其与 NC 程序段的程序部分隔开。例如，在程序的主体部分之前一般应增加对程序的说明注释：

程序代码	注释
	;图号:JSJ-0113
	;编程时间:2013.06.01
	;编程员:石坚
N10 G1 F100 X10 Y20	;解释 NC 程序段的注释

注释语句在程序运行时显示在程序段之后。

注意：一定要使用西文半角形式下的"；"分号。

3.2.4　NC 程序命名

对每一个完整的加工程序必须要有程序名称（程序编号），以便区别于其他程序，供操作者在数控机床程序存储器的程序目录中查找和调用。程序名必须放在程序的开头位置，一定要根据系统的规定编写，否则程序无法被运行。对于不同的数控系统，程序名地址符也有所差别。存入数控系统程序存储器的各零件加工程序名不能相同。

（1）主程序的程序命名规则　在 828D 数控系统中有如下规则：主程序扩展名为".MPF"。每个 NC 程序有一个名称（标识符），在创建程序时可以按照下列规则自由选择名称：

1）名称的长度不得超过 24 个字符，因为只能显示程序名称最前面的 24 字符。

2）允许使用的字符有字母 A，…，Z，a，…，z；数字 0，…，9；下画线_。

3）名称的头两个字符必须是两个字母或者为一条下划线和一个字母。存储在 NC 存储器内部的文件，其名称以"_N_"开始。

规范的 NC 程序名称书写如：WELLE_2、_MPF100。

（2）子程序的程序命名规则　子程序的扩展名为".SPF"。

程序名可以自由选取，规则同主程序名的命名规则。

1）程序名开头应是字母，不允许以数字开头命名。

2）其他符号为字母、数字或下划线。

使用 828D 数控系统编写子程序名称时还可以使用地址字 L 加数字的形式作为子程序名的定义方式，其后的值可以有 7 位（只能为整数）。

注意：地址字 L 之后的每个零均有意义，不可省略。

例如 L123、L0123 或 L00123 分别表示 3 个不同的子程序。

3.2.5 数控铣床的编程功能指令

在数控机床加工程序中，我国广泛使用准备功能 G 指令、辅助功能 M 指令、进给功能 F 指令、刀具功能 T 指令和主轴转速功能 S 指令等来描述加工工艺过程和数控机床的各种运动特征。

828D 数控铣床系统中除了与大多数数控系统有相同的 G 指令外，另一个明显的特征是许多 G 指令使用了代表该功能的英文单词或其缩写作为地址字。对于有一定英语基础的操作者，看到这些 G 指令的单词，可以准确无误地了解该功能的意义。

G 指令的含义及使用方法将在以后章节中结合具体编程详细介绍。

3.3 铣削加工几何设置

在编写加工程序准备工作中，一项重要而基础的工作是进行加工几何设置。

3.3.1 可设定的零点偏移 (G54~G59，G507~G599，G53，G500，SUPA，G153)

（1）指令功能 通过可设定的零点偏移（G54~G59 和 G507~G599），可以在所有轴上依据基准坐标系的零点设置工件零点，如图 3-8 所示。这样可以通过 G 指令在不同的程序之间调用零点，例如用于不同的夹具。

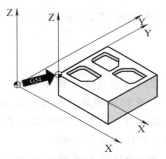

图 3-8 建立工件坐标系 G54

（2）编程格式与参数说明

1）激活可设定的零点偏移。

G54   ;调用第 1 个可设定的零点偏移。

…

G59   ;调用第 6 个可设定的零点偏移。

G507   ;调用第 7 个可设定的零点偏移。

…

G599   ;调用第 99 个可设定的零点偏移（SINUMERIK 828D BASIC 系统只支持到 G549）。

2）关闭可设定的零点偏移。

G500   ;关闭当前可设定的零点偏移直至下一次调用，并激活第 1 个可设定的零点偏移（$P_UIFR [0]），激活整体基准框架（$P_ACTBFRAME）或将可能修改过的基准框架激活。

G53   ;取消逐段生效的可设定零点偏移和可编程零点偏移。

G153   ;作用和 G53 一样，此外它还取消整体基准框架。

SUPA   ;作用和 G153 一样，此外它还取消手轮偏移（DRF）、叠加运动、外部零点偏移、预设定偏移。

程序开始时的初始设置，例如 G54 或 G500，可以通过机床数据进行设定。

利用 6 个供使用的零点偏移（例如在多重加工中）可以同时指定 6 个工件装夹方式并调用程序。

对于其他可设定的零点偏移，可以使用指令编号 G507~G599。因此除了 6 个预先设定的零点偏移 G54~G59 外，还可以通过机床数据在零点存储器中编制总共 100 个零点偏移。

（3）编程示例   在 NC 程序中，通过调用 G54~G59 6 个指令中的一个，可以把零点从基准坐标系转换到工件坐标系。在后续编程的 NC 程序段中，所有位置尺寸和刀具运动均以现在有效的工件零点为基准。

例如，有三个工件，放在托盘上并与零点偏移值 G54~G56 相对应，需要按顺序对其进行加工。加工顺序在子程序 L47 中编程，如图 3-9 所示。

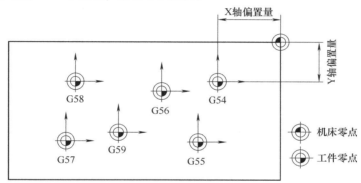

图 3-9   三个工件的零点偏置

程序代码	注释
N10 T1 M6	;调刀
N10 G54 G0 G90 X10 Y10	;调用第一个零点偏移,快速定位（进刀）
N20 S1000 M3 F500	;主轴右旋,给定进给率
N30 L47	;调用子程序运行
N40 G55 G0 Z200	;调用第二个零点偏移,刀具在障碍物之上
N50 L47	;调用子程序运行
N60 G56	;调用第三个零点偏移
N70 L47	;调用子程序运行
N80 G53 X200 Y300 M30	;取消零点偏移
N90 M30	;程序结束

3.3.2   工作平面选择（G17，G18，G19）

（1）指令功能   NC 程序必须包含指定加工所在平面。每两个坐标轴就可以确定一个工作平面。而第三根坐标轴垂直于该平面并确定刀具的进给方向（如用于 2D 加工）。只有这样，控制系统才能在处理 NC 程序时正确计算刀具补偿值，确定用于刀具长度补偿的进刀方向（与刀具类型相关），确定圆弧插补编程的平面；此外，在极坐标系中，工作平面的数据同样很重要。

铣削加工（三轴）时的工作平面如图 3-10 所示，进刀方向如图 3-11 所示。

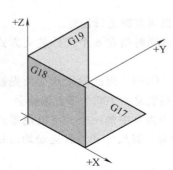

图 3-10 铣削加工时的工作平面

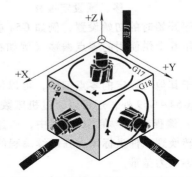

图 3-11 （三轴）铣削加工时进刀方向

（2）指令格式与参数说明 在 NC 程序中使用 G 指令 G17、G18 和 G19 对工作平面进行如下定义：

G17：工件平面 XY，平面选择第 1 和第 2 几何轴，进刀方向 Z。

G18：工件平面 ZX，平面选择第 3 和第 1 几何轴，进刀方向 Y。

G19：工作平面 YZ，平面选择第 2 和第 3 几何轴，进刀方向 X。

在初始设置中，铣削默认的工作平面是 G17（X/Y 平面）。在调用刀具路径补偿 G41/G42 时，必须指定工作平面，这样控制系统才可以正确补偿刀具长度和刀具半径。

建议在开始编写程序时就确定工作平面 G17、G18 或 G19。

3.4 编程坐标尺寸

传统的编写加工程序方式是在编写程序前对工件图样进行分析与数值处理工作，必要时还要将零件图转化为编程图，计算出图样基点坐标值等。SINUMERIK 828D 系统对编程方式规则采取了更加灵活的方法，为了能使工件图样中的数据可以直接被 NC 程序接受，系统提供有专用的编程指令，可以按照图样实际标注尺寸的方式进行编程。这样，省略了尺寸标注转换、尺寸计算工作，特别是当尺寸数值表示和计算比较复杂时，其优点更为突出。

3.4.1 英制尺寸和米制尺寸（G70，G700，G71，G710）

（1）指令功能 工件图样标注尺寸的尺寸系统可能不同于数控系统设定的尺寸系统（英制或米制），但这些尺寸数值可以直接输入到程序中，通过尺寸状态指令，系统可在米制尺寸系统和英制尺寸系统间进行切换。

（2）指令格式和参数说明 在设置的基本系统（MD10240 ＄MN_ SCALING_ SYSTEM_ IS_ METRIC）中读取和写入和长度相关的工艺数据，比如进给率、刀具补偿。

1）当 MD10240＝1（米制）时

G70：激活英制尺寸系统。但是进给率、刀具补偿等工艺数据依然保持米制单位，即在英制尺寸系统中读取和写入和长度相关的几何数据。

G700：激活英制尺寸系统。相关的进给率、刀具补偿等工艺数据也会转换为英制单位。即在英制尺寸系统中读取和写入所有和长度相关的几何数据和工艺数据。

G71：激活米制尺寸系统（开机默认值）。相关的进给率、刀具补偿等工艺数据为米制单位。即在米制尺寸系统中读取和写入和长度相关的几何数据。

G710：激活米制尺寸系统。相关的进给率、刀具补偿等工艺数据也为米制单位。即在米制尺寸系统中读取和写入所有和长度相关的几何数据和工艺数据。

2）当 MD10240 = 0（英制）时

G70：激活英制尺寸系统。同时进给率、刀具补偿等工艺数据为英制单位。即在英制尺寸系统中读取和写入和长度相关的几何数据。

G700：激活英制尺寸系统。相关的进给率、刀具补偿等工艺数据也为英制单位。即在英制尺寸系统中读取和写入所有和长度相关的几何数据和工艺数据。

G71：激活米制尺寸系统。但相关的进给率、刀具补偿等工艺数据依然保持为英制单位。即在米制尺寸系统中读取和写入和长度相关的几何数据。

G710：激活米制尺寸系统。相关的进给率、刀具补偿等工艺数据也会转换为米制单位。即在米制尺寸系统中读取和写入所有和长度相关的几何数据和工艺数据。

刀具补偿值和可设定的零点偏移也作为几何值；同样，进给率 F 的单位分别为毫米/分钟（mm/min）或英寸/分钟（in/min）。尺寸状态的基本设置（默认值）由制造商通过机床数据进行。

（3）编程示例　在一个程序中英制尺寸与米制尺寸间的相互转换（此例仅为说明指令的使用与编写格式）。

程序代码	注释
N10 G70 X6 Y3	;英制尺寸
N20 X4 Y8	;G70 继续生效
…	
N80 G71 X19 Y-20	;转为米制尺寸

说明：本书中所给出的编程示例图样尺寸均为米制尺寸。

3.4.2　直角坐标系的绝对尺寸编程（G90，AC）

（1）指令功能　调用绝对坐标尺寸编程是指以当前有效坐标系（如工件坐标系）的零点作为加工尺寸的基准。即对刀具应当运行到的绝对位置进行编程。

（2）指令格式与参数说明

G90　　　　　　　　　　;用于激活模态有效绝对尺寸的指令

<轴> = AC（<值>）　　;待运行轴的轴名称和待运行轴的绝对给定位置。AC 表示用于激活逐段有效的绝对尺寸的指令。

绝对尺寸的编程格式分为两种：

1）模态有效的绝对尺寸。模态有效的绝对尺寸可以使用指令 G90 进行激活。它会针对后续 NC 程序中写入的所有轴生效。

2）逐段有效（非模态）的绝对尺寸。在 G91 方式下，可以借助指令 AC 为单个轴设置逐段有效的绝对尺寸。即在增量编程过程中可直接利用该功能进行某一尺寸、坐标以绝对形式编程，无须进行绝对坐标的转换。逐段有效的绝对尺寸（AC）也可以用于主轴定位（SPOS，SPOSA）和插补参数（I，J，K）。

3.4.3 直角坐标系的相对尺寸编程（G91，IC）

（1）指令功能 调用增量值坐标尺寸编程是指编程的尺寸总是参照上一个运行到的点（前一点）的坐标值，即增量尺寸编程用于说明刀具运行了多少距离。

（2）指令格式与参数说明

G91　　　　　　　　　　；用于激活模态有效增量尺寸的指令

<轴>＝IC（<值>）　；待运行轴的轴名称和待运行轴的增量尺寸给定位置。IC 表示用于激活逐段有效增量尺寸的指令。

相对尺寸的编程格式分为两种：

1）模态有效的增量尺寸。模态有效的增量尺寸可以使用指令 G91 进行激活。它针对后续 NC 程序中写入的所有轴生效。

2）逐段有效（非模态）的增量尺寸。在 G90 方式下，可以借助指令 IC 为单个轴设置逐段有效的增量尺寸。即在绝对编程过程中可直接利用该功能进行某一尺寸、坐标以增量形式编程，无须进行增量坐标的转换。逐段有效的增量尺寸（IC）也可以用于主轴定位（SPOS，SPOSA）和插补参数（I，J，K）。

（3）G91 指令扩展 在一些特定的应用（比如对刀）中，要求使用增量尺寸运行所编程的行程，可以通过下列设定数据分别为有效的零点偏移和刀具长度补偿设置其特性：

SD42440　$SC_ FRAME_ OFFSET_ INCR_ PROG　　（框架中的零点偏移）

SD42442　$SC_ TOOL_ OFFSET_ INCR_ PROG　　（刀具长度补偿）

数据值　　参数说明

0　　　　在轴的增量尺寸编程中，有效的零点偏移或刀具长度补偿不会运行。

1　　　　在轴的增量尺寸编程中，有效的零点偏移或刀具长度补偿会运行。

（4）编程示例

例1 分别使用模态和非模态指令编写如图 3-12 所示的图形中位置点坐标。

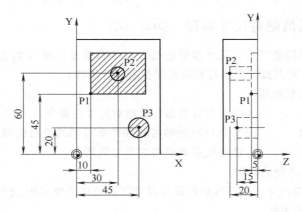

图 3-12 位置点坐标尺寸

绝对指令和增量指令编程方式如下：

位置点	G90	G90 IC( )	G91	G91 AC( )
P1	X10 Y45 Z−5	X＝IC(10)Y＝IC(45)	X10 Y45 Z−5	X＝AC(15)Y＝AC(45)
P2	X30 Y60 Z−20	X＝IC(20)Y＝IC(15)	X20 Y15 Z−15	X＝AC(30)Y＝AC(60)
P3	X45 Y20 Z−15	X＝IC(15)Y＝IC(−40)	X15 Y−40 Z5	X＝AC(45)Y＝AC(20)

混合指令编程方式如下：

位　置　点	综合方式((G90)IC( ))	综合方式((G91)AC( ))
P1	X10 Y45 Z−5	X10 Y45 Z−5
P2	X＝IC(20)Y60 Z＝IC(−15)	X＝AC(30)Y15 Z−20
P3	X45 Y＝IC(−40)Z＝IC(5)	X15 Y−40 Z＝AC(−15)

在图样尺寸位置数据既存在绝对坐标尺寸，又存在增量坐标尺寸时，可以在编程过程中通过 AC( )/IC( ) 指令对坐标进行绝对尺寸和增量尺寸方式的设定。也就是说可以在一个程序段中进行绝对坐标尺寸和相对坐标尺寸的混合编程。

例 2 没有执行有效零点偏移的增量尺寸说明。

设置：1) G54 包含一个零点偏移，在 X 方向移动 25mm

　　　2) SD42440　$SC_FRAME_OFFSET_INCR_PROG＝0

程序代码	注释
N10 G90 G0 G54 X100	;
N20 G1 G91 X10	;增量尺寸被激活,X 方向运行 10mm(零点偏移未运行)
N30 G90 X50	;绝对尺寸被激活,运行到位置 X75(零点偏移未运行)

3.4.4　极坐标形式的尺寸编程（G110，G111，G112）

在定义工件位置时，可以使用极坐标来代替直角坐标。如果一个工件或者工件中的一部分是用以到一个固定点（极点）的极径和极角标注尺寸，往往要使用极坐标指令。这种方法就非常方便，标注尺寸的原点就是"极点"。

（1）指令功能　极坐标由极坐标半径和极坐标角度共同组成。极坐标半径指极点与位置之间的距离。

极坐标角度指极坐标半径与工作平面水平轴之间的角度。

极坐标编程的极点定义：标注尺寸的原点即是极点。极点位置可以使用直角坐标或极坐标定义。极坐标取决于使用 G110 ~G112 所确定的极点，并在使用 G17 ~G19 所选定的工作平面中有效。绝对尺寸和相对尺寸都不会对极点位置产生影响。

如果零件图样中标注尺寸有角度数据，使用极坐标编程会比较方便。

（2）编程格式

G110/G111/G112 X… Y… Z…　　　;极点定义的直角坐标形式

G110/G111/G112 RP＝… AP＝…　　　;极点定义的极坐标形式

其中：G110…　;极点定义，使后续的极坐标都以最后一次返回的位置为基准。

　　　 G111…　;极点定义，使后续的极坐标都以当前工件坐标系的零点为基准。

　　　 G112…　;极点定义，使后续的极坐标都以最后一个有效的极点为基准。

（3）指令参数说明

X…Y… Z…   :直角坐标系中指定的极点。

RP＝… AP＝…   :极坐标系中指定的极点。

RP＝…   :极径（极距）表示极点与目标点之间的距离，模态有效。

AP＝…   :极角。即极半径与工作平面水平轴（如 G17 平面的 X 轴）之间的夹角。旋转的正方向是沿逆时针方向运动。取值范围：± 0°～359.999°，模态有效。

AP＝AC（…）   ;绝对方式。

AP＝IC（…）   ;增量方式，采用增量尺寸时，最后一个编程角度是基准。系统将保存极角，直到定义了一个新的极点或者更换了工作平面，如图 3-13 所示。

（4）编程中的注意事项

1）在有极坐标终点位置的 NC 程序段中，不能对选出的工作平面编程直角坐标，如插补参数或轴地址等。

2）若未定义极点，会自动将当前工件坐标系的零点视为极点。定义过的极点会一直保存到程序结束。

3）可以在 NC 程序中逐段地在极坐标尺寸和直角尺寸之间进行切换。通过使用直角坐标名称（X… Y… Z…）可以直接返回直角坐标系中。

4）极半径由在极平面上的起点矢量和当前的极点矢量之间的距离计算得出的。计算出的极半径模态有效。这与所选定的极点定义（G110～G112）无关。如果这两点的编程是一致的，则极半径为 0，并且产生 14095 报警。

5）如果在当前程序段包含一个极角 AP 而没有极半径 RP，而当前位置和工件坐标系的极点之间有间距时，该间距将作为极半径来使用，并且模态生效。如果间距为 0，需再次规定极点坐标，模态生效的极半径保持为零。

（5）编程示例

如图 3-14 所示为极坐标形式的点位置轨迹，XY 平面中的 2 个位置点，标注了极径（RP＝）和极点与角度参照轴（X 轴）的夹角（AP＝）。在以极点为原点的极坐标系中的位置数据如下：

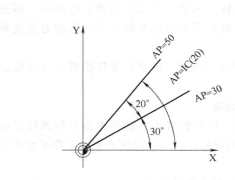

图 3-13 极坐标中增量角度表达

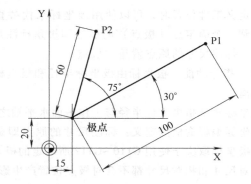

图 3-14 极坐标形式的点位置轨迹

点 P1 和 P2 可以极点为基准，用下列方式定义：

位置	极坐标数据	字符表达
P1	RP＝100 AP＝30	RP：极半径
P2	RP＝60 AP＝75	AP：极坐标角度

在工件坐标系中分别表示极点到位置点的插补轨迹的程序如下：

① G111 X15 Y20

　　G1 G110 RP = 100 AP = 30　　　　;极点至点 P1 轨迹

② G111 X15 Y20

　　G1 G112 RP = 60 AP = 75　　　　　;极点至点 P2 轨迹

3.5　行程指令

3.5.1　关于行程指令的概述

编程的工件轮廓通常可以由轮廓元素直线、圆弧和螺旋线等构成。为了实现这些轮廓元素运行指令，可供使用的指令有：

1）快速运行（G0）。

2）直线插补（G1）。

3）顺时针圆弧插补（G2）。

4）逆时针圆弧插补（G3）。

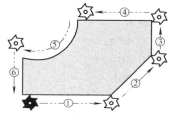

以上运行指令模态有效。运行总是从最近位置运行到编程的目标点位置。这个目标位置将成为下一次运行指令的起始位置。一个进给轴地址在每个程序段只允许进行一次编程。运行程序段依次执行而产生工件轮廓，如图 3-15 所示。

图 3-15　铣削时的运行程序段

3.5.2　使用直角坐标的运行指令（G0，G1，G2，G3，X... Y... Z...）

（1）指令功能　在 NC 程序段中可以通过快速运行 G0、直线插补 G1 或圆弧插补 G2/G3 返回到直角坐标给定的位置。

（2）编程格式

G0 X... Y... Z...

G1 X... Y... Z...

G2 X... Y... Z...

G3 X... Y... Z...

（3）指令参数说明

G0：激活快速运行的指令。

G1：激活直线插补的指令。

G2：激活顺时针方向圆弧插补的指令。

G3：激活逆时针方向圆弧插补的指令。

X...：X 方向上目标位置的直角坐标。

Y...：Y 方向上目标位置的直角坐标。

Z...：Z 方向上目标位置的直角坐标。

圆弧插补 G2 和 G3 除了需要目标位置的坐标 X...，Y...，Z... 之外，还需要其他数据，例如圆心坐标、圆弧半径等。

3.5.3　快速运行（G0，RTLION，RTLIOF）

（1）指令功能　快速运行用于刀具快速定位、工件绕行、接近换刀点和退刀等路径环节。

使用G0编程的刀具运行将以最快速度执行（快速运行）。在每个机床数据中，每个轴的快速运行速度都是单独定义的。如果同时在多个轴上执行快速运行，那么快速运行速度由轨迹运行所需时间最长的轴来决定。

在快速运行时，可以有以下两种模式选择：使用零件程序指令RTLIOF激活非线性插补，而使用RTLION激活线性插补。

1）线性插补（目前为止的特性）：轨迹轴共同插补。在下列情况中总是采用线性插补：

① 在包含G0的G指令组合中允许编程定位运行，如G40、G41、G42。

② 在G0和G64的组合中。

③ 在转换被激活的情况下。

2）非线性插补：每个轨迹轴都作为单轴（定位轴）进行插补，与快速运行中的其他轴无关。此功能仅适用于进行刀具定位、换刀等辅助动作而非加工工件动作！

（2）编程格式

G0 X... Y... Z...

G0 AP =...

G0 RP =...

RTLIOF

RTLION

（3）指令参数说明

G0：激活快速运行的指令，模态有效。

X... Y... Z...：以直角坐标给定的终点。

AP =...：以极坐标给定的终点，这里指极角。

RP =...：以极坐标给定的终点，这里指极半径。

RTLIOF：非线性插补（每个轨迹轴作为单轴插补）。

RTLION：线性插补（轨迹轴共同插补）。

3.5.4　直线插补（G1，F）

（1）指令功能　使用G1可以让刀具在与轴平行、倾斜的或者在空间里任意摆放的直线方向上运动。可以用线性插补功能加工3D平面、槽等。

（2）编程格式

G1 X... Y... Z ... F...

G1 AP =... RP =... F...

（3）指令参数说明

G1：线性插补（带进给率的线性插补），模态有效。

X... Y... Z...：以直角坐标给定的终点。

AP =...：以极坐标给定的终点，这里指极角。

RP =...：以极坐标给定的终点，这里指极半径。

F...：进给率，单位为（mm/min）。刀具以进给率F从当前位置点向编程的目标点直线运行。可以在直角坐标或者极坐标中给出目标点。工件在这个轨迹上进行加工。

G1在加工时必须给出进给速度、主轴转速S和主轴旋转方向M3/M4。

（4）编程示例　按图3-16所示尺寸加工一个斜槽。立铣刀沿X/Y方向从起点向终点运行，同时在Z方向进刀。

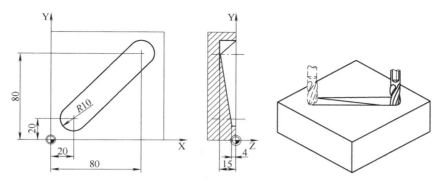

图 3-16　铣削加工斜槽编程尺寸

程序代码	注释
N10 G17 S400 M3	;选择工作平面,主轴顺时针旋转
N20 G0 X20 Y20 Z2	;运行至起始位置
N30 G1 Z-4 F200	;进刀
N40 X80 Y80 Z-15 F400	;沿一条倾斜方向的直线运行
N50 G0 Z100	;空运行,抬刀

3.5.5　进给率（G93，G94，G95，F）

（1）指令功能　使用这些指令可以在 NC 程序中为所有参与加工工序的轴设置进给率。

（2）编程格式

G93/G94/G95

F…

（3）指令参数说明

G93：反比时间进给率（1/min）。

G94：线性进给率，单位为 mm/min、in/min 或（°）/min。

G95：旋转进给率，单位为 mm/r 或 ft/r。以主轴转数为基准，通常为切削主轴或车床上的主轴。

F…：参与运行的几何轴的进给速度。G93、G94、G95 设置的单位有效。

指令 G93、G94 和 G95 为模态有效。如果在 G93、G94 和 G95 之间进行了切换，必须重新编程轨迹进给值。使用回转轴加工时，进给率也可以用单位（°）/min 来设定。

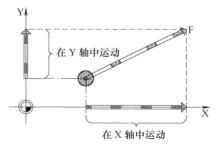

图 3-17　轨迹轴进给速度（F）

通常情况下，轨迹轴进给速度 F 由所有参与几何轴运动的单个的速度分量组成，并且以刀具的刀位点为基准，如图 3-17 所示。

（4）通过地址 F 设定进给速度　每个 NC 程序段中只能设定一个 F 值。通过 G 指令 G93、G94、G95 确定进给速度的单位。进给率 F 只对轨迹轴有效（模态），并且直到设定新的进给值之前一直有效。地址 F 之后允许使用分隔符。

编程示例：

F100 或 F 100

F = 2 * FEED

（5）反比时间进给率（G93） 说明了在一个程序段内执行运行指令所需要的时间。
编程示例：

N10 G93 G1 X100 F2 　　　;编程的轨迹行程在 0.5min 内运行完毕，如图 3-18 所示。

如果各程序段的轨迹长度差别很大，则在使用 G93 编程时应在每个程序段中确定一个新的 F 值。使用回转轴加工时，进给率也可以用单位（°）/min 设定。

（6）计算回转轴的切线速度 根据公式计算回转轴的切线速度

$$F = \omega \pi D$$

式中　F——切线速度（mm/min）；
　　　ω——角度速度 [（°）/min]；
　　　D——直径（mm/360°）。

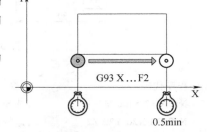

图 3-18　反比例进给率 G93

3.5.6　使用极坐标的运行指令（G0，G1，AP，RP）

（1）指令功能 当从一个中心点出发，为工件或者零件确定尺寸时，以及当使用角度和半径说明尺寸时（如图 3-19 所示钻孔），使用极坐标的运行指令就非常有用。

（2）编程格式及参数说明 本部分内容参见 3.4.4 节。

垂直于工作平面的第 3 根几何轴（圆柱坐标位置）也可以用直角坐标表示（见图 3-20）。这样可以在圆柱坐标中给空间参数编程。

（3）编程格式 G17 G1 AP… RP… Z… F…

（4）编程示例 按图 3-21 所示制作一个钻孔图样。钻孔的位置用极坐标来说明。每次钻孔以相同的流程加工：预钻孔、按尺寸钻孔、铰孔……。加工顺序及工艺参数编写在子程序中。

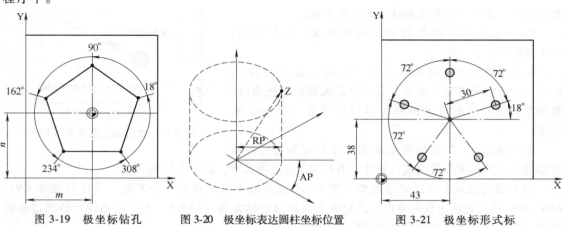

图 3-19　极坐标钻孔　　　图 3-20　极坐标表达圆柱坐标位置　　　图 3-21　极坐标形式标
　　　　　　　　　　　　　　　　　　　　　　　　　　　　　　　　　注孔位尺寸

程序代码	注释
N10 G17 G54	;工作平面 X/Y,工件零点
N20 G0 Z100	;初始高度位置
N30 G111 X43 Y38	;确定极点
N40 G0 RP = 30 AP = 18 Z5	;逼近起点,以圆柱坐标指定
N50 L10	;调用子程序
N60 G91 AP = 72	;快速逼近下一个位置,以增量尺寸设定极角,程序段 N30 中得到的极半径仍被保存,不需要设定
N70 L10	;调用子程序
N80 AP = IC(72)	;以增量尺寸设定极角
N90 L10	;调用子程序
N100 AP = IC(72)	;以增量尺寸设定极角
N110 L10	;调用子程序
N120 AP = IC(72)	;以增量尺寸设定极角
N130 L10	;调用子程序
N140 G0 Z100	;抬刀至初始高度
N150 X300 Y200	;运行至装卸工件的位置
N160 M30	;程序结束

3.6　圆弧插补

3.6.1　圆弧插补概述

（1）指令功能　控制系统提供了一系列不同的方法编程圆弧运动。实际上可以直接按照各种图样的标注尺寸选择编程指令。圆弧插补运动通过以下几点来描述：

1) 以绝对尺寸或相对尺寸表示的圆心和终点,即标准模式。

2) 以直角坐标表示的半径和终点的方式。

3) 以直角坐标中的张角和终点或者给出地址的圆心方式。

4) 以极坐标,带有极角 AP = … 和极半径 RP = … 的方式。

5) 以中间点和终点的方式。

6) 以终点和起点上的正切方向的方式。

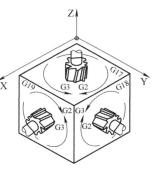

图 3-22　不同工作平面的圆弧插补方向

如图 3-22 所示,控制系统需要指定工作平面（G17 ~G19）计算圆弧的旋转方向。G2 为顺时针方向旋转,G3 为逆时针方向旋转。

（2）编程格式

G2/G3 X…Y…Z…I = AC(…) J = AC(…) K = AC(…)

　　　　　　　　;圆心和终点绝对值以工件零点为基准

G2/G3 X…Y…Z…I…J…K..　　;相对尺寸中的圆心以圆弧起点为基准

G2/G3 X…Y…Z…CR = …

　　　　;以 CR = …给定圆弧半径,以直角坐标系 X,Y,Z 给定圆弧终点

G2/G3 X…Y…Z…AR = …

　　　　;以 AR = …给定张角,以直角坐标系 X,Y,Z 给定终点

G2/G3 I…J…K…AR=…

        ;以 AR=…给定张角,通过地址 I,J,K 给定终点

G2/G3 AP=…RP=…   ;极坐标中通过 AP=…给定极角,通过 RP=…给定极半径

CIP X…Y…Z…I1=AC(…) J1=AC(…) K1=(AC…)

        ;通过地址 I1=,J1=,K1=下的中间点,以直角坐标系 X,Y,Z 给定
         终点

CT X…Y…Z…   ;通过起点和终点的圆弧以及起点上的切线方向

3.6.2 给出圆弧中心点和终点的圆弧插补 (G2,G3,X…Y…Z…,I…J…K…)

(1) 指令功能 圆弧插补允许对整圆或圆弧进行加工。圆弧插补运动通过以下几点来描述:

1) 以直角坐标 X,Y,Z 给定的终点。

2) 地址 I,J,K 上的圆心。

如果圆弧以圆心编程,尽管没有终点,仍产生一个整圆。

(2) 编程格式

G2/G3 X…Y…Z…I…J…K…

G2/G3 X…Y…Z…I=AC(…) J=AC(…) K=(AC…)

(3) 指令参数说明

G2:顺时针圆弧插补。

G3:逆时针圆弧插补。

X…Y…Z…:以直角坐标给定的终点。

I:圆弧起点在 X 方向上相对于圆心的投影矢量坐标。

J:圆弧起点在 Y 方向上相对于圆心的投影矢量坐标。

K:圆弧起点在 Z 方向上相对于圆心的投影矢量坐标。

=AC(…):圆弧圆心的绝对尺寸 (程序段有效)。

G2 和 G3 模态有效。预设的 G90 或 G91 只对圆弧终点有效。

圆心坐标 I,J,K 通常为增量尺寸并以圆弧起点为基准。如果一个插补参数 I,J,K 的值是 0,则可以省略该参数,但是在这种情况下必须指定第二个相关参数。

可以参考工件零点用以下程序设定绝对圆心:I=AC(…),J=AC(…),K=AC(…)。

(4) 编程示例 按照图 3-23 所示尺寸,参考工件零点,分别用增量尺寸圆心方式和绝对尺

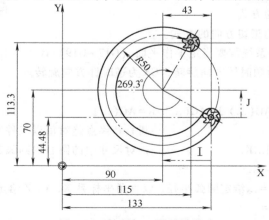

图 3-23 铣削加工圆弧槽尺寸

寸圆心：I＝AC(…)，J＝AC(…)，K＝AC(…)的方式编程圆弧槽插补。

程序代码	注释
N10 G0 G90 X133 Y44.48 S800 M3	;运行到起点
N20 G1 Z-2 F200	;进刀
N30 G2 X115 Y113.3 I-43 J25.52 F400	;用增量尺寸表示的圆弧终点和圆心绝对尺寸中的圆心方式编程
N10 G0 G90 X133 Y44.48 S800 M3	;运行到起点
N20 G1 Z-2 F200	;进刀
N30 G2 X115 Y113.3 I=AC(90) J=AC(70) F500	;用绝对尺寸表示的圆弧终点和圆心

3.6.3　给出圆弧半径和终点的圆弧插补 (G2, G3, X…Y…Z…, I…J…K…, CR＝…)

（1）指令功能　圆弧插补运动通过以下几点来描述：

1）圆弧半径 CR＝…。

2）直角坐标 X，Y，Z 中的终点。

除了圆弧半径，还必须用符号+/-表示运行角度是否应该小于、等于或大于180°。正号可以省略。

（2）编程格式

G2/G3 X… Y… Z… CR＝…

G2/G3 I… J… K… CR＝…

（3）指令参数说明

CR＝：圆弧半径。当指定圆弧半径时要指定符号，CR＝+… 表示角度小于或等于180°，CR＝-… 表示角度大于180°。

其余参数说明与3.5.2节相同。

这种圆弧插补方式无须指定圆心。但整圆（运行角度360°）不能用 CR＝编程，而应通过圆弧终点和插补参数编程。

（4）编程示例　按图 3-20 所示尺寸编写圆弧半径和终点的圆弧槽插补程序。

程序代码	注释
N10 G0 G90 X133 Y44.48 S800 M3	;运行到起点
N20 G1 Z-2 F200	;进刀
N30 G2 X115 Y113.3 CR＝-50	;圆弧终点,圆弧半径

3.6.4　给出圆弧张角和中心点的圆弧插补 (G2, G3, I…J…K…, AR＝…)

（1）指令功能　圆弧插补运动通过以下几点来描述：

1）张角 AR＝。

2）通过地址 I，J，K 给定的圆心。

（2）编程格式

G2/G3 I… J… K… AR＝…

（3）指令参数说明

AR＝：张角，圆弧轨迹对应的圆心角。取值范围为 0.001°～359.999°。整圆（运行角度 360°）不能用 AR＝编程，而是通过圆弧终点和插补参数编程。可以参考工件零点用程序设定绝对圆心：I＝AC（…），J＝AC（…），K＝AC（…）。

其余参数说明与 3.5.2 节相同。

（4）编程示例　按图 3-23 所示尺寸编写圆弧终点坐标和张角的圆弧槽插补程序。

程序代码	注释
N10 G0 G90 X133 Y44.48 S800 M3	;运行到起点
N20 G1 Z-2 F200	;进刀
N30 G2 AR=269.31 I-43 J25.52 F500	;张角,用增量尺寸表示的圆心坐标

3.6.5　给出圆弧终点和圆弧张角的圆弧插补编程（G2，G3，X…Y…Z…，AR＝…）

（1）指令功能　圆弧插补轨迹运动通过以下几点来描述：

1）张角 AR＝。

2）以直角坐标 X，Y，Z 给定的终点。

（2）编程格式

G2/G3　X… Y… Z… AR＝…；指定圆弧终点坐标及圆弧张角。

（3）指令参数说明

AR＝：张角，圆弧轨迹对应的圆心角。取值范围为 0.001°～359.999°

其余参数说明与 3.5.2 节相同。

（4）编程示例　按图 3-23 所示尺寸编写圆弧终点坐标和张角的圆弧槽插补程序。

程序代码	注释
N10 G0 G90 X133 Y44.48 S800 M3	;运行到起点
N20 G1 Z-2 F200	;进刀
N30 G2 AR=269.31 X115 Y113.3 F500	;张角,圆弧终点

3.6.6　带有极坐标的圆弧插补（G2，G3，AP＝…，RP＝…）

（1）指令功能

1）圆弧运动通过以下几点来描述：极角 AP＝…，极半径 RP＝…。

2）在这种情况下，适用以下规定：极点在圆心，极半径相当于圆弧半径。

（2）编程格式

G2/G3 AP＝… RP＝…

（3）指令参数说明

AP＝：极角。极坐标给定的终点，取值范围为 0.001°～359.999°。

RP＝：极半径。极坐标给定的终点，此处相当于圆弧半径。

其余参数说明与 3.5.2 节相同。

（4）编程示例　按图 3-24 所示标注尺寸，完成铣削加工圆弧槽的编程。

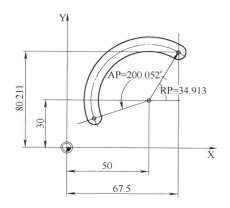

图 3-24　极坐标的圆弧插补

程序代码	注释
N10 G0 X67.5 Y80.211	;运行到起点
N20 G1 Z−2 F200	;进刀
N30 G111 X50 Y30	;建立极点
N40 G3 RP=34.913 AP=200.052 F500	;给出极角和极半径

3.6.7　给出中间点和终点的圆弧插补（CIP, X…Y…Z…, I1…J1…K1…）

（1）指令功能　可以用 CIP 编程空间中的斜向圆弧。在这种情况下可用三个坐标来描述中间点和终点。圆弧运动通过以下几点来描述：

1）在地址 I1＝, J1＝, K1＝上的中间点。

2）以直角坐标 X, Y, Z 给定终点。

运行方向按照起点、中间点、终点的顺序进行，如图 3-25 所示。

（2）编程格式

CIP X…Y…Z…I1＝AC（…）J1＝AC（…）K1＝AC（…）

CIP X…Y…Z…I1＝IC（…）J1＝IC（…）K1＝IC（…）

（3）指令参数说明

CIP：通过中间点进行圆弧插补，模态有效。

X Y Z：以直角坐标给定的终点。这些数据取决于路径指令 G90、G91 或…＝AC（…）/…＝IC（…）。

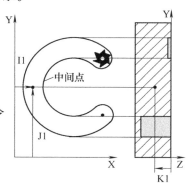

图 3-25　CIP 编程中的中间点位置

I1＝J1＝K1＝：以直角坐标给定的中间点（X, Y, Z 方向）。

＝AC（…）：给定中间点的绝对尺寸（程序段有效）。

＝IC（…）：给定中间点的相对尺寸（程序段有效）。

其余参数说明与 3.5.2 节相同。

绝对尺寸或者相对尺寸的默认值 G90、G91 对中间点和圆弧终点有效。用 G91 时，把圆弧起点作为中间点和终点的参考。

（4）编程示例　如图 3-26 所示，加工一个在空间内倾斜的圆弧槽。通过带 3 个插补参数的中间点和同样带 3 个坐标的终点来说明圆弧。

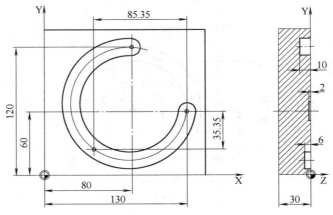

图 3-26　带中间点坐标的圆弧插补

程序代码	注释
N10 G0 G90 X130 Y60 S800 M3	;运行到起点
N20 G17 G1 Z-2 F100	;进刀
N30 CIP X80 Y120 Z-10 I1=IC(-85.35) J1=IC(-35.35) K1=-6	;圆弧终点和中间点。全部 3 个几何轴的坐标

3.6.8　带有切线过渡的圆弧插补（CT，X… Y… Z…）

（1）指令功能　切线过渡功能是圆弧编程的一个扩展功能。这种编程方式对于关注圆弧图素基点相切关系而对圆弧半径没有标注的图形编程极为方便。其中，圆弧通过以下几点来定义：

1）起点和终点。

2）起点的切线方向。

用 G 指令 CT 生成一个与先前编程的轮廓段相切的圆弧。一个 CT 程序段起点的切线方向是由前一程序段的编程轮廓的终点切线来决定的，如图3-27所示。

在这个程序段和当前程序段之间可以有任意数量的没有运行信息的程序段。

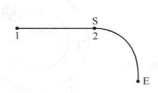

直线段 12 和与其相切的圆弧结束轨迹 SE

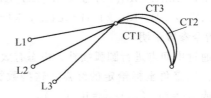

正切结束的圆弧轨迹取决于
前面所相连的轮廓元素位置

图 3-27　切线方向规定

（2）编程格式

CT X… Y… Z…

（3）指令参数说明

CT：切线过渡的圆弧，模态有效。

X Y Z：以直角坐标给定的终点。

在通常情况下圆弧由切线方向以及起点和终点决定。

（4）编程示例　按照图 3-28 所示尺寸铣削带有圆弧的轮廓。

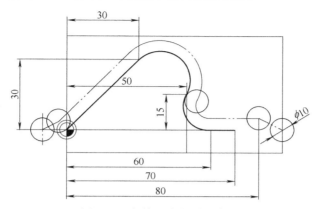

图 3-28　切线过渡的圆弧编程

程序代码	注释
N10 T1 M6	;调用立铣刀,直径为 10mm
N20 G0 G90 X−10 Y0 Z3 D1	;快速至下刀点上方
N30 S1200 M3	;设定主轴转速、方向
N40 G1 Z−2 F300	;工进至指定吃刀量
N50 G41 G1 X0 Y0 F1000	;激活刀具半径补偿(TRC)
N60 X30 Y30	;直线插补
N70 CT X50 Y15	;使用切线过渡编程圆弧
N80 X60 Y0	;使用切线过渡编程圆弧
N90 G1 X80	;直线插补
N100 G0 G40 X90 Y0	;取消圆弧插补
N110 Z20	;抬刀
N120 M30	;程序结束

3.6.9　螺旋线插补（G2，G3，TURN）

（1）指令功能　螺旋线插补可以用来加工如螺纹或油槽。在螺旋线插补时，运动轨迹由水平圆弧运动和叠加其上的一条垂直直线运动同时执行。圆弧运动在工作平面确定的轴上进行，如图 3-29 所示。

（2）编程格式

G2/G3 X… Y… Z… I… J… K… TURN＝…

G2/G3 X… Y… Z… I… J… K… TURN＝…

G2/G3 AR＝… I… J… K… TURN＝…

G2/G3 AR＝… X… Y… Z… TURN＝…

G2/G3 AP… RP＝… TURN＝…

（3）指令参数说明

TURN＝：附加圆弧运行次数，取值范围为 0～999。

其余参数说明与 3.5.2 节、3.5.4 节相同。

（4）编程示例 按照图3-30所示尺寸加工螺旋槽（2圈）。

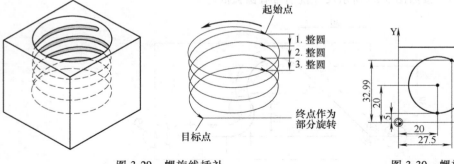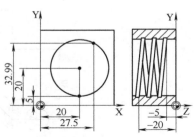

图3-29 螺旋线插补   图3-30 螺旋槽加工编程

程序代码	注释
...	
N30 G17 G1 Z-5 F800	;进刀至预定深度
N40 X27.5 Y32.99 F350	;进刀至起始位置
N50 G3 X20 Y5 Z-20 I=AC(20) J=AC(20) TURN=2	
	;带参数的螺旋线:从起始位置运行2个整圆,然后逼近终点
N60 G1 X0 Y0 F800	;回到圆心
N70 G0 Z50	;抬刀

在螺旋线插补时，建议设定一个可编程的进给修调（CFC）。

3.6.10 用于回转轴的绝对尺寸（DC，ACP，ACN）

（1）指令功能 在绝对尺寸中定位回转轴可以使用与 G90/G91 无关的逐段有效的指令 DC、ACP 和 ACN。DC、ACP 和 ACN 的不同之处在于逼近方案，如图3-31所示。

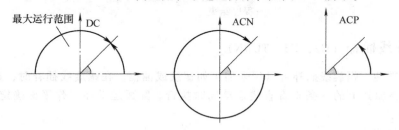

图3-31 回转轴的绝对尺寸

（2）编程指令格式

<回转轴>=DC（<值>）

<回转轴>=ACP（<值>）

<回转轴>=ACN（<值>）

（3）指令参数说明

<回转轴>：需要运行的回转轴的名称，例如 A、B 或 C。

DC：用于直接返回位置的指令。回转轴以直接的、最短的位移方式运行到所编程的位置。

回转轴最多运行180°。例如：SPOS = DC（45）。

ACP：用于返回到正方向位置的指令。回转轴以正向的轴旋转方向（逆时针方向）运行到所编程的位置。

ACN：用于返回到负方向位置的指令。回转轴以负向的轴旋转方向（顺时针方向）运行到所编程的位置。

<值>：绝对尺寸中待返回的回转轴位置。取值范围为0~360°。

用方向参数（ACP，ACN）定位时，在机床数据中必须设定0°~360°的运行范围（模数特性）。为了使程序段中的取模回转轴运行超过360°，必须用G91或IC进行编程。

（4）编程示例 如图3-32所示，在回转工作台上进行铣削加工。刀具不动，工作台回转270°，按顺时针方向，生成一个圆弧槽。

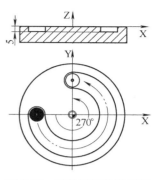

图3-32 工件回转铣削圆弧

程序代码	注释
N10 SPOS = 0	;主轴处于位置控制中
N20 G90 G0 X-20 Y0 Z2 T1	;绝对尺寸,刀具 T1 快速进刀
N30 G1 Z-5 F500	;进给加工,刀具下降
N40 C = ACP(270)	;工作台按顺时针方向（正方向）旋转 270°
N50 G0 Z2	;抬刀
N60 M30	;程序结束

3.7 倒角和倒圆（CHF =，CHR =，RND =，RNDM =，FRC =，FRCM =）

（1）指令功能 在有效工作平面内的轮廓角加工可定义为倒圆或倒角加工。

可为倒角或倒圆加工设定一个单独的进给率，用以改善表面质量。如果未设定进给率，则程序进给率 F 生效。

使用"模态倒圆"功能可以对多个轮廓角以同样方式连续倒圆。

（2）编程格式

1）轮廓角倒角。

G... X... Y... CHR =/CHF =<值> FRC =/FRCM =<值>

G... X... Y...

2）轮廓角倒圆。

G... X... Y... RND =<值> FRC =<值>

G... X... Y...

3）模态倒圆。

G... X... Y... RNDM =<值> FRCM =<值>

...

RNDM = 0

倒角或倒圆的工艺（进给率、进给类型、M 指令）取决于机床数据 MD20201（$ MC_ CHFRND_ MODE_ MASK9（倒角或倒圆特性））中位 0 的设置，该设置由前一程序段或后一程序段导出。推荐设置值为从前一程序段中导出（位 0 = 1）。

（3）指令参数说明

CHF＝…：轮廓角倒角。<值>：倒角边的长度，如图 3-33 所示。

CHR＝…：轮廓角倒角。<值>：倒角长度（原始运行方向上的倒角宽度）

RND＝…：轮廓角倒圆。<值>：倒圆半径，如图 3-34 所示。

RNDM＝…：模态倒圆（对多个连续的轮廓角执行同样的倒圆）。<值>：倒圆半径

使用 RNDM＝0 取消模态倒圆功能。

FRC＝…：倒圆或倒角的逐段有效进给率。<值>：进给速度，单位为 mm/min（G94 生效时）或 mm/r（G95 生效时）

FRCM＝…：倒圆或倒角的模态有效进给率。<值>：进给速度，单位 mm/min（G94 生效时）或 mm/r（G95 生效时）。使用 FRCM＝0 取消倒圆或倒角的模态有效进给率，在 F 中编程的进给率生效。

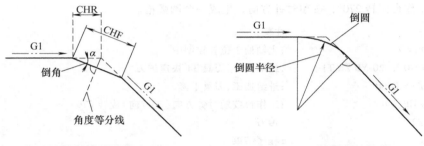

图 3-33　轮廓角倒角定义　　　　图 3-34　倒圆半径定义

（4）注意事项

1）如果在使用 G0 运行时进行倒角，那么 FRC 或 FRCM 无效；可根据 F 值编程指令且不会产生故障信息。

2）只有在程序段中设定了倒圆或倒角，或者激活了模态倒圆（RNDM）时，FRC 才生效。FRC 会覆盖当前程序段中的 F 值或 FRCM 值。FRC 中编程的进给率必须大于零。

3）通过 FRCM＝0 激活 F 中编程用于倒角或倒圆的进给。如果设定了 FRCM，在 G94 ⇄ G95 切换后必须对 F 和 FRCM 的值都进行重新设定。如果只重新设定了 F 值，且在进给类型转换前 FRCM>0，则输出故障信息。

4）如果设定的倒角（CHF 或 CHR）或倒圆（RND 或 RNDM）的值对于相关轮廓段过大，则倒角或倒圆会自动减小到一个合适的值。

5）以下情况下，不添加倒圆或倒角：平面中没有直线或圆弧轮廓；轴在平面以外运行；平面切换和超出了机床数据中确定的、不包含运动信息（例如，仅有指令输出）的程序段数量。

（5）编程示例

例 1　两条直线之间的倒角，运行方向（CHR）上的倒角宽度为 2mm，倒角进给率为 100mm/min。可通过以下两种方式编程：

1）使用 CHR 编程

```
程序代码
…
N30 G1 X…CHR＝2 FRC＝100
N40 G1 X..Y…
…
```

2）使用 CHF 编程

程序代码
...
N30 G1 X...CHF = 2(COSα * 2)　FRC = 100　　　　　　;设倒角宽度为 2mm
N40 G1 X..Y...
...

例 2　两条直线之间的倒圆，倒圆半径为 2mm，倒圆进给率为 150mm/min。

程序代码
...
N30 G1 X...RND = 2 FRC = 150
N40 G1 X..Y...
...

例 3　直线和圆弧之间的倒圆。在任意组合的直线和圆弧轮廓段之间可通过 RND 功能以切线添加一个圆弧轮廓段。

倒圆半径为 2mm，倒圆进给率为 150mm/min，如图 3-35 所示。

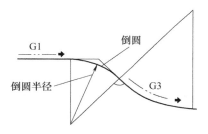

图 3-35　直线和圆弧之间的倒圆

程序代码
...
N30 G1 X...RND = 2 FRC = 150
N40 G3 X...Y...I...J...
...

例 4　模态倒圆，用于工件边缘去毛刺。

程序代码　　　　　　　　　　　　　　　　　　注释
...
N30 G1 X...Y...RNDM = 2 FRCM = 250

　　　　　　　　　　　　　　　　　　　　　　;激活模态倒圆。倒圆半径为 2mm,倒圆进给率为
　　　　　　　　　　　　　　　　　　　　　　 250mm/min
N40...
N120 RNDM = 0　　　　　　　　　　　　　　;取消模态倒圆
...

例 5　接收上一程序段的工艺信息。

设定机床参数：MD20201 位 0 = 1　从前一程序段导出倒角或导圆（推荐设置!）

程序代码	注释
N10 G0 X0 Y0 G17 F150 G94	
N20 G1 X10 CHF=2	;倒角 N20~N30,F=150mm/min
N30 Y10 CHF=4 FRC=120	;倒角 N30~N40,FRC=120mm/min
N40 X20 CHF=3 FRC=200	;倒角 N40~N60,FRC=200mm/min
N50 RNDM=2 FRCM=160	
N60 Y20	;模态倒圆 N60~N70,FRCM=160mm/min
N70 X30	;模态倒圆 N70~N80,FRCM=160mm/min
N80 Y30 CHF=3 FRC=100	;倒角 N80~N90,FRC=100mm/min
N90 X40	;模态倒圆 N90~N100,FRCM=160mm/min
N100 Y40 FRCM=0	;模态倒圆 N100~N120,F=100mm/min
N110 S1000 M3	
N120 X50 CHF=4 G95 F0.2 FRC=0.1	;倒角 N120~N130 使用 G95 FRC=0.1mm/r
N130 Y50	;模态倒圆 N130~N140,F=0.2mm/r
N140 X60	
...	
M02	

3.8　螺纹加工编程

螺纹的加工方法与加工刀具及机床是密不可分的，这些客观条件决定了螺纹的加工方法。螺纹加工方法很多，在数控铣床上常用的螺纹加工方法有两类：攻螺纹和铣螺纹。

（1）攻螺纹　攻螺纹加工一般是使用成形刀具，如丝锥等加工。攻螺纹切削加工方法一般分为：

1）刚性攻螺纹，所谓刚性攻螺纹就是数控铣床的主轴带有位置检测装置，在攻螺纹时，主轴能根据螺纹的螺距和主轴转速自动确定 Z 轴方向的进给速度。编程进给速度无效，进给速率调整开关不起作用。

2）柔性攻螺纹，所谓柔性攻螺纹就是数控铣床的主轴不要求机床有主轴定向功能，不带位置检测装置，只需带有补偿夹具，通常为浮动夹头或攻螺纹夹头。在这种情况下，补偿夹具可以补偿一定范围内出现的位移差值，并具有过载保护功能，可以在丝锥切削负荷超过一定范围后自动卸荷，防止丝锥折断。

（2）铣螺纹　在数控铣床上铣削螺纹被广泛地应用于生产中，其加工原理是机床进行螺旋线插补的同时进行铣削，即机床在 XY 轴平面内作圆弧插补的同时，Z 轴做相应的直线插补，形成与被加工螺纹螺距一致的螺旋线。在铣削螺纹过程中，机床的运行轨迹是螺旋线，机床的进给量、主轴转速与螺纹的螺距无关，因此在切削过程中可以对机床的进给量和主轴转速进行调整。

3.8.1　攻恒螺距螺纹（G33）

（1）指令功能　该功能要求主轴有位置检测系统，可以用来加工恒定螺距的螺纹。

（2）编程格式

G33　Z... K...

（3）指令参数说明

1）G33 为模态指令，直到被同组中的其他指令取代为止，如 G0、G1、G2……。

2）X、Y、Z 为直角坐标系中的攻螺纹位置及攻螺纹深度。螺纹铣削深度由 Z 轴或 X、Y 轴定义，相应导程由 K、I 或 J 值决定。I 代表 X 向攻螺纹的螺距，J 代表 Y 向攻螺纹的螺距，K 代表 Z 向攻螺纹的螺距。I、J、K 的符号为正时代表主轴为顺时针方向旋转，加工螺纹为右旋；符号为负时代表主轴为逆时针方向旋转，加工螺纹为左旋。

3）用 G33 加工螺纹时，主轴进给速度由主轴速度和螺距决定，进给率 F 不起作用。这就要求在地址 S 下设定速度值，或者设定一个速度值。

（4）编程示例　加工一个 M5 螺纹孔，螺纹螺距为 0.8mm，螺纹深度为 25mm。

程序代码	注释
LUOWEN3. MPF	;主程序名称
N10 T2 M6	;调用 M5 丝锥
N20 G17 G0 G90 G54 X20 Y0	;移动到螺纹孔上方
N30 D1 Z50 S300 M3	;进刀至指定点,主轴顺时针旋转
N40 Z5	;进刀至起始点
N50 G33 Z-25 K0.8	;攻螺纹至深度 25mm,螺距 0.8mm
N60 Z5 K0.8 M4	;后退,主轴逆时针旋转
N70 G0 Z50	;取消攻螺纹指令并快速移至指定位置
N80 M05	;主轴停止
N90 M30	;程序结束

3.8.2　带补偿夹具的攻螺纹（G63）

（1）指令功能　可以用于带补偿夹具的螺纹加工。使用补偿夹具攻螺纹可以补偿一定范围内出现的位移差值。反向退出时，要编写一个带有 G63 指令和主轴转向相反的程序段。

（2）编程格式

G63 X… Y… Z…

（3）指令参数说明

G63：带弹性卡头的攻螺纹，程序段方式有效。

X… Y… Z…：以直角坐标给定钻孔位置及深度（终点）。

G63 为非模态指令，在使用 G63 指令后的程序段中，前面的插补 G 指令（如 G0、G1、G2、G3……）再次生效。

编程时需要给出主轴转速、旋转方向和进给速度，加工时需将进给率和主轴转速倍率开关设置为 100%位置。编程的进给率必须和螺纹钻的转速和螺距的比例相匹配。计算公式如下

$$F = SP$$

式中　S——主轴转速（r/min）；

$\quad\quad P$——螺距（mm/r）。

（4）编程示例　加工一个深为 25mm 的 M5 螺纹孔。M5 螺纹的螺距为 0.8mm。选择转速为 200r/min 时，进给率 F 为 160mm/min。

程序代码	注释
…	
N20 G1 X10 Y0 F1000	;移动至螺纹孔中心上方
N30 Z5 S200 M3	;进刀至指定点,主轴顺时针旋转
N50 G63 Z-25 F160	;攻螺纹,深度 25mm

N60 G63 Z5 M4	;后退，主轴逆时针旋转
N70 Z50	;恢复 G0 速度，移至指定位置
…	

3.8.3　不带补偿夹具的攻螺纹（G331，G332）

不带弹性卡头攻螺纹的技术前提是主轴带位移检测系统并处于位置控制中。

（1）指令功能　使用指令 G331 和 G332 编程不带弹性卡头的攻螺纹。当主轴配备了位移检测系统、采用位置环控制，准备攻螺纹时，便可以执行攻螺纹加工，如图 3-36 所示。

右旋螺纹或左旋螺纹通过螺距的符号确定：

1）正导程→顺时针方向（旋转方向同 M3）。

2）负导程→逆时针方向（旋转方向同 M4）。

还可在地址 S 下设定所需转速。

（2）编程格式

SPOS = <值>

G331 S…

G331 X… Y… Z… I… J… K… S…

G332 X… Y… Z… I… J… K… S…

1）只在以下情况下需要在螺纹加工前设定 SPOS（或 M70）：

① 在多重加工中加工的螺纹。

② 需要定义螺纹起始位置的工艺要求。

在加工多个连续螺纹时可省略 SPOS（或 M70）的编程。优点是时间优化。

2）必须在螺纹加工（G331 X… Y… Z… I… /J… /K…）前、未进行轴运行的情况下，在单独的 G331 程序段中设定主轴转速。

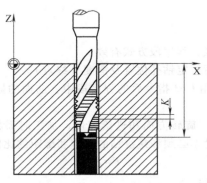

图 3-36　攻螺纹加工编程

（3）指令参数说明

G331：攻螺纹，通过钻孔深度和螺距来描述，为模态指令。

G332：攻螺纹回程，采用与 G331 运动相同的螺距。主轴自动换向，为模态指令。

X Y Z：钻孔位置与深度（以直角坐标给定螺纹终点）。

I：指定 G19 平面，X 方向的螺距。

J：指定 G18 平面，Y 方向的螺距。

K：指定 G17 平面，Z 方向的螺距。

螺距值的范围：± （0.001~2000.00 ） mm/r。

在 G332 （后退）之后，可以用 G331 加工下一个螺纹。

（4） 编程示例　加工一个 M12 螺纹孔。

程序代码	注释
LUOWEN5. MPF	;主程序名称
…	
N20 G0 Z50 M8	;至 50mm 高度
N30 SPOS=0	;主轴处于位置控制状态
N40 X50 Y0 Z5	;定位到起始点,切削液打开
N50 G331 Z-25 K1.5	;攻螺纹深度为 25mm,螺距为 1.5mm,主轴正方向旋转
N60 G332 Z5 K1.5	;主轴退回,主轴自动换向
N70 G0 Z50 M9	;抬刀,切削液关闭
N80 M5	;主轴停止
N90 M30	;程序结束

3.8.4　铣削螺纹

以 M24×1.5-7H 深 30mm 的螺纹孔为例，介绍铣削螺纹的编程方法。如图 3-37 所示，加工条件：已经完成螺纹底孔的加工，使用刀具为 φ12mm 单刃螺纹铣刀。

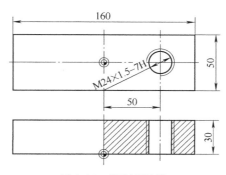

图 3-37　铣削螺纹孔

（1） 使用 G02/G03 指令铣削螺纹

1） 编程示例。G02/G03 指令配合 "TURN" 指令使用，除完成圆柱形零件外轮廓及内轮廓的加工外，还可以利用此指令铣削螺纹。

程序代码	注释
LUOWEN1. MPF	;程序名称
N02 T1 M6	;调用刀具
N04 G17 G0 G90 G64 G54	;赋系统初值、主轴转速,主轴正转
N06 D1 Z50 S700 M3 F1000 M8	;调用刀具补偿,抬刀,打开切削液
N08 X50 Y0	;定位到螺纹孔的中心位置
N10 Z1.5	;下刀至工进平面
N12 G41 G1 X62 Y0	;调用刀具半径补偿,直线切入
N14 G2 X62 Y0 Z-31.5 I=-12 J0 TURN=21	;顺时针完成螺旋线插补

N16 G40 G0 X50 Y0	;撤销刀具半径补偿
N18 G0 Z50 M9	;抬刀,切削液关闭
N20 M5	;主轴停止
N22 M02	;程序结束

2）编程说明

① N14 行中 X_ Y_ Z_ 为螺纹的终点坐标，I_ J_ K_ 为螺旋线轴心坐标。

② N14 行中 TURN 为螺旋线的整圈数。

注意：如果螺旋线插补的圈数刚好为整数圈 N 时，则编程中 TURN＝（N-1）；如果螺旋线插补的圈数为非整数圈时，则编程中 TURN＝N，即含去小数部分。例如螺旋线插补的圈数为 8.9 圈，则编程中 TURN＝8。如果螺旋线导程有要求，则螺旋线的长度必须与插补圈数相匹配。

本例螺旋线的长度为 33mm，故合计 33/1.5＝22 个螺距，为整数圈，则 TURN＝22-1＝21。

（2）使用"子程序"铣削螺纹

1）编程示例。螺纹孔图样与加工条件同上。

程序代码	注释
LUOWEN2. MPF	;主程序名称
N02 T1 M6	;调用刀具
N04 G17 G0 G90 G54	;赋系统初值
N06 S700 M3 F1000	;设定主轴转速,主轴正转
N08 X50 Y0	;定位到螺纹孔中心位置
N08 D1 Z50 M8	;进刀至指定位置,切削液打开
N10 Z1. 5	;下刀至工进平面
N12 G41 G1 X62 Y0	;调用刀具半径补偿,直线切入
N14 LW P23	;调用子程序 LW. SPF 计 23 次
N16 G40 G1 X50 Y0	;撤销刀具半径补偿
N18 G0 Z50 M9	;抬刀,切削液关闭
N20 M5	;主轴停止
N22 M02	;程序结束
LW. SPF	;子程序名称
G2 X62 Y0 Z=IC(-1.5) I=-12 J0	;螺旋下刀
RET	;子程序返回

2）编程说明

① 加工程序使用子程序编写，可以增加程序的可读性，也便于修改螺孔尺寸。

② 使用 IC（增量编程）指令，可以避免子程序编程中由于切换 G90/G91 导致的错误。

3.9 轮廓基准编程

3.9.1 轮廓基准编程概述

（1）编程方法 轮廓基准编程用于快速输入简单的轮廓。通常可分为一条直线（ANG）法、两条直线（ANG）法和三条直线（ANG）。

对于带 1 个、2 个、3 个点（均不计算轨迹当前点）和过渡元素如倒角或倒圆的轮廓段，可以通过给定直角坐标或角度来编程。在程序段中定义轮廓段时可以使用任意的扩展 NC 地址，例如用于扩展轴（单轴或垂直于工作平面的轴）的地址字母、辅助功能数据、G 代码、速度等。

（2）轮廓编辑计算器　可以借助系统配置的"轮廓编辑计算器"简单地进行轮廓段编程。它是操作界面上的一个工具，可以方便地进行一些简单和复杂工件轮廓的编程，并以图形显示。通过轮廓编辑计算器编辑的轮廓会被接收到零件程序中。

（3）编程参数设置

角度、半径和倒角的名称由机床数据定义：

MD10652　$MN_ CONTOUR_ DEF_ ANGLE_ NAME（轮廓段的角度名称）

MD10654　$MN_ RADIUS_ NAME　　　　　　（轮廓段的半径名称）

MD10656　$MN_ CHAMFER_ NAME　　　　　（轮廓段的倒角名称）

3.9.2　轮廓基准：一条直线（ANG）

该编程指令的应用前提是 NC 程序满足以下条件：

1）指定工作平面被激活（有效的工作平面为 G17 平面）。也可以指定在其他工作平面上进行轮廓段编程。

2）为角度、半径和倒角定义下列指令：ANG（角度）、RND（半径）和 CHR（倒角）。

（1）指令功能　通过以下的数据来定义直线的终点：角度 ANG 和一个直角终点坐标（X2 或 Y2），如图 3-38 所示。

（2）编程格式

X… ANG＝…

Y… ANG＝…

（3）指令参数说明

X：X 方向上的终点坐标。

Y：Y 方向上的终点坐标。

ANG：用于角度编程的名称，给定的值（角度）取决于有效工作平面的横坐标。

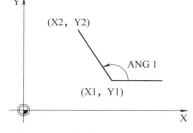

图 3-38　一条直线（ANG）编程

在图 3-38 中，ANG 为直线的角度，在指定工作平面上与水平轴的夹角；（X1，Y1）为直线的起始坐标；（X2，Y2）为直线的终点坐标。

（4）编程示例

程序代码	注释
N10 X5 Y70 F1000 G17	;移动到起始位置
N20 X88. 8 ANG＝110	;带指定角度的直线
N30…	
或	
N10 X5 Y70 F1000 G17	;移动到起始位置
N20 Y39. 5 ANG＝110	;带指定角度的直线
N30…	

3.9.3　轮廓基准：两条直线（ANG）

该编程指令的前提条件与轮廓基准：一条直线相同。

（1）指令功能 第一条直线的终点可以通过给定直角坐标或者通过给定两条直线的夹角进行编程。第二条直线的终点必须总是按直角坐标编程，如图3-39所示。两条直线的交点可以设计为角度、倒圆或倒角。

（2）编程格式

1）通过给定角度，对第一条直线的终点进行编程的格式有：

① 直线间的角度作为过渡：

ANG =...

X... Y... ANG =...

② 直线间的倒圆作为过渡：

ANG =... RND =...

X... Y... ANG =...

③ 直线间的倒角作为过渡：

ANG =... CHR =...

X... Y... ANG =...

2）通过给定坐标对第一条直线的终点进行编程的格式有：

① 直线间的角作为过渡：

X... Y...

X... Y...

② 直线间的倒圆作为过渡：

X... Y... RND =...

X... Y...

③ 直线间的倒角作为过渡：

X... Y... CHR =...

X... Y...

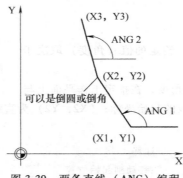

图3-39 两条直线（ANG）编程

在图3-39中，ANG1为第一条直线的角度，在指定工作平面上与水平轴的夹角；ANG2为第二条直线的角度，在指定工作平面上与水平轴的夹角；（X3，Y3）为第二条直线的终点坐标。

（3）指令参数说明

ANG =：用于角度编程的名称，给定的角度值取决于有效工作平面的横坐标。

RND =：用于倒圆编程的指令。给定的值相当于倒圆的半径。

CHR =：用于倒角编程的指令。给定的值相当于倒角在运行方向上的宽度。

X：X 方向上的坐标。

Y：Y 方向上的坐标。

（4）编程示例

程序代码	注释
N10 X10 Y80 F1000 G18	;移动到起始位置
N20 ANG = 148. 65 CHR = 5. 5	;带指定角度和指定倒角的直线
N30 X85 Y40 ANG = 100	;带指定终点和指定角度的直线
N40…	

3.9.4　轮廓基准：三条直线（ANG）

该编程指令的前提条件与轮廓基准：一条直线相同。

（1）指令功能　第一条直线的终点可以通过给定直角坐标或者通过给定两条直线的夹角进行编程。第三条直线的终点必须总是按直角坐标编程，如图 3-40 所示。直线的交点可以设计为夹角、倒圆或者倒角。

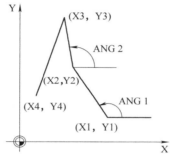

图 3-40　三条直线（ANG）编程

此处 3 点轮廓段的编程说明也适用于多于三个点的轮廓段。

在图 3-40 中，ANG1 为第一条直线的角度，在指定工作平面上与水平轴的夹角；ANG2 为第二条直线的角度，在指定工作平面上与水平轴的夹角；（X1，Y1）为第一条直线的起点坐标；（X2，Y2）为第一条直线的终点坐标或者第二条直线的起点坐标；（X3，Y3）为第二条直线的终点坐标或者第三条直线的起点坐标；（X4，Y4）为第三条直线的终点坐标。

（2）编程格式

1）通过给定角度对第一条直线的终点进行编程的格式有：

① 直线间的角作为过渡：

ANG = …

X… Y… ANG = …

X… Y…

② 直线间的倒圆作为过渡：

ANG = … RND = …

X… Y… ANG = … RND = …

X… Y…

③ 直线间的倒角作为过渡：

ANG = … CHR = …

X… Y… ANG = … CHR = …

X… Y…

2）通过给定坐标对第一条直线的终点进行编程的格式有：

① 直线间的角作为过渡：

X... Y...

X... Y...

X... Y...

② 直线间的倒圆作为过渡：

X... Y... RND＝...

X... Y... RND＝...

X... Y...

③ 直线间的倒角作为过渡：

X... Y... CHR＝...

X... Y... CHR＝...

X... Y...

（3）指令参数说明　与轮廓基准：一条直线相同。

（4）编程示例

程序代码	注释
N10 X10 Y100 F1000 G18	;回到起始位置
N20 ANG＝140 CHR＝7.5	;带指定角度和指定倒角的直线
N30 X80 Y70 ANG＝95.824 RND＝10	;带指定角度和指定倒圆、中间点上的直线
N40 X70 Y50	;终点上的直线

3.9.5　轮廓基准：终点编程

在指定平面上完成轮廓基准的编程的判断方法有以下几种：

1）如果当前有效平面中没有轴被设定，则它是包含轮廓段的第一或第二程序段。如果它是此类轮廓段的第二程序段，则表示在当前有效平面中起点和终点是相同的。那么轮廓至少包括一个垂直于当前平面的运动。

2）如果有效平面中恰好只有一个轴被设定，那么它就是一条单独的直线，其终点是由角度和已编程的直角坐标确定的；或者它是包含两个程序段的轮廓段的第二个程序段。在第二种情况下，省略的坐标就作为到达的下一个（模态）位置。

3）如果在当前有效平面中有两个轴被设定，那么它就是包含两个程序段的轮廓段的第二程序段。如果当前程序段不是在用角编程的程序段之前，且当前平面中没有对轴进行设定，那么不能编写一个这样的程序段。

4）如果在一个 NC 程序段中出现地址字母 A，那么不可以再在当前有效平面中设定其他轴。角度 A 只允许在线性插补或样条插补时编程。

3.10　主轴运动指令

在三轴联动的机床中，一般形象地将主轴称为刀轴；在多主轴的机床中有主主轴和第二轴等称谓。主主轴确定了一个直角右旋坐标系，在该坐标系中可以编程刀具运行。

哪个轴为主主轴由机床运动特性确定，通常通过机床数据将该主轴定义为主主轴。

该定义可以通过程序指令 SETMS（<主轴编号>）更改。编程 SETMS 时，如果未设定主轴编号，则切换回在机床数据中确定的主主轴。某些功能，比如螺纹切削，只适用于主主轴。

主轴名称：S 或者 S0。本书在描述三轴联动的主轴功能时，遵循了多轴机床中的习惯性称呼，没有区分两者。

设定主轴转速和旋转方向可使主轴发生旋转偏移，它是切削加工的前提条件。

3.10.1　主轴转速（S）和主轴旋转方向（M3，M4，M5）

（1）编程格式

S... 或 S0 = ...　　　　　　通过设定的转速适用于主主轴

M3：　　　　　　　　　主主轴顺时针方向旋转

M4：　　　　　　　　　主主轴逆时针方向旋转

M5：　　　　　　　　　主主轴停止

SETMS：　　　　　　　SETMS 不含主轴指定，切换回系统定义的主主轴上

SETMS 必须位于一个独立的程序段中。

（2）主主轴上的 S 值编译　如果 G 功能组 1（模态有效运行命令）中 G331 或 G332 被激活，则编程的 S 值总是被视为转速值，单位为 r/min。未激活的情况下，则根据 G 功能组 15（进给类型）编译 S 值。G96、G961 或 G962 被激活时，S 值被视为恒定切削速度，单位为 m/min。其他情况下被视为转速，单位为 r/min。

从 G96/G961/G962 切换至 G331/G332 时，恒定切削速度会归零；从 G331/G332 切换至包含 G 功能组 1，但不为 G331/G332 的功能时，转速值会归零。必要时应重新设定相应的 S 值。

（3）预设的 M 指令 M3、M4 和 M5　在带有轴指令的程序段中，在开始轴运行之前会激活 M3、M4 和 M5 功能（控制系统上的初始设置）。

编程示例：

程序代码	注释
N10 G1 F500 X70 Y20 S270 M3	;主轴加速至 270r/min,然后在 X 和 Y 方向运动
N100 G0 Z150 M5	;Z 轴回退之前主轴停止

通过机床数据可以设置，进给轴是否是在主轴启动并达到设定转速后运行，或主轴停止之后才运行，还是在切换操作之后立即运行。

3.10.2　可编程的主轴转速极限（G25，G26）

（1）指令功能　可通过零件程序指令更改在机床和设定数据中规定的最小转速和最大转速。

> 提示：用 G25 或 G26 编程的主轴转速限值覆盖了设定数据中的转速限值，并且在程序结束后仍然保留。

（2）编程格式

G25　S... /S1 = ...

G26　S... /S1 = ...

（3）指令参数说明

G25：主轴转速下限，取值范围为 0.1 ~ 9999 9999.9r/min。

G26：主轴转速上限，取值范围为 0.1 ~ 9999 9999.9r/min。

S S1 = ：最小或最大主轴转速。

（4）编程示例

程序代码	注释
N10 G26 S1400	;主轴的转速上限为 1400r/min

3.10.3 定位主轴（SPOS，SPOSA，M19）

（1）指令功能　具备主轴定位功能的机床主轴应具有主轴位置检测跟踪装置。利用定位功能指令可以把主轴定位到一个确定的转角位置，然后主轴通过位置控制保持在该位置。带有主轴定位控制功能通常应用在加工中心上自动换刀时的主轴定向；使用螺纹插补 G331、G332 功能时，以及在使用精镗孔时使用的主轴定向等。

从主轴旋转状态（顺时针旋转或逆时针旋转）进行定位时，定位运行方向保持不变；从静止状态进行定位时，定位运行按最短位移进行，方向从起始点位置到终点位置。

（2）编程格式

SPOS = <值>

SPOSA = <值>

M19

（3）指令参数说明

SPOS：将主轴定位至设定的角度。只有到达设定的位置时，才会切换至下一 NC 程序段。

SPOSA：将主轴定位至设定的角度。即使尚未到达设定的位置，也会切换至下一 NC 程序段。

SPOS 和 SPOSA 功能相同，区别在于程序段切换特性：

= <值>：主轴定位的角度。单位为（°），类型为实型（REAL）数据，如 = DC（<值>）。

编程位置接近模式时有如下方案：

= AC（<值>）：绝对尺寸，取值范围为 0° ~ 359.999°。

= IC（<值>）：增量尺寸，取值范围为 0 ~ ±99 999 999。

= DC（<值>）：直接趋近绝对值。

= ACN（<值>）：绝对尺寸，在负方向上运行。

= ACP（<值>）：绝对尺寸，在正方向上运行。

编程 SPOS、SPOSA 和 M19 时会临时将主轴切换至位置控制模式，直到编程下一个 M3、M4、M5。

主轴也可以在机床数据中确定的地址下作为轨迹轴、同步轴或定位轴来运行。指定轴名称后，主轴位于进给轴模式中。使用 M70 可将主轴直接切换到进给轴模式。

如果已经达到所有在程序段中所要加工的主轴或轴的运行结束标准，并且也达到了轨迹插补的程序段转换标准，那么将继续执行下一个程序段。

编程示例

例　负向旋转定位主轴，将主轴负向旋转定位在 250°，如图 3-41 所示。

程序代码	注释
N10 SPOSA ACN(250)	;必要时制动主轴,并反向加速进行定位

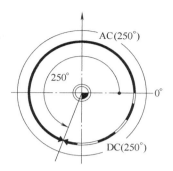

图 3-41　主轴定位编程示例

3.11　关于规范编程格式

通常，编程人员在数控系统界面上使用系统配置的键盘编写加工程序，所得到的加工程序运行正常。如果在计算机上使用记事本等文本格式软件编写 NC 加工程序，再传送到数控系统中运行，可能不能正常运行，会出现一些报警提示。从形式上看，所编写的加工程序并无问题，但其中会有一些与使用系统键盘编写出的程序不一样的地方。为此，提醒使用计算机编写加工程序的编程人员注意以下事项：

1）编写或修改程序时，输入方式需要在取消输入法的状态下进行，或使用西文下半角方式。否则，在其他输入法编辑，或转换信息时，可能会出现不当的符号，即使其外形是相似的。当运行该程序时，程序首先在读取指令时发现这些"外形相似的符号"错误，并中断执行，同时在系统屏幕提示"12330 报警：文件 1 类型错误"等不同报警信息。这时需要检查程序中所使用的符号，如"："" （""）" "；" """">""<"","" ＊"等是否符合要求，改正后即可消除此报警。

例如，使用中文冒号"："或全角冒号"："时，系统屏幕提示"14011 报警：程序段 NXX 编程 AA 不存在或没有编辑"。使用中文括号"（"或全角括号"（"时，系统屏幕提示"12330 报警：程序段 NXX 文件 1 类型错误"。使用全角大于号"＞"时系统屏幕提示"12080 报警：程序段 NXX 句法错误在文本＝0，以及 12050 报警"。

2）编写程序的文件名称需要将扩展名同时加上，主程序必须为"＊.MPF"，子程序必须为"＊.SPF"。

3）使用"＊.txt"文本格式的程序文件从 USB 驱动器中复制后，不能粘贴在 NC 驱动器下的 WPD 类型的文件夹下。例如，粘贴操作后系统提示"＊.txt 该文件类型不能存放在'工件'下"。按软键〖确认〗，屏幕出现"复制操作的故障日志"界面，显示"USB/daoyuan.txt 该文件已被跳过！"。再次按软键〖确认〗，回到原来的界面。

当"＊.txt"文本格式的程序文件粘贴到根目录下的"零件程序"时，屏幕出现"粘贴"界面，显示"NC 中的目录扩展名必为 MPF！"，并出现显示条，将拟粘贴的程序文件名的扩展名自动换成"MPF"。若按软键〖取消〗，则回到原来界面，若按软键〖确认〗，则换扩展名的NC 程序文件保存并存储在"零件程序"目录下。

3.12　可编程的框架（坐标）变换指令

在工件图样中的不同位置重复出现的几何形状或结构，我们将其中一个几何形状称为基本框架（FRAME）。FRAME 是用来描述几何运算的术语。

在 SINUMERIK 828D 系统中可以用一组框架（FRAME）命令来描述工件坐标系的特征，如用于描述从当前工件坐标系开始，到一个目标坐标系的坐标或角度变化。

常用的框架（FRAME）有：平面坐标偏移（TRANS、ATRANS）、坐标旋转（ROT、AROT）、平面坐标比例缩放（SCALE、ASCALE）和平面坐标镜像（MIRROR、AMIRROR）。

3.12.1 平面坐标系偏移指令（TRANS/ATRANS）

TRANS/ATRANS 指令可以平移当前坐标系。如果在工件上不同的位置出现重复的形状或结构，或者在工件上选择一个新的零点位置（参考位置），为了不重复进行工件零点的重复定义和减少定义工件零点的找正时间，就需要使用可编程零点偏置（平面坐标系偏移），在编程中只需指定新的零点位置与初始零点位置的距离即可由此建立一个当前工件坐标系，新输入的尺寸均是该坐标系中的具体尺寸，如图 3-42 所示。

（1）编程指令格式

TRANS X⋯Y⋯Z⋯　　　　；绝对坐标系偏移指令，在独立的程序段内编程

ATRANS X⋯Y⋯Z⋯　　　；增量偏移（附加偏移坐标系）指令，在独立的程序段内编程

TRANS　　　　　　　　　；取消坐标系偏移，删除以前所有激活的 FNAME 指令

（2）指令参数

X⋯Y⋯Z⋯：在特定坐标轴方向上的零点平移值。

TRANS X⋯Y⋯Z⋯：可编程的绝对坐标系偏移，相对于目前有效的用 G54～G59 设置的工件坐标系原点，是以最后设定的可设置零点偏置（G54～G59）的位置为参考点。

ATRANS：可编程的偏移，附加的坐标系转换，相对于已经存在的框架，是以当前或上一次可编程零点位置为参考点；或者附加在其他 FRAME 框架指令之后。

TRANS：取消偏移，清除前面所有已经激活的 FRAME 指令，可设置的零点偏置（G54～G59）的位置仍然有效。

（3）编程示例

编程示例1，如图 3-43 所示，坐标平移（TRANS）应用。

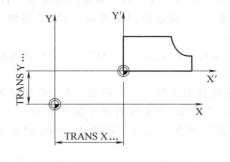 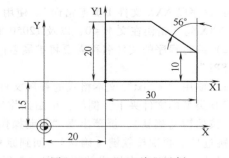

图 3-42　平面坐标系偏移　　　　　　　　　图 3-43　TRANS 编程示例

……

N30 TRANS X20 Y15　　　　　　　；设定工件零点偏移

N20 G0 X0 Y0　　　　　　　　　　；定位于新设定零点位置

N30 Z2　　　　　　　　　　　　　；快速下刀

N40 G1 Z-0.5 F150　　　　　　　；工进下刀

N50 G1 X30 F250　　　　　　　　　；零件加工形状程序

N60 Y10　　　　　　　　　　　　；

N70 Y20 ANG = （90+56）　　　　　;

N80 X0　　　　　　　　　　　　　;

N90 Y0　　　　　　　　　　　　　;

N100 G0 Z100　　　　　　　　　　;抬刀

N110 TRANS　　　　　　　　　　　;取消零点偏移

……

提示： 在程序中如果指令字完全由文字（字母）组成，没有数字，则下一个指令字前必须有一个空格，如 N30 语句，否则运行时系统将会报警。

3.12.2　平面坐标旋转指令（ROT/AROT）

在当前加工平面 G17、G18 或 G19 平面执行坐标系旋转（ROT/AROT），值为 RPL = …，单位为（°）；也可以使工件坐标系绕着指定的几何轴 X、Y 或 Z 作空间旋转。使用坐标系旋转功能之后，会根据旋转角度建立一个当前坐标系，新输入的尺寸均为此坐标系中的尺寸。这样可以使得倾斜的表面或工件的轮廓在一次设置中被加工出来。

（1）平面坐标系旋转

1）编程指令格式

ROT RPL = …　　　　　;绝对旋转指令，在独立的程序段内编程

AROT RPL = …　　　　　;增量旋转指令（附加的坐标系旋转指令），在独立的程序段内编程

ROT　　　　　　　　　　;取消编程旋转功能，删除以前所有激活的 FNAME 指令

2）指令参数说明。ROT 为绝对可编程零位旋转，参照 G54～G59 设定当前有效坐标系的原点。

AROT 为附加可编程零位旋转，即在当前有效的可设置或可编程的零点的相对旋转，也就是在原有坐标系的基础上进行叠加。

RPL 为旋转角度，单位为（°）。旋转方向：沿着坐标轴的正方向看过去，沿逆时针旋转为正方向，顺时针旋转为负方向，如图 3-44 所示。

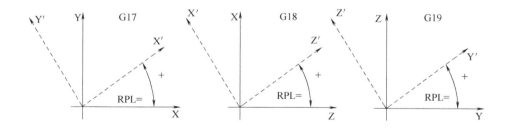

图 3-44　平面坐标系旋转

（2）绕垂直轴在平面内旋转

1）编程指令格式

ROT X、Y、Z　　　　　;沿指定轴旋转指令

AROT X、Y、Z　　　　　;沿指定轴附加旋转指令

ROT　　　　　　　　　　;取消旋转功能，删除以前所有激活的 FNAME 指令

2）指令参数说明。X、Y、Z 旋转角度时，参照的坐标轴正号表示逆时针旋转。

旋转次序：可以在一个程序段中同时旋转三根坐标轴。旋转次序为围绕第三几何轴 Z 旋转；

围绕第二几何轴 Y 旋转；围绕第一几何轴 X 旋转。如果只需要旋转两根轴，第三轴的参数（值为零）可以省略。如果想自己分别定义旋转次序，可以用 AROT 指令为每一个轴进行编程。

取值范围：围绕第一几何轴旋转：−180°～+180°；

围绕第二几何轴旋转：−89.999°～+90°；

围绕第三几何轴旋转：−180°～+180°。

如果取值范围超过以上范围将由数控系统自动规范在以上范围内。

平面的改变如果在旋转坐标系后想改变平面，一般是要在改变平面前先取消旋转。

（3）编程示例　编程示例如图 3-45 所示。图中显示以 Y 轴为旋转轴，Z、X 平面绕 Y 轴旋转 30°。

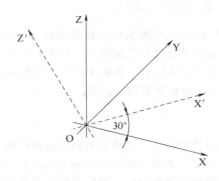

图 3-45　坐标轴旋转示例

应用程序如下：

ROT Y30　　　　　　;加工坐标系以 Y 轴为基准旋转 30°

3.12.3　平面坐标镜像指令（MIRROR/AMIRROR）

用 MIRROR/AMIRROR 功能可以将工件的几何形状尺寸以指定坐标轴镜像。使用镜像功能之后，会建立一个当前坐标系，新输入的尺寸均是在当前坐标系中的数据尺寸。

编程了镜像功能的坐标轴，所有运动都以反向运行；使用镜像功能后，已经使用的刀具半径补偿指令和圆弧切削指令自动反向，即 G41/G42 变为 G42/G41；G2/G3 变为 G3/G2。

（1）编程指令格式

MIRROR X0（Y0、Z0）　　　　;坐标轴镜像指令，在独立的程序段内编程

AMIRROR X0（Y0、Z0）　　　　;增量镜像指令（附加坐标轴镜像指令），在独立的程序段内编程

MIRROR　　　　　　　　　　;取消镜像功能，删除以前所有激活的 FNAME 指令

（2）指令参数说明

MIRROR 为参照 G54～G59 设定的当前坐标系的绝对镜像。

AMIRROR 为参数当前有效的设置或编程的坐标系的补充镜像。

X0 或 Y0 或 Z0 用该坐标轴的值为零分别指定为镜像轴。

（3）编程示例　编程示例如图 3-46 所示。采用镜像功能指令编写凸台轮廓形状的加工程序，凸台加工高度 2mm。以图形中第一象限的凸台形状为基础，进行第二象限及第三象限的凸台轮廓形状加工。

加工程序 ABC 如下：

N10 G64 CFC　　　　　　　　　　;设定连续加工方式

N20 G90 T1 D1 G0 G54 Z50	;技术定义值
N30 S1000 M3	;设定主轴转速
……	
N50 L12	;调用子程序
N60 MIRROR X0	;X 轴镜像，在第一象限加工
N70 L12	;调用子程序
N80 MIRROR X0 Y0	;X、Y 轴镜像（关于原点镜像）
或 AMIRROR Y0	;在 X 轴镜像基础上附加 Y 轴镜像
N90 L12	;调用子程序
N100 MIRROR	;取消镜像功能
……	
N150M30	;主程序结束

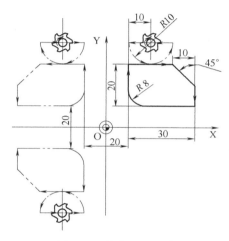

图 3-46　镜像功能指令

L12. SPF	;子程序名
N10 G0 X20 Y40	
N20 Z2	
N30 G1 Z−2 F200	
N40 G41G1 X=IC（−10）	;建立刀具左补偿
N50 G3 X20 Y=IC（−10）CR=10	;沿切向切入工件
N60 G1 X=IC（20）CHR=10	
N70 Y10	
N80 X10 RND=8	
N90 Y30	
N100 X20	
N110 G3 X30 Y40 CR=10	;沿切向切出工件
N120 G40 G1 X20	;取消刀具半径补偿
N130 G0 Z50	
N120 M17	;子程序结束

编程说明：加工程序采用刀具半径左补偿形式，在进行沿 X 轴镜像后，其加工刀具补偿形

式变为右补偿形式。所以在进行零件加工时，由于采用不同的刀具半径补偿形式，其加工的实际效果会有微小差异。在应用镜像功能指令时应考虑刀具半径补偿方式对加工精度影响的问题。

3.12.4 平面坐标比例缩放（SCALE/ASCALE）

用 SCALE/ASCALE 指令为所有轴或选定轴设置一个比例系数，使用此比例系数会根据比例缩放建立一个当前坐标系，新输入的尺寸均是在当前坐标系中的数据尺寸。

(1) 指令格式

SCALE X…Y…Z…　　　　　　　　　　;坐标轴缩放比例指令，在独立的程序段内编程

ASCALE X…Y…Z…　　　　　　　　　　;增量缩放比例指令（附加坐标轴），在独立的程序段内编程

SCALE　　　　　　　　　　　　　　;取消缩放功能，删除以前所有激活的 FNAME 指令

(2) 指令说明

SCALE：对设定的有效坐标系（G54~G59）绝对缩放比例系数。

ASCALE：附加于当前指令的缩放，对目前有效的可设置或可编程的坐标系的相对所放。

SCALE：取消比例缩放，删除以前所有激活的 FNAME 指令。

X…Y…Z… ：带有比例因子的坐标轴，在该坐标轴方向上轮廓尺寸增大或减小。可以单独为一个轴定义比例因子。图形为圆时，两个轴的比例系数必须一致。

如果用 SCALE/ASCALE 指令进行比例缩放后，编程中再使用 ATRSNS，则偏移量也同样被叠加比例缩放。

需要缩放尺寸的轮廓最好放在子程序中。

(3) 编程示例　编程示例 1，如图 3-47 所示。零件轮廓比例缩放指令的应用。

实际零件轮廓为□30mm×20mm，将实际轮廓所有尺寸缩小 0.5 倍。

程序如下：

……

N30 SCALE X0.5 Y0.5　　　　　　　;采用比例缩放，将 X 和 Y 轴同时缩小 0.5 倍

N40 G1X15Y-10

N50 Y10

N60 X-15

N70 Y-10

N80 X15

N90 G0 Z20

N100 SCALE　　　　　　　　　　　;取消比例缩放指令

……

编程示例 2，如图 3-48 所示。附加可编程比例缩放指令的应用。

实际零件轮廓为□30mm×20mm，将实际轮廓平移后再将所有尺寸缩小 0.5 倍。

程序如下：

……

N30 TRANS X-15 Y-10　　　　　　;坐标系平移

N40 ASCALE X0.5 Y0.5　　　　　　;采用比例缩放，将 X 和 Y 轴同时缩小 0.5 倍

N50 G1 X15 Y-10

N60 Y10

N70 X-15

N80 Y-10

N90 X15

N100 G0 Z20

N110 SCALE　　　　　　　;取消比例缩放指令

……

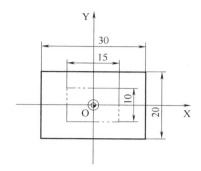

图 3-47　零件轮廓比例缩放

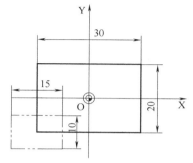

图 3-48　附加可编程比例缩放

第 **4** 章

刀具补偿编程指令

4.1 刀具补偿数据

在控制系统的刀具补偿存储器中必须保存每个刀具刀沿的下列数据：刀具类型、刀沿位置和几何刀具尺寸（长度，半径）。刀具需要哪些参数，取决于刀具的类型。对于不需要的刀具参数，将为其分配数值"零"（与系统的预分配一致）。一旦在刀具补偿存储器中填入数值，则每次调用刀具时都会进行计算。

刀具尺寸由几个部分组成。控制系统根据这些参数再计算出最后的尺寸，比如总长度和总半径。在激活补偿存储器时，对应的总尺寸发挥作用。

在进给轴中如何计算这些值，由刀具类型和当前的平面（G17/G18/G19）决定。

刀具补偿存储器的内容见第 2 章。

4.2 换刀编程指令

在链式、盘式和平面刀库中，换刀过程一般分为两步：

1）使用 T 指令在刀库中查找刀具。

2）接着使用 M 指令将刀具换入主轴。

在实施换刀指令过程中，必须完成以下内容：

1）激活在 D 号下所存储的刀具补偿值。

2）对相应的工件平面进行编程，这样可以确保刀具长度补偿分配到正确的轴上。

"刀具管理"功能能够确保机床上正确的刀具随时位于正确的位置上，且刀具所分配的数据符合当前的状态。此外它可以快速切换刀具，通过监控刀具使用时间、加工次数以及机床停机时间并通过考虑替换刀具避免出现废品。

使用刀具管理进行换刀编程时应注意使用"刀具名称"。在刀具管理被激活的机床上，各刀具必须使用名称和编号来设置唯一标志，例如"钻头"，"3"。这样就可以通过刀具名称调用刀具，例如 T = "钻头"。

> **注意：刀具名称不允许包含特殊字符。**

（1）指令功能　与数控车床换刀方法不同，数控铣床通过编程 T 指令可以选择刀具，使用 M6 时才激活刀具（包含刀具补偿）。

（2）编程格式（具体应用请参照机床制造商的编程说明）

1）刀具选择形式可以为：T = <刀位>，T = <名称>。

2）换刀：M6。

3）取消选择刀具：T0。

（3）指令参数说明

1）T = ：进行刀具选择的指令。数据可以是：

① <刀位>：刀位编号。

② <名称>：刀具名称，对刀具名称进行设定时，必须注意字母的大小写。

2）M6：用于换刀的 M 功能（符合 DIN 66025），使用 M6 激活所选择的刀具（T...）和刀具补偿（D...）。

3）T0：取消刀具选择的指令（刀位未占用）。

> **说明**：如果在刀库中所选择的刀位未被占用，则刀具指令的作用与 T0 相同。选择没有占用的刀位用于定位空刀位。

（4）编程示例

程序代码	注释
N10 T="立铣刀 12"　M6	；换入刀具"立铣刀 12"
N20 D1	；激活刀具长度补偿
N30 G1 X10...	；使用刀具 T=1 加工
...	
N70 T="钻头 10"	；预先选择刀具"钻头 10"
N80...	；使用刀具 T="立铣刀 12"加工
...	
N100 M6	；换入钻头
N140 D1 G1 X10...	；用钻头加工
...	

按照用户的编程习惯，也可以使用数字作为刀具名称（如"3"），换刀指令也可以表示为 T3 M6，即将刀具名称为"3"的刀具换到主轴上，等同于指令 T="3" M6。

如果编写的刀具名称与刀具表"注册"的名称不符，系统屏幕上将出现 17190#报警"程序段 XXX T 号码（编写的刀具名）非法"。

4.3　刀具补偿概述

刀具补偿功能最直接的体现在根据加工图样可以直接设定工件尺寸。在编程时，无须考虑如铣刀直径以及刀具长度等刀具参数。而在加工现场将刀具参数输入到系统的刀具补偿存储器中。

在加工工件时控制刀具的位置行程（取决于刀具的几何参数），使其能够加工出编程的轮廓。必须将刀具参数记录到控制系统的刀具补偿存储器中，使控制系统能够对刀具进行计算。在程序加工过程中，控制系统从刀具补偿存储器中调用刀具补偿参数，再根据相应的刀具修正不同的刀具轨迹。

刀具补偿功能的实现与控制方式在 NC 编程中占有很大的比重，许多指令的运行均在刀具补偿的实施下进行，或者以刀具补偿为依托。这点请编程人员务必注意。

刀具补偿类型分为刀具长度补偿和刀具半径补偿。

刀具补偿方式分为以下几种：

1）调用 D 指令编程方式。

2）可编程的加工余量方式。

3）可编程的刀具补偿偏移指令。

4）刀具轨迹合理优化方式。

（1）刀具长度补偿　在数控铣床/加工中心机床上，当使用的刀具磨损或更换时，实际预设刀具基准点不在原始加工的编程位置，必须在刀具轴向进给中，通过伸长或缩短一个偏置值的办法来补偿轴向长度尺寸的变化，从而保证刀轴方向零件深度尺寸达到设计要求。对于多刀参与加工的情况下，使用刀具长度补偿可以消除不同刀具之间的长度差别。

刀具的长度是指刀架基准点 F 与刀尖之间的距离，刀具长度的设定值可以控制同一刀具所加工的深度尺寸值，也可以通过刀具磨耗值来控制同一刀具所加工的深度尺寸值，如图 4-1 所示。如果以标准刀具的刀位点（刀尖）对刀的话，其长度补偿为被测刀具与标准刀具的位移差。

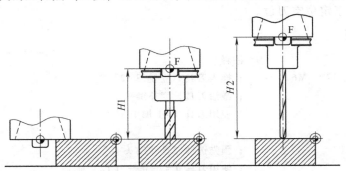

图 4-1　刀具长度的设定值

（2）刀具长度与工件轴向零点的关系　在实践中，编程人员发现"刀具长度与工件轴向零点的设置上是相辅相成的关系"。因此，在已设定刀具长度的情况下才能准确定义工件轴向零点；在工件轴向零点已确定情况下，可以测量有效的刀具长度。

1）刀具长度参数对实际加工效果的影响。刀具长度参数包含两方面参数：刀具长度值，刀具长度磨耗值。通过对刀具长度的改变可以有效地控制零件轴向的加工尺寸。

如图 4-2 中所示，H 为实际测得的刀具长度，在加工工件中不改变刀具长度值，在理论上轴向加工尺寸会符合程序的轴向设定值；如果刀具的实际设定值改为 $H+h$，则实际加工时的轴向加工深度比程序指定的加工深度要少，其数值为 h。

如达到同样的效果，也可将 h 的设定值定位在刀具表中的磨耗值来设定。

2）工件轴向零点调整对实际加工效果的影响。在实际加工中如采用多把刀加工，当工件零点与刀具长度设定后，通过改变工件轴向零点的数值可以影响整体工件的轴向加工尺寸。如图 4-3 所示，不管是在一把刀具的加工状态下，还是多把刀具的加工状态下，将实际的轴向工件零点向正向增加 z 值，则将改变整体的零件轴向加工尺寸，也就是说，所有参与加工的刀具设定参数都会改变实际加工深度。

（3）刀具半径补偿　零件轮廓和刀具路径并不在同一位置上。铣刀或者刀沿中心点必须在一条与零件轮廓等距的轨迹上运行。为此，控制系统需要使用刀具补偿存储器中的刀具类型（半径）数据。进行程序加工时，编程的刀具中心点轨迹取决于半径和加工方向，移动时要使刀沿精确地沿着所需的轮廓运行。

在零件加工过程中采用刀具半径补偿功能，可大大简化编程的工作量。具体体现在以下三个方面：

1）实现根据编程轨迹对刀具中心轨迹的控制。可避免在加工中由于刀具半径的变化，如由于刀具损坏而换刀等原因而重新编程的麻烦。

2）刀具半径误差补偿，由于刀具的磨损或因换刀引起的刀具半径的变化，也不必重新编程，只需修改相应的刀具表参数即可。

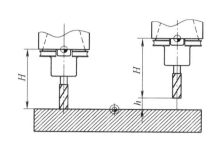

图 4-2　刀具长度参数对实际加工效果的影响

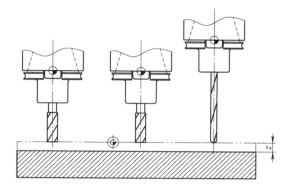

图 4-3　工件轴向零点调整对实际加工效果的影响

3）减少粗、精加工程序编制的工作量。由于轮廓加工往往不是一道工序能完成的，在粗加工时，要为精加工工序预留加工余量。加工余量的预留可通过修改刀具表参数实现，而不必为粗、精加工各编制一个程序。可以看成是在对一把"虚拟"的刀具进行编程。

如图 4-4 所示，刀具半径可以灵活地控制零件轮廓的加工尺寸。如图 4-4a 所示为正常刀具半径指定值；如图 4-4b 所示，加工效果通常为粗加工时指定的刀具半径，此时可看成一把大于正常刀具半径的"虚拟刀具"在加工，r 为预留精

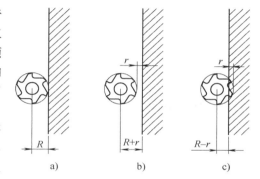

图 4-4　刀具半径补偿功能的主要用途

加工余量，$R+r$ 为刀具半径设定值；如图 4-4c 所示，通常在刀具加工一段时间后，会产生磨损，按照原来的刀具半径值不能达到零件尺寸要求，r 为实际的刀具磨损量，$R-r$ 为实际的刀具半径指定值。

4.4　刀具补偿编程指令

4.4.1　刀具补偿调用（D）

（1）指令功能　可以通过调用 D 编号来激活专用刀沿的补偿数据，以及用于刀具长度补偿的数据。刀具半径补偿则必须通过 G41、G42 指令开启，通过 G40 关闭。

刀沿的概念是西门子数控系统的一个专有名词，通常可以理解为是刀具上一个"物理"切削刃。进行 D0 编程时，刀具的补偿无效。

（2）编程格式

D ＜编号＞　　　;激活一个刀具补偿

G41　　　　　　;激活刀具半径补偿（左补偿）

G42　　　　　　;激活刀具半径补偿（右补偿）

D0　　　　　　　;取消激活刀具补偿

G40　　　　　　;取消激活刀具半径补偿

（3）指令参数说明

D：用于激活有效刀具补偿程序段的指令。刀具长度补偿在相应长度补偿轴的首次运行时生效。D 编程的类型取决于机床的设置。

> **注意**：如果换刀时自动激活了一个刀沿配置（D1），即使没有 D 编程，刀具长度补偿也生效。

<编号>：通过参数<编号>可以指定待激活的刀具有效刀沿。取值范围为 0~32000。

G41：用于激活刀具半径补偿的指令，沿着加工方向看，刀具在轮廓的左侧。

G42：用于激活刀具半径补偿的指令，沿着加工方向看，刀具在轮廓的右侧。

G40：用于关闭刀具半径补偿的指令。

D0：取消激活有效刀具补偿程序段的指令。

（4）D 编程的类型　通过机床数据来确定 D 编程的类型，有下列几种方法：

1）D 编号=刀沿编号。对于每个刀具 T="名称"都有一个从 1 至最大为 9 的 D 编号。这些 D 编号被直接分配给刀具的刀沿。每个 D 编号（刀沿编号）都有一个补偿系统参数（$TC_DPx [t, d]）。

2）自由选择 D 编号。D 编号可以自由分配给刀具的刀沿编号。由机床数据确定可用 D 编号的上限。

修改后的刀具补偿数据，只有在重新运行了编程的 T 指令或者 D 指令后才会生效。

4.4.2　刀具长度补偿

加工时必须指定工作平面 G17（G18 或 G19），由此控制系统判别出工作平面。在程序调用刀具后，激活该刀具的 D 编号，该刀具的长度补偿即会生效。从而确定出补偿的轴方向，即不同工作平面中的长度 1，如图 4-5 所示。

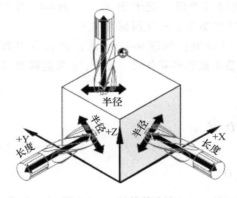

图 4-5　刀具补偿方向

编程示例：铣刀长度补偿

程序代码	注释
…	
N10 G17 G41…	;在 X/Y 平面内进行半径补偿,在 Z 方向进行长度补偿
…	

4.4.3　刀具半径补偿（G40，G41，G42）

（1）指令功能　刀具半径补偿（TRC）激活时，数控系统自动为加工（当前）刀具计算等距的刀具行程。在计算刀具位移时，控制系统需要以下信息：

1）工作平面（G17/G18/G19）。

2）刀具号（T...）和刀沿号（D...）。

3）加工方向（G41/G42）。

在平面 D 编号结构中只需设定 D 号。通过铣刀半径或刀沿半径，以及刀沿位置可以计算刀具轨迹和工件轮廓之间的距离。由加工方向（G41/G42），控制系统判别出刀具轨迹应该运行的方向。

（2）编程格式

G0/G1 G41/G42 X... Y... Z...

...

G40 X... Y... Z...

（3）指令参数说明

G41：激活刀具半径补偿（TRC），沿着加工方向看，刀具在工件轮廓左侧。

G42：激活刀具半径补偿（TRC），沿着加工方向看，刀具在工件轮廓右侧。

G40：取消刀具半径补偿（TRC）。

在设定了 G40、G41、G42 的程序段中，G0 或 G1 必须有效，并且至少必须给定所选平面的一根轴。如果在激活刀具半径补偿时仅给定了一根轴，系统则自动补充第二根轴的上次位置，并在两根轴上运行。

（4）编程示例

例 1　铣削外轮廓刀具半径补偿编程尺寸，如图 4-6 所示。

程序代码	注释
N10 T="1"　M6	；换刀
N20 G0 G17 G56 Z100 D1	；指定加工平面
N30 G0 X-20 Y0 Z3 M3 S900	；快速运行至安全高度，选择长度补偿
N40 Z3	；快速进刀至安全高度
N50 G1 Z-5 F300	；工进速度至指定深度
N60 G41 X10 Y10	；激活刀具半径补偿，刀具在轮廓左侧加工
N70 Y30	；铣削轮廓
N80 X30 Y60	
N90 X60 Y40	
N100 Y10	
N110 X10	
N120 G0 G40 X-20	；取消刀具半径补偿
N130 Z100	；快速抬刀至初始位置
N140 M30	；程序结束

（5）注意事项

1）半径补偿的等距线生成过程。半径改变和补偿运动对整个程序段有效，并且只有到达编程的终点后才能达到新的等距离。在这个直线运行中，刀具沿着起点和终点间的斜线运行，如图 4-7 所示。

2）补偿方向切换（G41 ⇄ G42）。可省略取消刀具半径指令 G40 进行刀具半径补偿方向的切换

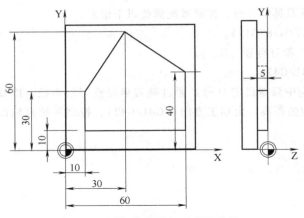

图 4-6　铣削外轮廓刀具半径补偿

（G41 ⇄ G42）编程。如图 4-8 所示图形的运行行程中，实现了补偿方向的切换。但是，在编写程序时，切换补偿方向语句程序段运行轨迹的行程应大于刀具半径，且与周围尺寸不得发生干涉。

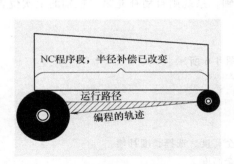

图 4-7　半径补偿的等距线生成过程

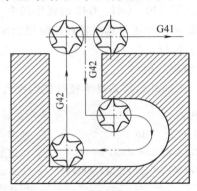

图 4-8　补偿方向切换（G41 ⇄ G42）

3）工作平面更换。G41 或 G42 被激活时，无法切换工作平面（G17、G18、G19）。

4）刀具补偿数据组切换（D...）。可通过系统变量对刀具半径进行修改，修改值只有在重新运行编程 T 指令或 D 指令之后的程序段中才生效。可在补偿运行中切换刀具补偿数据组。但要从新的 D 号所在的程序段开始（激活），切换的刀具半径数值才生效。

5）补偿运行仅可通过一定数量的连续、补偿平面中不包含运行指令、行程的程序段或 M 指令中断。行程为零的程序段同样视为中断补偿运行。

4.4.4　曲线轨迹部分的进给率优化（CFTCP，CFC，CFIN）

（1）指令功能　在加工过程中调用刀具补偿功能（G41、G42 被激活时）进行直线轮廓加工时，编程中的进给速度（F）为刀具中心处的进给速度，与实际加工中轮廓处的进给速度是一致的。如果进行圆弧插补加工（同样适用于多项式插补和样条插补），编程中的进给速度（F）是指刀具中心处的进给速度，而与实际加工中轮廓处的进给速度是不同的，有时两者数值相差很大，从而影响加工结果。为避免这些影响，应当相应地调节曲线轮廓的进给率。因此在轮廓上会使用较小的进给率加工。

（2）进给率修调计算公式　圆弧进给率修调计算如图 4-9 所示。

内部（凹）圆弧进给率修调计算公式

$$F_{修调} = F_{编程}(R_凹 - R_刀)/R_凹$$

外部（凸）圆弧进给率修调计算公式

$$F_{修调} = F_{编程}(R_凸 + R_刀)/R_凸$$

式中　$R_凹$——凹圆弧轮廓半径（mm）；

$R_凸$——凸圆弧轮廓半径（mm）；

$R_刀$——刀具半径（mm）。

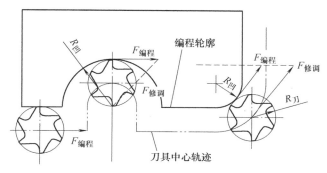

图 4-9　圆弧进给率修调计算

（3）编程格式与参数说明

CFTCP 　　　;在铣刀中心轨迹上保持恒定进给率，模态指令。

CFC 　　　　;轮廓（刀沿）上保持恒定进给率，模态指令（开机默认状态）。

CFIN 　　　 ;仅凹形轮廓上的刀沿保持恒定进给率，否则在铣刀中心轨迹上保持恒定进给率。
　　　　　　　　进给速度在内半径上会降低。

　　若使编程的进给速度（F）在圆弧轮廓处生效，就必须对刀具中心点处的进给率进行修调。使用方法是在程序中编入 CFC 指令，使圆弧进给率修调功能生效，系统会自动判断圆弧的内、外轮廓加工，以当前的刀具半径值，按照编程中的进给速度值自动计算出此时轮廓处的进给速度，刀具将按此进给速度切削。如果要求所设定的进给率在刀具中心有效，则在程序中编入 CFTCP（即刀具中心恒进给率）指令，关闭进给率修调功能。

　　按照上述计算公式可以看出，刀具中心轨迹的进给速度在凹圆弧处会降低，而在凸圆弧处，刀具外侧走过的距离远远大于沿轮廓走过的距离。若使用较大的刀具铣削轮廓圆弧半径较小的外凸形半径时，即使在 CFC 的方式下，$F_{修调}$ 的数值也很大，无法保证铣削加工质量，这时则要使用 CFTCP 指令关闭 CFC 功能。为避免出现上述问题，可以设定在加工不同轮廓段时选择不同的进给速度的设定形式。

　　而使用 CFIN 指令编写进给率，则可以在铣削凹圆弧时降低进给率，而在铣削外凸圆弧时的进给率同铣刀中心进给率（即刀具中心恒进给率），且不需要使用 CFTCP 指令，因此比使用 CFC 指令更好、更方便。

　　（4）编程示例　如图 4-10 所示零件，由于所设定的加工进给率是以刀具中心来确定的，所以在加工圆弧轮廓时的实际进给速度比在加工直线轮廓部分的进给速度快，造成加工精度不一致。加工凹圆弧处使用 CFIN 内凹圆弧进给率修正，而在加工凸圆弧处同在直线处一样使用刀具中心进给速度，就可以避免毛坯的圆弧半径部分出现过高的进给速度。

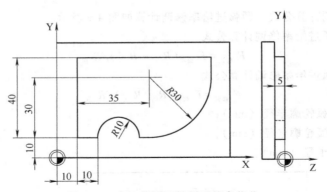

图 4-10　内、外圆弧铣削进给率优化

程序代码	注释
N10 T = "1"　M6	；调用刀具
N20 G17 G64 G0 G54 X-10 Y0	；定义工艺参数
N30 D1 Z80 S2000 M3	；刀具长度补偿至初始高度
N40 Z3	；快速进刀至安全高度
N50 G1 Z-5 F300	；进刀至第一吃刀量
N60 G41 X10 CFIN F500	；建立刀具半径补偿，激活进给速度优化
N70 KONTUR1	；调用轮廓子程序
N80 G40 G0 X-10	；取消刀具半径补偿
N90 Z80	；快速抬刀至初始高度
N100 M30	；程序结束
KONTUR1	；轮廓子程序
G1 Y50 F350	
X75	
Y40	
G2 X45 Y10 CR = 30	
G1 X40	
G3 X20 Y10 CR = 10	
G1 X10	
M17	

4.4.5　每齿进给量（G95 FZ）

（1）指令功能　在铣削加工中可采用更实用的每齿进给量编程来代替旋转进给率编程。如图 4-11 所示。

通过激活刀具补偿数据组的刀具参数 $TC_DPNT［T（刀号），m（齿数）］（只读参数），控制系统根据每个运行程序段中可编程的每齿进给量计算生效的旋转进给率

$$F = FZ * \$TC\_DPNT[T,m]$$

式中　　F——旋转进给率（mm/r 或 in/r）；

　　　　FZ——每齿进给量（mm/z 或 in/z）；

$TC_DPNT——刀具参数，刀具的齿数/z。

编程的每齿进给量保持模态有效，仅在轨迹上生效，不受换刀影响，也不管是否选择了刀具

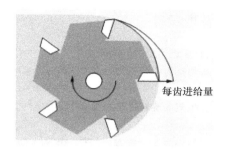

图 4-11　每齿进给量 FZ

补偿数据组。换刀和选择或取消刀具补偿数据组会重新计算当前生效的旋转进给率。

（2）编程格式

G95 FZ＝…

（3）指令参数说明

G95：进给方式（旋转进给率），单位为 mm/r 或 in/r。

FZ：每齿进给速度（模态），使用 G95 激活。单位为 mm/z 或 in/z。

（4）编程示例

例 1　刀具名称为 "3"，具有 5 个齿的立铣刀（$TC_DPNE＝5）的 FZ 编程方法。

程序代码	注释
N10 T＝"3" M6	；切换刀具
N20 D1	；激活刀具补偿数据组
N30 M3 S500	；主轴转速为 500r/min
N40 G1 X100 F200	；在 G94 状态下进给
N20 G1 G95 FZ＝0.2	；每齿进给量为 0.2mm/z
N50 X0	；生效的旋转进给率：F＝0.2mm/z×5z/r＝1mm/r
	或 F＝1mm/r×200 r/min＝200mm/min
…	

经过测试，上述程序中 X 方向正反两次运行相同长度的时间是一样的。

例 2　在 G95 F… 和 G95 FZ… 间切换。

程序代码	注释
N10 T＝"1" M6	
N25 M3 S100 D1	
N30 G0 X100 Y50	
N40 G1 G95 F0.1	；G95 F 方式，旋转进给率 0.1mm/r 生效
…	
N140 X20	
N150 G0 Z100 M5	
N160 T3 M6	；切换为 5 齿铣刀（$TC_DPNT＝5）。
N170 M3 S300 D1	
N180 G0 X22	
N190 G1 X3 G95 FZ＝0.02	；切换至 G95 FZ 方式，每齿进给量 0.02mm/z 生效
…	

例 3　后续换刀的 FZ 与旋转进给率。

程序代码	注释
N10 G0 X50 Y5	
N20 G1 G95 FZ = 0.03	;每齿进给量 0.03mm/z
N30 M6 T = "10"　D1	;切换为 4 齿铣刀（$TC_ DPNT = 4）
N30 M3 S100	
N40 X30	;生效的旋转进给率为 0.12mm/r
N50 G0 X100 M5	
N60 M6 T = "40"　D1	;切换为 5 齿铣刀（$TC_ DPNT = 5）
N70 X22 M3 S300	
N80 G1 X3	;FZ 模态有效为 0.03mm/z，旋转进给率为 0.15mm/r
…	

（5）编程注意事项

1）G95 和 FZ 指令可一同或分别在程序段中设定。可采用任意的设定顺序。

2）在 G95 F...（旋转进给率）和 G95 FZ...（每齿进给量）之间切换时，将删除不生效的进给值。

3）后续的换刀或主主轴切换必须由用户通过相应的设定实现，比如重新设定 FZ。

4）重新选择 G95（激活 G95）没有作用（当没有设定 F 和 FZ 间的切换时）。

5）G95 未激活时也可设定 FZ，但此设定不生效并会在选择 G95 时被删除。即在 G93、G94 和 G95 间切换时，FZ 值也会像 F 值一样被删除。

6）和轨迹几何形状（直线、圆弧）一样，工艺要求例如顺铣或逆铣、端铣或柱面铣削等都不会被系统自动考虑。设定每齿进给量时必须考虑到这些参数。

4.5　刀具半径补偿下的轮廓加工

4.5.1　可编程的加工余量方式（OFFN）

（1）指令功能　可以用于 G41、G42 刀具半径补偿（TRC）指令激活时的毛坯加工余量的编程。可以在加工程序中更改 OFFN 地址中的数值来修改刀具中心线的位置（编程加工余量+刀具半径补偿值），确定刀具中心与零件轮廓的实际距离。比如可以生成等距的轨迹，用于半精加工。

OFFN 指令使用的条件是：选中的刀具半径补偿必须有效。

（2）编程格式

G0/G1 G41/G42 X... Y... Z... OFFN = <值>

...

G40 X... Y... Z...

（3）指令参数说明

1）OFFN = ：系统自动为不同刀具计算等距的刀具行程。OFFN 为模态指令。

2）<值>：以毫米为单位的编程轮廓加工余量，即刀具切削刃与编程轮廓的距离。

（4）编程示例　OFFN 指令设定精加工余量　在加工零件外形轮廓中，可利用设定 OFFN 指令将零件精加工轮廓时的刀具中心运动轨迹偏移来实现刀具切削刃相对外形轮廓表面距离的调整。OFFN 值能很直观地反映出加工留量，通过修改 OFFN 赋值的方法加工工件到图样尺寸，无需改变刀具半径值。如图 4-12 所示，编写加工保留精加工余量的外形轮廓，设定精加工余量为 0.5mm，凸台高度为 4mm。

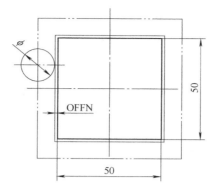

图 4-12　保留 0.5mm 精加工余量的刀具轨迹

加工程序如下：

程序代码	注释
N10 G54 G90 G451 G0 G40	;系统初始化指令
N20 T1 M6	;调用指定刀具号
N30 D1 Z100 S2000 M3	;刀具长度补偿有效,至初始高度位置
N40 OFFN = 0.5	;定义精加工轮廓余量为 0.5mm
N50 X-63 Y-63	;刀具下刀点
N60 Z5	;快速进给至安全高度
N70 G1 Z-4 F300	;下刀深度
N80 G1 G41 X-25	;建立刀具半径补偿
N90 Y25 F500	;加工外形轮廓
N100 X25	
N110 Y-25	
N120 X-63	
N130 G0 G40 Y-63	;取消刀具半径补偿
N140 G0 Z100	;返回初始平面
N150 M5	;主轴停止
N160 M30	;程序结束

（5）编程说明　上述程序完成加工后的实际轮廓尺寸为图样尺寸加上（单边）0.5mm。精加工时，只需将上述程序中 N40 程序段 OFFN 的地址所赋的值改为 “0”，便可完成零件外形轮廓的精加工。

> **提示**：每修改一次 OFFN 地址中的数据后，都要再一次激活刀具半径补偿功能，否则修改的数据无效。

在零件轮廓的粗、精加工中，通过改变不同的刀具半径补偿值，无需改动零件程序即可完成零件的粗、精加工。但在零件轮廓加工余量较大或加工工序划分较多时，修改系统中刀具半径地址中的刀具半径值就显得特别烦琐，而且修改的数值并不能直观地反映出零件的加工留量。从上述程序中可以看出，OFFN 指令所赋的值与零件的加工余量是一一对应的，使用 OFFN 指令后，修改加工程序会很方便，且每次去除的轮廓尺寸数值也很直观。

4.5.2　外角的补偿（G450，G451，DISC）

（1）指令功能　在激活刀具半径补偿（G41/G42）时，可以使用指令 G450 或 G451 确定绕行外角时补偿后的刀具轨迹曲线，如图 4-13 所示。

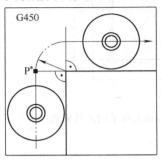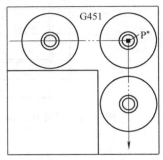

图 4-13　轮廓外角补偿轨迹

采用 G450 编程时，等距线与编程的轮廓之间的距离等于刀具半径。在工件拐角处，刀具中心点以圆弧形状绕行，圆弧半径等于刀具半径。采用 G450 编程时，若使用 DISC 指令弯曲过渡圆弧，将生成较尖锐的轮廓角。

采用 G451 编程时，等距线与编程的轮廓之间的距离等于刀具半径。在工件拐角处，刀具逼近两条等距线的交点，G451 仅适用于直线和圆弧。

（2）编程格式

G450〔DISC =<值>〕

G451

（3）指令参数说明

G450：采用 G450 编程时，以圆弧轨迹绕行工件拐角，模态有效。

DISC：仅在 G450 中灵活的圆弧轨迹编程（可选），取值范围为 0，1，2，…，100。含义：0 为过渡圆弧，100 为等距线交点（理论值）。

G451：采用 G451 编程时，在工件拐角处逼近两条等距线的交点，模态有效。

> 说明：DISC 只在调用 G450 时生效，但也可在上一个未采用 G450 编程的程序段中使用。

（4）编程示例　如图 4-14 所示，在图中所有的外角处均添加一个过渡半径。避免在换向时刀具停止以及之后的空运行。

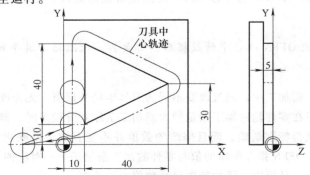

图 4-14　轮廓外角补偿编程示例

```
程序代码                              注释
N10 T="立铣刀 16"   M6              ;调用刀具
N20 G17 G0 G55 X-20 Y0 Z0          ;设定工艺条件
N30 D1 Z3                          ;快速移动至安全高度
N40 G1 Z-5 F300                    ;工进进刀
N50 G41 KONT G450 X10 Y10 F500     ;逼近模式 KONT,拐角特性 G450
N60 Y50                            ;铣削轮廓
N70 X50 Y30
N80 X10 Y10
N90 G40 X-20 Y50                   ;取消补偿运行,沿过渡圆弧回退
N100 G0 Z100                       ;抬刀
N110 M30                           ;程序结束
```

（5）编程注意事项

1）在中间点 P*（见图 4-13）处控制系统执行指令，例如进刀运行或使能功能。这些指令在构成拐角的两个程序段之间的程序段中设定。

2）从数据技术角度考虑，G450 中的过渡圆弧 DISC 属于下一个运行指令。

3）如果设定的 DISC 值大于 0，则过渡圆弧的显示会失真，可能为过渡椭圆、抛物线或双曲线，如图 4-15 所示。通过机床数据可以确定一个上限值，通常为 DISC=50。

4）G450 被激活时，在轮廓角为尖角或者轮廓角上 DISC 值很高时会执行退刀。轮廓拐角 120°起可均匀地绕行轮廓。

5）G451 被激活时，在轮廓尖角处的退刀运行可能会产生多余的刀具空运行。通过机床数据可以确定，在这些情况下自动地转换到过渡圆弧。

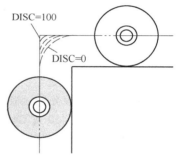

图 4-15　DISC 值变化
对外角补偿的影响

4.5.3　轮廓返回和离开（NORM，KONT）

（1）指令功能　使用指令 NORM 和 KONT 可根据所需的轮廓形状或毛坯外形，在刀具半径补偿（G41/G42）激活时匹配刀具的逼近或回退行程。

（2）编程格式

G41/G42 NORM/KONT X… Y… Z…

…

G40 X… Y… Z…

（3）指令参数说明

NORM：激活沿直线的直接逼近或回退运行。定位刀具，使刀具和轮廓点垂直。

KONT：根据编程的拐角特性 G450 或 G451，激活带起点或终点绕行的逼近或回退运行。

（4）使用 NORM 逼近或回退路径分析

1）逼近。激活 NORM 时，刀具直接以直线运行至补偿的起始位置，而与通过编程的运行设定的逼近角无关，并且垂直于起点上的轨迹切线，如图 4-16 所示。

2）回退。刀具处于与最后补偿的轨迹终点垂直的位置上，然后直接以直线运行，而与通过

编程的运行设定的逼近角无关，到下一个未补偿位置，比如换刀点，如图4-17所示。

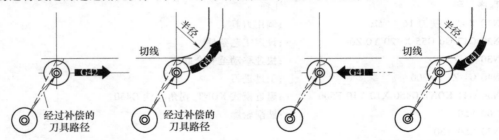

图4-16　NORM逼近路径分析　　　　图4-17　NORM回退路径分析

3）更改逼近或回退角度可能会引发碰撞。编辑轮廓返回和离开（NORM）指令时必须考虑到逼近或回退角的变化，以避免碰撞的发生。如图4-18所示，逼近路径中与另一个凸台外形发生碰撞干涉。

（5）使用KONT逼近或回退路径分析　逼近运行前，刀具可位于轮廓之前或之后，如图4-19所示。此时起始点的轨迹切线作为分界线。在使用KONT进行逼近或回退运行时可能会出现两种情况：

1）刀具位于轮廓之前：逼近或回退轨迹行程与NORM中相同。

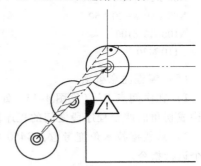

图4-18　NORM指令可能引起的干涉

2）刀具位于轮廓之后。

① 逼近轨迹行程分析：根据G450（G451）的拐角特性，刀具以圆弧轨迹或者通过等距线交点绕行起点。指令G450或G451用于从当前程序段向下一程序段的过渡，都会生成如图4-20所示的逼近轨迹行程：从未补偿的逼近点引出一条直线，它与一个以刀具半径为圆弧半径的圆弧相切，圆心位于起始点。

② 回退轨迹行程分析：在回退轨迹行程中，其顺序与逼近运行相反。

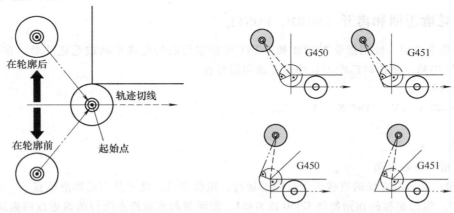

图4-19　起始点的轨迹切线示意　　　　图4-20　G450和G451生成的过渡轨迹

4.5.4　碰撞监控指令（CDON，CDOF）

（1）指令功能　在刀具半径补偿有效时，使用碰撞监控功能可以通过预先的轮廓计算对刀具行程进行监控。可以及时地识别出可能发生的轮廓碰撞，并通过控制系统得以有效避免。如可以在 NC 程序中写入激活或关闭碰撞监控的指令。

（2）编程格式与参数说明

CDON：激活碰撞监控的指令。

CDOF：关闭碰撞监控的指令。

（3）编程示例　由于刀具半径补偿的编程是对工件图样尺寸进行编程，现场选用刀具，填写刀具半径补偿值时操作者可能会忽略刀具加工尺寸对加工过程中的影响。比如刀具的补偿值过大可能造成过切。SINUMERIK 828D 数控系统对此现象有一定的技术保护措施，称为"临界加工状态的平衡控制"。下面的示例说明了当选择了过大补偿半径值的刀具加工工件的轮廓时，会处于刀具半径补偿加工方式下的临界加工的状态，它们由控制系统识别，并由修改过（系统内部计算）的刀具轨迹进行补偿。

例 1　"瓶颈"路径识别 1（半开放型腔）。

如图 4-21 图形，由于加工这一半开放型腔进口处（内角）时的刀具补偿后的直径过大，处于刀具直径等于零件路径宽度的"临界"状态，则在路径口绕行该"瓶颈"。在这种情况下，本次进给只能留下绝大部分的半开放型腔的留料不加工。系统将计算出绕行路径（没有按照编程路径）进行切削。

例 2　"瓶颈"路径识别 2（内角加工）。

如图 4-22 所示图形，由于刀具补偿后的直径过大，无法切削到梯形槽底部，则绕行该"瓶颈"。系统将计算出绕行路径（没有按照编程路径）进行切削。在这种情况下只能有限地加工轮廓，防止轮廓过切。

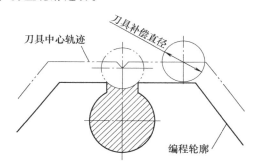

图 4-21　加工中的"瓶颈"绕行现象

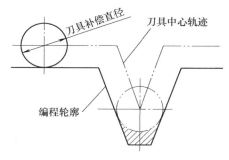

图 4-22　加工中的"欠切"留料现象（一）

例 3　轮廓位移行程短于刀具半径。

如图 4-23 所示，零件的台阶高度尺寸小于刀具补偿半径，刀具以一个过渡圆弧绕行工件台阶拐角，并在接下去的轮廓加工中精确地沿着编程轨迹运行。

> 说明：本例仅是说明刀具补偿加工中的数控系统对所编写出的程序指令运行的判断与控制能力的一种现象说明。

加工如图 4-24 所示零件的外形，铣削四边及四个长直槽，可以看到不同的加工现象。

使用 $\phi16mm$ 立铣刀，采用刀具半径补偿方式编写的同一个程序，粗、精加工完成零件外形尺寸。粗加工刀具补偿半径 $D1$ 设定为 10mm，精加工刀具补偿半径 $D2$ 设定为 8mm。粗加工时，由于设定的刀具半径大于实际刀具半径，同时也大于零件所允许的路径宽度，刀具无法进入长凹槽中，则绕行该凹槽口处的"瓶颈"。刀具将在长直槽的沿口切入一些后马上退出，继续后续的铣削加工。运行该程序后，加工不停止，也没有产生过切。当精加工时，刀具半径设定值 $D2$

等于实际刀具半径（小于直槽宽度），可以切入凹槽中，完成直槽及直槽底部 *R*9 圆弧的加工。

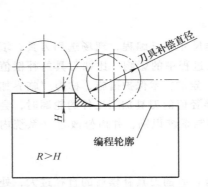

图 4-23 加工中的"欠切"留料现象（二）

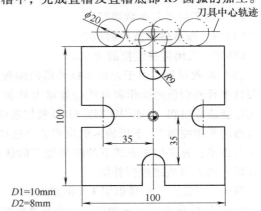

图 4-24 设定刀补值完成零件外形切削

需要指出的是：碰撞指令的使用与系统参数的设置有关。若在运行下面的程序时，数控系统给出一个报警提示"10751 程序段 N90 刀具半径补偿后有碰撞危险"，加工停止。这可能是系统参数的设置问题，如碰撞监控的预读程序段数太少，不足以判断是否会发生碰撞，但系统判断为刀具轨迹过切。

此时，请查看"机床参数"通道数据 MD20240 $MC_CUTCOM_MAXNUM_CHECK_BLOCKS。如果该参数的赋值为"4"时，可以将其修改为"10"。请重新运行该程序，碰撞监控指令会正常发挥作用。该参数修改后需要重新启动系统才能生效。

> **提示：** 在进行第二次切削（精加工）时，零件直边处的余量为 1mm，而凹槽部位的一边余量为 16mm（满刀切削），另一边余量为 2mm。

参考程序如下：

程序代码	注释
...	
N60 G1 G41 X−9 F400 CDON	;铣削上长边（左）
N70 Y35	;铣削凹直槽侧壁
N80 G3 X9 Y35 CR＝9	;铣削凹直槽底部圆弧
N90 G1 Y50	;铣削凹直槽侧壁
N100 X50	;铣削上长边（右）
...	

4.5.5 保持恒定刀具半径补偿（CUTCONON，CUTCONOF）

（1）指令功能　保持恒定刀具半径补偿功能用来抑制一定数量程序段的刀具半径补偿，但同时也会将先前程序段中由刀具半径补偿值构成的差数，即刀具中心点编程轨迹和刀沿切削运动轨迹之差作为偏移保留。

（2）编程格式与参数说明

CUTCONON　　　　　　　　　　　;启用保持恒定刀具半径补偿功能。

CUTCONOF　　　　　　　　　　　;关闭保持恒定刀具半径补偿功能。

（3）编程示例 按图 4-25 所示尺寸铣削零件的台阶型面。

程序代码	注释
N10 T="1" M6	;调用立铣刀,直径为 12mm
N20 G17 G0 G90 G54 X-15 Y-15	;设置下刀点位置
N30 D1 Z80 S2000 M3	;刀具长度补偿有效,且设定主轴转速
N40 Z3	;快速运行至安全高度
N50 G1 Z-6 F600	;以较快速度进刀至指定深度
N60 G41 X8 Y0 F400 NORM	;建立刀具半径补偿,激活沿直线的直接运行定位刀具,使刀具和轮廓点垂直
N70　Y60	;铣削纵向台阶
N80　X18 CUTCONON	;激活补偿
N90　Y0	;铣削纵向台阶
N100 X28	;横向进刀
N110 Y60	;铣削纵向台阶
N120 X38	;横向进刀
N130 Y0	;铣削纵向台阶
N140 X48	;横向进刀
N150 Y60 CUTCONOF	;铣削纵向台阶,关闭补偿
N160 G0 Z3	;快速抬刀至安全高度
N170 G40 X-15 Y65	;取消刀具半径补偿
N180 Z100	;快速抬刀
N190 M30	;程序结束

（4）编程说明 在往复式逐行铣削台阶平面时,若按照刀具中心轨迹编程方法,需在两个折返向点中编辑多个运动程序段。而使用刀具半径补偿方式编程,按照定义应当为 G41 与 G42 交替补偿形式,也不很方便。而保持恒定刀具半径补偿功能可以发挥极大的作用。在使用该功能指令时需要注意以下事项:

1）在 CUTCONON 和 CUTCONOF 指令之间最多可以插入 7 段运行程序段,若超出,系统将给出报警"10777程序段 N150 刀具半径补偿的程序段太多"。

2）在 CUTCONON 指令前,应存在已补偿的 X 和 Y 方向的刀具路径,以便系统计算"差数"。

3）CUTCONOF 指令所在的程序段运行的路径方向应与定义的刀具半径补偿方向相同,否则将会出现绕行（按照前面给定的刀具半径补偿方向运行,如本例的 G41方式）现象。故不能写在 N130 行,也不能写在 N140 行,只能写在如 N150 行内。

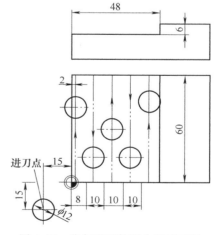

图 4-25 往复进刀铣削台阶型工件

4）在通常情况下,在激活补偿抑制之前,刀具半径补偿已经是有效的,并且激活补偿（CUTCONON）指令所在程序段的刀具轨迹运行开始时生效。所有后续的程序段可以在没有补偿的情况下运行。关闭补偿（CUTCONOF）指令所在程序段的刀具轨迹运行结束时生效。这些程序段的插补类型为任意（线性、圆周形、多项式）类型。在关闭补偿抑制（CUTCONOF）指令后的程序段运行轨迹恢复为预定刀具半径补偿方式。

第 5 章

程序运行控制

程序运行控制是编写加工程序时需要编程人员认真考虑的事情。其中不仅涉及刀具切削工件过程的安全、可靠，切削效率的高效发挥原因，还包括程序编写的效率和规范性，对系统指令的熟悉与掌握程度、程序指令运用的技巧等诸多问题。

5.1 子程序编程

5.1.1 概述

在零件程序区分为"主程序"和"子程序"时，就出现了"子程序"的概念。子程序指由主程序调用的零件程序。在目前的 SINUMERIK NC 语言中，这种固定的划分已不再存在。原则上每个零件程序既可以作为主程序选择并启动，也可以作为子程序由另一个零件程序调用。因此，随着子程序定义的演变，子程序指可以由另一个零件程序调用的程序。

（1）子程序的特点　如同所有的高级编程语言一样，使用子程序可以将一些多次应用的程序部分保存为独立、封闭的程序。子程序具有以下优点：

1）提高了程序结构的清晰性和可读性。

2）通过重复使用的程序部分提高了质量。

3）可以提供建立专门的加工程序库。

4）节省了存储空间。

（2）子程序名称　子程序名称的命名规则与主程序命名规则相同。

在使用程序名称时，如调用子程序时，可以组合所有的前缀名、程序名称和扩展名。如名为"SUB_PROG"的子程序可以通过以下调用方法启动：

1）SUB_PROG。

2）_N_SUB_PROG。

3）SUB_PROG_SPF。

4）_N_SUB_PROG_SPF。

如果主程序（.MPF）和子程序（.SPF）的名称相同，在零件程序中使用程序名时，必须给出相应的扩展名，以明确区分程序。

5.1.2 定义子程序

子程序的编写格式分为带有定义形参和实参传递的子程序和没有参数传递的子程序形式。在定义没有参数传递的子程序时，可以省略程序头的定义行。

（1）编程格式：

PROC <程序名称>

…

108

（2）指令参数说明：

PROC：程序开头的定义指令，这是一个专用关键词。

<程序名称>：程序的名称。

（3）编程示例

例 1　子程序，带 PROC 指令。

程序代码	注释
PROC SUB_PROG	;定义行
N10 G01 G90 G64 F1000	
N20 X10 Y20	
…	
N100 RET	;子程序返回

例 2　子程序，不带 PROC 指令。

程序代码	注释
N10 G01 G90 G64 F1000	
N20 X10 Y20	
…	
N100 RET	;子程序返回

5.1.3　子程序编程方法

子程序的编程形式和方法与定义子程序的格式有关。本书仅就常用的一些编程方法简单介绍如下：

（1）子程序的嵌套　一个主程序可以调用子程序，而该子程序又能继续调用另一个子程序，因此各个程序以相互嵌套的方式运行。此时，每个程序都在各自的程序级上运行。

主程序始终在最高的程序级上运行，即 0 级。而子程序始终在下一个更低级别的程序级上运行。因此，程序级 1 是第一个子程序级。如图 5-1 所示为程序级的划分。

1）程序级 0：主程序级。

2）程序级 1~15：子程序级 1~15（SINUMERIK 828D BASIC 子程序级为 1~11 级）。

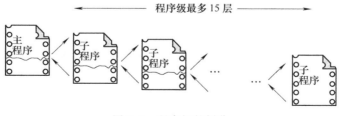

图 5-1　程序级的划分

考虑到如果在中断程序的范围内调用了子程序，为了在最低的程序级上也能执行上述步骤，必须在构建零件程序时加以考虑。一般在编制程序时，零件程序处理程序级可以为 12 级。

（2）查找子程序的路径　在调用没有指定路径的子程序时，控制系统会按照规定的顺序查找以下目录，见表 5-1。

表5-1 查找子程序的路径目录

顺 序	目 录	描 述
1	当前目录	待调用程序的目录
2	/_N_SPF_DIR/	全局子程序目录
3	/_N_CUS_DIR/	用户循环
4	/_N_CMA_DIR/	机床制造商循环
5	/_N_CST_DIR/	标准循环

（3）子程序返回指令M17 返回指令M17或零件程序结束指令M30位于子程序的末尾。它使得程序执行后返回到主程序中、子程序调用指令后的零件程序段上。M17和M30在NC语言中被视为同等的指令。

1）编程格式：

PROC<程序名称>

…

M17/M30

2）使用条件：子程序返回对连续路径运行的影响。如果M17或M30位于单独的零件程序段中，则通道中激活的连续路径运行被中断。

为避免此类中断，应在最后一个运行程序段中写入M17或M30。此外，还必须将以下机床数据设为0：MD20800 $MC_SPF_END_TO_VDI=0（没有M30/M17输出给NC/PLC接口）。

3）编程示例

① M17位于单独程序段中的子程序。

```
程序代码                          注释
N10 G64 F2000 G91 X10 Y10
N20 X10 Z10
N30 M17                          ;返回,中断连续路径运行。
```

② M17位于最后一个运行程序段中的子程序。

```
程序代码                          注释
N10 G64 F2000 G91 X10 Y10        ;返回,不中断连续路径运行。
N20 X10 Z10 M17
```

（4）子程序返回指令RET 编程指令RET在子程序中可以代替M17。RET必须在一个单独的零件程序段中设定。和M17类似，RET使得程序执行返回到主调程序中、子程序调用指令之后的零件程序段上。如果不希望因为返回而中断G64连续路径运行（G641~G645），则必须使用RET指令。

1）编写格式：

PROC <程序名称>

…

RET

2）使用条件：只能在未定义SAVE属性的子程序中使用RET指令。

3）编程示例

```
程序代码                          注释
主程序
PROC MAIN_PROGRAM             ;程序开始
…
N50 SUB_PROG                  ;调用子程序
N60…
…
N100 M30                      ;程序结束
子程序
PROC SUB_PROG
…
N100 RET                      ;返回到主程序的程序段 N60
```

（5）保存模态 G 功能（SAVE）　　属性"SAVE"用于保存子程序调用前激活的模态 G 指令，在子程序结束后再次激活。

1）编程格式：

PROC<子程序名称>SAVE

2）指令参数说明：

SAVE：保存子程序调用前激活的模态 G 功能，并使功能在子程序结束后再次生效。

3）使用条件。如果在连续路径运行生效时调用了含有 SAVE 属性的子程序，则在使用 RET 指令的该子程序结束（返回）时，连续路径运行会中断。

4）编程示例。在子程序 KONTUR 中，模态 G 指令 G91 有效（增量尺寸）。在主程序中模态 G 指令 G90 有效（绝对尺寸）。通过带 SAVE 的子程序定义，G90 在主程序中的子程序结束后再次生效。

```
程序代码                                    注释
子程序
PROC KONTUR（REAL WERT1）  SAVE      ;带参数 SAVE 的子程序定义
N10 G91…                            ;模态 G 指令 G91（增量尺寸）
N100 M17                            ;子程序结束
主程序
N10 G0 X…Y…G90                      ;模态 G 指令 G90（绝对尺寸）
N20…
…
N50 KONTUR（12.4）                   ;调用子程序
N60 X…Y…                            ;模态 G 指令 G90 通过 SAVE 再次激活
```

5.2　子程序调用

5.2.1　没有参数传递的子程序调用

调用子程序时，可以使用地址 L 加子程序号，或者直接使用程序名称。一个主程序也可以作为子程序调用。此时，主程序中设置的程序结束指令 M2 或 M30 视作 M17（返回到主调程序的程序结束）处理。

同样，一个子程序也可以作为主程序启动。

如果被调子程序的名称和主程序的名称相同，则再次调用主调主程序。一般这种情况不应发生，所以主程序和子程序的名称必须相互区别，至少辅助名不得相同。

（1）编程格式

L <编号>/<程序名称>

（2）指令参数说明 子程序调用必须在独立的 NC 程序段中编程。

L：子程序调用地址，这是 SINUMERIK 数控系统的一个规定地址。

<编号>：子程序号码，类型为 INT 值，最多 7 位数。

<程序名称>：子程序或主程序的名称。

> **注意**：数值中开始的零在命名时具有不同的含义（L123，L0123 和 L00123 表示三个不同的子程序）。

（3）编程示例

例 1 调用一个不带参数传递的子程序，如图 5-2 所示。

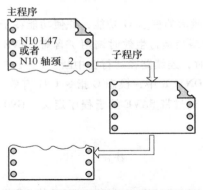

图 5-2 调用不带参数传递的子程序

例 2 子程序调用主程序，如图 5-3 所示。

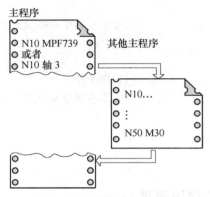

图 5-3 子程序调用主程序

5.2.2　程序重复次数功能（P）

如果一个子程序需要多次连续执行，则可以在该程序段的地址 P 中设定重复调用的次数。

> **注意**：带程序重复和参数传递的子程序调用参数仅在程序调用时或者第一次执行时传送。在后续重复过程中，这些参数保持不变。如果在程序重复时要修改参数，则必须在子程序中确定相应的协议。

（1）编程格式

<程序名称>P<值>

（2）指令参数说明

<程序名称>：子程序调用，程序重复的编程地址。

P<值>：程序重复次数类型为 INT，取值范围为 1~9999（不带正负号）。

（3）编程示例

程序代码	注释
...	
N40 L123 P3	;子程序"L123"被连续执行 3 次，如图 5-4 所示
...	

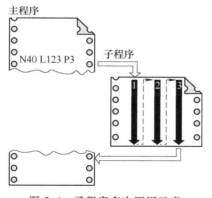

图 5-4　子程序多次调用示意

5.2.3　模态子程序调用功能（MCALL）

（1）指令功能　在通过 MCALL 进行模态子程序调用时，子程序可以在每个带轨迹运行的程序段之后自动调用和执行。可自动调用要在不同工件位置执行的子程序，例如用于建立钻孔图时。功能关闭通过 MCALL 实现，不调用子程序，或者通过设定一个新的模态子程序调用，用于一个新的子程序。

> **注意**：在某个程序的执行过程中，同时只能有一个 MCALL 调用生效。在 MCALL 调用中仅传送一次参数。在下面的情况下也可以调用模态子程序，而不设定一个运动：

1）当 G0 或 G1 有效时，编程地址 S 和 F。

2）在程序段中单独编程 G0 或 G1，或者与其他的 G 代码一起编程。

（2）编程格式

MCALL<程序名称>

（3）指令参数说明

MCALL：用于模态子程序调用的指令。

<程序名称>：子程序名称。

（4）编程示例

例 1　模态调用子程序——多次加工相同图样。

按照如图 5-5 和图 5-6 所示，刻铣四个完全一样的方框线图案，从 A 点起，刻铣深度为 0.1mm。

1）主程序。

程序代码	注释
N10 T3 M6	;调用刻铣刀具
N20 G0 G90 G17 G56 X0 Y0	;工艺设定
N30 D1 Z50 S2500 M3	;建立刀具长度补偿,设定切削参数
N40 Z2 M08	;移动至安全平面,打开切削液
N50 MCALL KUANG	;模态调用刻铣图形子程序
N60 X-40 Y10	;图样位置,在第一个位置加工（左上）
N70 X-40 Y-10	;图样位置,在第二个位置加工（左下）
N80 X10 Y10	;图样位置,在第三个位置加工（右上）
N90 X10 Y-10	;图样位置,在第四个位置加工（右下）
N100 G0 Z50 M5 M9	;提升刀具,主轴停转,关闭切削液
N110 M30	;程序结束

2）刻铣图形子程序。

程序代码	注释
N002 G91 G1 Z-2.1 F100	;相对坐标编程方式,工进刻铣深度为 0.1mm
N004 Y20 F200	;相对坐标编程方式,顺时针刻铣图案
N006 X30	;
N008 Y-20	;
N010 X-30	;
N012 G0 Z2.1	;相对坐标编程方式,快速抬刀至工进时的高度
N014 G90	;恢复绝对坐标编程
N014 M17	;子程序结束

说明：本例模态调用子程序的方式等同于可编程零点平移（TRANS）编程方式。

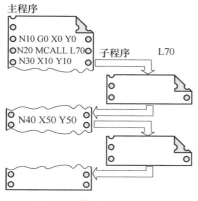

图 5-5　模态调用子程序

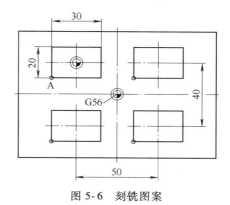

图 5-6　刻铣图案

例 2　模态调用子程序——子程序嵌套调用

程序代码	注释
…	
N10 G0 X0 Y0	
N20 MCALL L70	;例如图形子程序
N30 L80	;例如位置子程序 1,工艺子程序 1
N40 L90	;例如位置子程序 2,工艺子程序 2
…	

编程说明：在本例中，子程序 L80 中有编程的轨迹轴和后续的程序段。子程序 L70 是在执行（调用）子程序 L80 中运行的。

5.2.4　间接子程序调用功能（CALL）

根据所给定的条件，可以在一个地点调用不同的子程序。子程序名称存放在一个字符串类型的变量中。子程序调用通过 CALL 和变量名进行。

注意：间接调用子程序仅可以用于没有参数传递的子程序。直接调用某个子程序时，可将名称保存在一个字符串常量中。

（1）编程格式

CALL<程序名称>

（2）指令参数说明

CALL：用于间接子程序调用的指令。

<程序名称>：子程序的名称（变量或常量），类型为字符型（STRING）。

（3）编程示例

1）使用字符串常量直接调用。

程序代码	注释
…	
CALL "/_N_WKS_DIR/_N_SUBPROG_WPD/_N_TEIL1_SPF"	;使用 CALL 直接调用子程序 TEIL1
…	

2）使用变量间接调用。

```
程序代码                              注释
…
DEF STRING[100] PROGNAME            ;定义变量
PROGNAME="/_N_WKS_DIR/_N_SUBPROG_WPD/_N_TEIL1_SPF"
                                    ;将变量 PROGNAME 指定给子程序 TEIL1
CALL PROGNAME                        ;通过 CALL 和变量 PROGNAME 间接调用子程序 TEIL1
…
```

5.2.5 执行外部子程序（EXTCALL）

使用 EXTCALL 指令可从外部程序存储器（本地驱动、网络驱动、USB 驱动）载入零件程序，将它作为子程序执行。如果外部程序包含跳转指令（GOTOF、GOTOB、CASE、FOR、LOOP、WHILE、REPEAT、IF、ELSE、ENDIF 等），跳转目标必须位于载入存储器区域内。可以通过 MD18360 MM_EXT_PROG_BUFFER_SIZE 指令设置载入存储器的大小。在调用外部程序时，无法向该程序传送参数。

在 SD42700 $SC_EXT_PROG_PATH 设定数据中可以预设外部子程序目录的路径。此路径和 EXTCALL 中指定的程序路径或者程序标志合在一起，组成了目标程序的完整路径。

（1）编程格式

EXTCALL（"<路径/><程序名称>"）

（2）指令参数说明

EXTCALL：调用一个外部子程序的指令。

"<路径/><程序名称>"：字符串型常量/变量。

<路径/>：绝对或相对路径说明（可选）。

<程序名称>：设定程序名称时不添加"_N_"前缀。可使用字符"_"或"."将扩展名（"MPF"、"SPF"）添加在程序名上（可选）。例如" WELLE"或者" WELLE_SPF"。

编写程序时需要注意：

1）在指定路径时可使用以下缩写：

. LOCAL_DRIVE：本地驱动。

. CF_CARD：CF 卡。

. USB：前端 USB 接口 CF_CARD 和 LOCAL_DRIVE 可以互换使用。

2）通过 USB 驱动外部执行，如果需要通过 USB 接口从外部 USB 驱动器载入外部子程序，则此处只能使用名为"TCU_1"的接口 X203。

（3）编程示例

例 从本地驱动执行主程序。

```
程序代码                              注释
N010 PROC MAIN                       ;主程序 Main. MPF
N020…
N030 EXTCALL（"SCHRUPPEN"）          ;从本地驱动上调用子程序 SCHRUPPEN
N040…
```

```
N050 M30

外部子程序
N010 PROC SCHRUPPEN
N020 G1 F1000
N030 X = …Y = …Z = …
N040…
…
N9999 M17
```

编程说明：主程序"Main. MPF"位于 NC 存储器中，并已选择执行该程序。需要下载的子程序"SCHRUPPEN. SPF"或"SCHRUPPEN. MPF"位于本地驱动器的目录："/user/sinumerik/data/prog/WKS. DIR/WST1. WPD"下。未设定路径时，必须为此示例设定以下 EXTCALL 指令：EXTCALL（" LOCAL_ DRIVE：WKS. DIR/WST1. WPD/SCHRUPPEN"）。

（4）编写 EXTCALL 指令时的注意事项

1）子程序路径的默认设置为：SD42700　$SC_EXT_PROG_PATH = "LOCAL_DRIVE：WKS. DIR/WST1. WPD"。

2）EXTCALL 调用带绝对路径说明。如果在给定的路径下存在子程序，则在 EXTCALL 调用后执行子程序。如果不存在该子程序，则中断程序执行。

3）EXTCALL 调用带相对路径说明或不带路径说明。根据下列模式查找存在的程序存储器：

① 如果在 SD42700　$SC_ EXT_ PROG_ PATH 中预设了路径说明，则首先从此路径出发查找 EXTCALL 中的设定（程序名或者相对路径说明）。

② 如果没有在预设的路径下找到调用的子程序，则继续从用户存储器的目录查找 EXTCALL 调用的说明。

③ 一旦找到子程序，查找结束。如果没有找到子程序，则程序中断。

4）可设定的加载存储器（FIFO 缓存器）。在"从外部执行"模式中编辑某个主程序或者子程序时，在 NCK 中需要有一个加载内存。后装载存储器的大小预设置为 30 KB，可如同其他存储器相关的机床数据那样，仅由机床制造商根据需求修改。对于所有同时在"从外部执行"模式中被处理的程序而言，必须相应设置一个加载内存。

5）通过复位和上电，可以中断外部的子程序调用，并且清除各自的后装载存储器。选择用于"从外部执行"的子程序在进行复位（RESET）操作或零件程序结束后，选择仍生效。然而通电操作后，选择失效。

5.3　控制结构语句

除了具有条件跳转功能外，在 SINUMERIK 系统数控编程手册中，IF 语句称为"控制结构"关键字，一般用来引入条件状态检验。

控制结构（条件状态检验）语句可以分为：IF＜条件＞ENDIF 语句、IF＜条件＞ELSE- ENDIF 语句和 CASE…OF…DEFAULT…三种情况。

5.3.1 条件判断语句（IF…ENDIF）

（1）编程格式
IF<条件 1>
NC 语句
ENDIF
IF<条件 2>
NC 语句
ENDIF
…
IF<条件 N>
NC 语句
ENDIF

（2）指令参数说明 用于多个条件的判断。例如，可以设定用于判断的 N 个条件。在程序中书写"IF<条件 1>…IF<条件 2>…IF<条件 N>"，如果<条件 1>满足就执行 IF<条件 1>下面的语句；如果<条件 2>满足，就执行 IF<条件 2>下面的语句……

<条件>：决定运行哪些程序语句（块）的条件。

5.3.2 带选项的程序循环语句（IF…ELSE…ENDIF）

（1）编程格式

IF<条件表达式>	;导入 IF 循环
当 IF 条件满足后即执行的 NC 程序	;符合条件下的程序块
ELSE	;导入可选的程序块
当 IF 条件不满足后即执行的 NC 程序	;可选的程序块
ENDIF	;IF 循环结束符

（2）指令参数说明 当循环语句中包含一个可选的程序块时，可使用带 IF 和 ELSE 语句的结构，该语句用于"二选一"的情况，即用来判断的条件只有一个。

1）若条件满足，则执行 IF 到 ELSE 之间的程序语句段（块），执行完后直接跳到 ENDIF 后继续执行后面的语句，直到程序结束。

2）若不满足给定条件，则跳到 ELSE 之后，执行 ELSE 和 ENDIF 语句之间的程序语句段（块），直到程序结束。

3）该语句也可以自身嵌套，但要注意其逻辑关系。

（3）编程示例 铣削加工如图 5-7 所示的不通孔，使用 $\phi25mm$ 键槽铣刀，采用分层铣削方式，孔深为 31mm，层深为 5mm，孔深与层深不是一个整数的倍数关系。编写出如下程序：

程序代码	注释
R1 = 0	;起始深度
R2 = -31	;终止深度
R3 = 5	;每层深度
R4 = R1-R3	;第一层深度
T1 D1	
G90 G54 G17	
G0 X0 Y0 S1500 M03	
Z80	

118

```
LA1：
G1 Z=R4 F100 M08
G41 X20 F400
G03 X20 Y0 I-20 J0
G1 G40 X0
R4=R4-R3
IF（R4<R2）AND（R4>R2-R3）                ;波浪线部分可以删除
R4=R2
ENDIF
IF R4>=R2 GOTOB LA1
G0 Z100 M09
M30
```

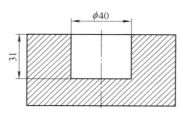

图 5-7　不通孔

说明：当孔深与层深为整数倍数关系时，则带有波浪线部分语句可删去。

5.3.3　程序分支语句（CASE…OF…DEFAULT…）

CASE 指令功能可以检测一个变量或者一个计算函数当前值（类型为 INT），根据结果跳转到程序中的不同位置。

（1）编程格式

CASE（<表达式>）OF <常量_1>GOTOF <跳转目标_1><常量_2>GOTOF <跳转目标_2>…
DEFAULT GOTOF <跳转目标_N>

（2）指令参数说明

CASE：跳转指令。

<表达式>：变量或计算函数。

OF：用于编制有条件程序分支的关键字。

<常量_1>：变量或者计算函数首先规定的恒定值，类型为 INT。

<常量_2>：变量或者计算函数第二个规定的恒定值，类型为 INT。

DEFAULT：对于变量或者计算函数没有采用规定值的情况，可以用 DEFAULT 指令确定跳转目标。

> 提示: 如果 DEFAULT 指令没有被设定, 紧跟在 CASE 指令之后程序段将成为跳转目标。

GOTOF: 以程序末尾方向的带跳转目标的跳转指令。

<跳转目标_1>: 当变量值或者计算函数值符合第一个规定的常量, 程序分支到的跳转目标。

<跳转目标_2>: 当变量值或者计算函数值符合第二个规定的常量, 程序分支到的跳转目标。

<跳转目标_N>: 当变量值不符合规定的常量, 程序分支到的跳转目标。

(3) 编程示例

```
程序代码
…
N20 DEF INT VAR1 VAR2 VAR3
N30 CASE(VAR1+VAR2-VAR3)OF 7 GOTOF Label_1 9 GOTOF Label_2 DEFAULT GOTOF Label_3
N40 Label_1:G0 X1 Y1
N50 Label_2:G0 X2 Y2
N60 Label_3:G0 X3 Y3
…
```

程序说明:

CASE 指令由 N30 定义下列程序分支:

1) 如果计算函数值 VAR1 + VAR2 - VAR3 = 7, 则跳转到带有跳转标记定义的程序段 "Label_1"(跳转至 N40 程序段)。

2) 如果计算函数值 VAR1 + VAR2 - VAR3 = 9, 则跳转到带有跳转标记定义的程序段 "Label_2"(跳转至 N50 程序段)。

3) 如果计算函数 VAR1+VAR2-VAR3 的值既不等于 7 也不等于 9, 则跳转到带有跳转标记定义的程序段 "Label_3"(跳转至 N60 程序段)。

5.4 程序跳转指令语句

在 SINUMERIK 828D 数控系统的加工程序中, 用跳转功能指令语句可以实现程序运行分支。

5.4.1 跳转目标标记符

标记符或程序段号用于标记程序中所跳转的目标程序段, 标记符可以自由选取, 在一个程序中, 标记符不能含有其他意义。在使用中必须注意以下五点:

1) 跳转标记符或程序段号用于标记程序中所跳转的目标程序段, 用跳转功能可以实现程序运行分支。

2) 跳转标记总是位于一个程序段的起始处, 标记符后面必须为冒号(":")。如果程序段有段号, 则标记符紧跟着段号。

3) 跳转标记符可以自由选择, 但必须由 2~32 个字母或数字组成, 允许的字符有字母、数字和下划线。

4）开始两个符号必须是字母或下划线。

5）跳转标记符应避免使用系统中已有固定功能（已经定义）的字或词，如 MIRROR、LOOP、X 等。

编程示例：

```
程序代码                     注释
N10 LABEL1:G1 X20           ;LABEL1 为标记符,跳转目标程序段
...
N65 TR789:G0 X10 Z20        ;TR789 为标记符,跳转目标程序段没有段号
...
N100...                      ;程序段号可以是跳转目标
```

5.4.2　无条件跳转指令（GOTOS，GOTOB，GOTOF，GOTO）

无条件跳转又称绝对跳转，无条件跳转指令必须占用一个独立的程序段。

（1）无条件跳回到程序开始指令（GOTOS）　GOTOS 指令是将程序跳转目标指向程序开始处的跳转指令。

1）编程格式：

```
...
GOTOS
...
```

2）指令参数说明。当程序运行到指令 GOTOS 程序段时，可将程序流向跳回到主程序或者子程序的开始处。

3）编程示例。

```
程序代码             注释
N10...              ;程序开始
...
N90 GOTOS           ;跳转到程序开始 N10 处
...
```

（2）无条件跳转指令（GOTOB，GOTOF，GOTO）　NC 程序在运行时以写入时的顺序执行程序段。程序在运行时可以通过插入程序跳转指令改变执行顺序。跳转目标只能是有标记符或程序号的程序段，该程序段必须在此程序之内。

在一个程序中可以设置跳转标记（标签）。通过指令 GOTOF、GOTOB、GOTO 或 GOTOC 可以在同一个程序内从其他位置跳转到跳转标记处。然后通过直接跟随在跳转标记后的指令继续加工程序。因此，控制程序流向的方法也称为"在程序内实现分支"。

跳转语句结构：

GOTOB<跳转标记符>向程序开始方向的跳转指令（向后跳转）。

GOTOF<跳转标记符>向程序末尾方向的跳转指令（向前跳转）。

GOTO<跳转标记符>带跳转目标查找的跳转指令。先向程序末尾方向进行查找，然后再从程序开始处进行查找。这样程序运行的时间会延长。

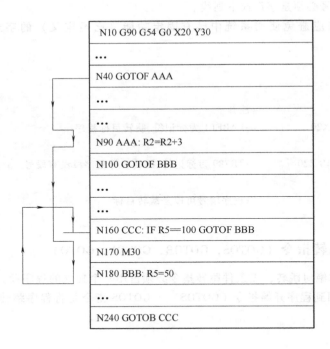

5.4.3　有条件程序跳转指令（GOTOB，GOTOF，GOTO，GOTOC）

用 IF-条件语句表示有条件跳转。如果满足跳转条件，则进行跳转。跳转目标只能是有标记符或程序号的程序段。该程序段必须在此程序之内。使用了条件跳转后有时会使程序得到明显的简化，程序语句执行的流向变得更清晰。

有条件跳转指令要求是一个独立的程序段，在一个程序段中可以有多个跳转条件。

（1）编程格式

IF<跳转条件>GOTOB<跳转标记符>

（2）指令参数说明

IF：引入跳转条件导入符。

跳转条件：跳转条件允许使用所有的比较运算表达式和逻辑运算表达式，表达式结果用来判断是否跳转。表达式结果＝TRUE（条件表达式的值不为0）或者表达式结果＝FALSE（条件表达式的值为0）。如果这种运算的结果为TRUE，则执行程序跳转。

跳转方向：

GOTOB<跳转标记符>向程序开始方向的跳转指令（跳转方向，向后）。

GOTOF<跳转标记符>向程序结束方向的跳转指令（跳转方向，向前）。

GOTO<跳转标记符>带跳转目标查找的跳转指令。

GOTOC<跳转标记符>在跳转目标查找没有结果的情况下不中断程序加工，而以指令 GOTOC 下面的程序行继续进行。与 GOTO 指令有区别的是，报警 14080 "跳转目标未找到" 信息不显示。

跳转标记：所选的字符串为标记符（跳转标志）或程序段号。

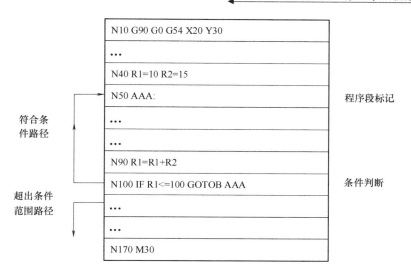

5.4.4　程序段跳转与跳转级

（1）程序段跳转　每次程序运行时不需要执行的 NC 程序段需要进行标记，运行时可以跳过。

（2）标记方法　不需要执行的 NC 程序段在程序段号码之前用符号"/"（斜线）标记。也可以几个程序段连续跳过。标记上跳过的程序段中的指令不执行，程序从其后的程序段继续执行，如图 5-8 所示。

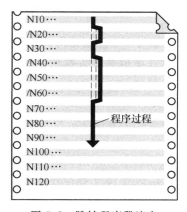

图 5-8　跳转程序段流向

（3）编程示例

程序代码	注释
N10…	;执行
/N20…	;跳转
N30…	;执行
/N40…	;跳转
N70…	;执行

（4）程序段跳转级 可以为程序段指定跳转级（最多为 10 级），通过操作界面将其激活。编程时可以在前面插入斜线接着加入跳转级的数字。每个程序段只能给定 1 个跳转级。

编程示例：

程序代码	注释
/…	;程序段跳转（第 1 跳转级）
/0…	;程序段跳转（第 1 跳转级）
/1 N010…	;程序段跳转（第 2 跳转级）
/2 N020…	;程序段跳转（第 3 跳转级）
…	
/8 N080…	;程序段跳转（第 9 跳转级）
/9 N090…	;程序段跳转（第 10 跳转级）

> **说明**：可以使用多少个跳转级取决于显示的机床数据。使用系统变量和用户变量，也可以改变程序运行过程，用于有条件跳转。

5.5 循环语句控制结构分析

数控系统按照编制好的程序语句顺序处理 NC 程序段。该执行顺序可以通过编程控制结构的可选程序块和程序循环来改变。通过对 828D 系统的使用实践，发现循环控制结构语句的编程方法有很多，可通过控制结构语句指令（关键字）IF… ELSE，LOOP，FOR，WHILE 和 REPEAT 等实现控制结构编程。

一个控制结构语句指令格式可以编写一个控制结构，称为"标准控制结构"。

控制结构实现的循环只有在一个程序指令的实际运行部分才可能有效工作，而在程序头的定义语句部分不能有条件（或重复）执行。

标准控制结构的关键词和跳转目标一般不能和宏程序叠加。

数控系统在使用循环语句指令编写加工程序中，可以通过程序跳转的运用达到比标准控制结构快的程序运行速度。

在 SINUMERIK 828D 或 BASIC 数控系统中，程序跳转和标准控制结构循环相比没有实际的区别。

在每个程序之内，嵌套的层数可以达到 16 个标准控制结构。控制结构举例如下：

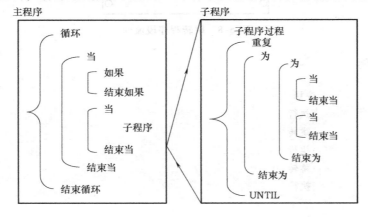

在数控编程中，经常会遇到相同的控制动作或相同的加工任务。如果将这些相同的"任务"转化成具有"重复性"的语句，将会大大缩短程序的长度，减少编程工作量。如分层铣削时每一层都是一个相同的重复轮廓轨迹。在编程时，利用一些循环结构指令语句，把重复轮廓轨迹变成一个反复循环的内容，即缩短了主程序的长度，也可以在主程序中看到全部刀具轨迹流程。这里弥补了子程序指令可以表达重复轮廓轨迹，但不能在主程序中看到其程序结构的不足。

下面以如图 5-9 所示的椭圆槽加工为例，利用不同的循环结构指令语句实现重复循环轨迹，介绍不同循环结构语句的使用方法与注意事项。

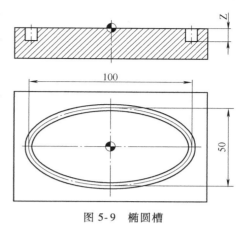

图 5-9　椭圆槽

本例中椭圆槽工件的编程原点设定在工件上表面的对称中心处，选择 ϕ8mm 立铣刀。椭圆槽长、短轴尺寸不变，椭圆槽深度可以设定。

5.5.1　有条件程序跳转语句（IF…GOTO…）

编程格式：IF<条件>GOTOB<跳转标记符>

假设椭圆槽的长半轴为 50mm，短半轴为 25mm，槽宽为 8mm，槽深为 2mm，一次加工完成。

程序代码	注释
TYHCB_1. MPF	;椭圆槽切削程序（1）
N10 T1 D1	;直径为 8mm 的立铣刀
N20 G17 G64 G0 G90 G54 X0 Y0	;定义系统参数
N30 Z100 S900 M3	;刀具进至初始高度
N40 G0 X50 Y0	;定位下刀点
N50 Z5	;下刀至安全高度
N60 R1＝0	;定义椭圆槽角度初始值
N70 G1 Z－2 F200	;下刀至指定深度
N80 LAB1：	;循环跳转标记
N90 R2＝50＊COS(R1)	;计算刀位点（长半轴）在 X 轴上投影
N100 R3＝25＊SIN(R1)	;计算刀位点（短半轴）在 Y 轴上投影
N110 G1 X＝R2 Y＝R3 F400	;直线插补椭圆弧
N120 R1＝R1+1	;计算椭圆槽角度增量（直线插补精度）
N130 IF R1<＝360 GOTOB LAB1	;切削椭圆槽循环条件判断
N140 G0 Z100	;返回初始高度
N150 M30	;程序结束

5.5.2　无限程序循环语句（LOOP，ENDLOOP）

无限循环是一个死循环语句结构，NC 程序执行至循环结尾处会跳转到循环开头重新运行。

语句结构：

LOOP　　　　　　　　　　　　　　;引入 LOOP 无限循环

…　　　　　　　　　　　　　　　;循环程序段（块）

IF<条件>GOTOB<跳转标记符>　　　　;跳出循环的判断语句

ENDLOOP　　　　　　　　　　　　　;标记循环结束处并跳转到循环开头

但若在循环语句中编入判断语句，根据循环结构运行状态，可适时跳出循环，实现对程序指令流向的控制。

若椭圆槽深为 6mm，槽宽为 8mm，每次吃刀量为 2mm，需要 3 次相同的铣槽加工完成。使用两层嵌套循环编程。

程序代码	注释
TYHCB_2. MPF	;椭圆弧切削程序（2）
N10 T1 D1	;直径为 8mm 的立铣刀
N20 G17 G64 G0 G90 G54 X0 Y0	;定义系统参数
N30 Z100 S900 M3	;刀具进至初始高度
N40 G0 X50 Y0	;定位下刀点
N50 Z5	;下刀至安全高度
N60 R8 = 0	;定义椭圆槽体吃刀量参数初始值
N70 LOOP	;切削几何体（深度）循环
N80 R8 = R8+2	;计算几何体循环实际加工深度
N90 IF R8>6 GOTOF LAB4	;椭圆几何体切削循环条件
N100 G1 Z = R8 F150	;下刀至计算加工深度
N110 R1 = 0	;定义椭圆槽角度初始值
N120 LOOP	;椭圆槽切层循环
N130　R2 = 50 * COS(R1)	;计算刀位点（长半轴）在 X 轴上投影
N140　R3 = 25 * SIN(R1)	;计算刀位点（短半轴）在 Y 轴上投影
N150　G1 X = R2 Y = R3 F300	;直线插补椭圆弧
N160　R1 = R1+1	;计算椭圆弧插补角度增量（直线插补精度）
N170　IF R1>360　GOTOF　LAB1	;切层循环结束的条件
N180　ENDLOOP	;切层循环结束
N190　LAB1:	;切层循环跳出标志
;N200　IF R8>6 GOTOF LAB4	;椭圆几何体切削循环条件
N210　ENDLOOP	;椭圆几何体切削循环结束
N220　LAB4:	;几何体循环跳出标志
N230　G0 Z100	;返回初始高度
N240　M30	;程序结束

通过对循环语句结构的指令分析，会发现循环结构主要由六个指令组成：

1）循环指令。

2）循环条件计算。

3）切削几何体刀具轨迹计算。

4）循环执行（切削几何体）。

5）循环条件判断及跳转。

6）循环结束指令。

要使这些指令能够有机集合，一方面取决于系统软件的设计，另一方面要求程序员对程序指令充分熟悉与理解并掌握编程的技巧。例如，循环指令运行方式是先执行后判断，还是先判断后执行，得到的结果是不一样的。在本例中，椭圆几何体切削循环判断语句如果写在 N90 程序段位置，椭圆槽加工深度分别为 −2mm、−4mm 和 −6mm；如果写在 N200 程序段位置，椭圆槽加工深度分别为 −2mm、−4mm、−6mm 和 −8mm。请读者自行分析。

5.5.3　循环开始处带有条件的语句（WHILE，ENDWHILE）

WHILE 循环是先判断条件后执行循环体语句。循环的开始是有条件的，当循环条件满足时，执行循环体内语句，否则将执行循环结束指令后面的程序。

语句结构：

```
WHILE<条件>          ;若满足判断条件,则引入 WHILE 循环
…                    ;循环程序段(块)
ENDWHILE             ;标记循环结束处并跳转到循环开头
```

注意： 如果判断程序段写成 WHILE < 条件 >GOTOF　LAB1 格式时，系统将会停止运行，并产生 012080# 报警"通道 1 程序段 N?? 句法错误在文本 GOTOF LAB1"。

若椭圆槽深为 6mm，槽宽为 8mm，每次吃刀量为 2mm，需要 3 次相同的切槽加工完成。使用两层嵌套循环编程，深度参数作为切削几何体（深度）循环变量。

程序代码	注释
TYHCB_3. MPF	;椭圆槽切削程序(3)
N10　T1 D1	;直径为 8mm 的立铣刀
N20　G17 G64 G0 G90 G54 X0 Y0	;系统参数定义
N30　Z100 S900 M3	;刀具进至初始高度
N40　G0 X50 Y0	;定位下刀点
N50　Z5	;下刀至安全高度
N60　R8 = 0	;定义椭圆槽体吃刀量(层深变量)初始值
N70　WHILE R8<6	;切削几何体(深度)循环条件判断
N80　R8 = R8 + 2	;计算几何体循环实际加工深度
N90　G1 Z = −R8 F150	;下刀至计算深度
N100　R1 = 0	;定义椭圆槽角度初始值
N110　WHILE　R1<360	;切削层循环条件判断
N120　R2 = 50 * COS(R1)	;计算刀位点(长半轴)在 X 轴上投影
N130　R3 = 25 * SIN(R1)	;计算刀位点(短半轴)在 Y 轴上投影
N140　G1 X = R2 Y = R3 F300	;直线插补椭圆弧
N150　R1 = R1 + 1	;计算椭圆弧插补角度增量(直线插补精度)
N160　ENDWHILE	;切削层切削循环结束
N170　ENDWHILE	;切削几何体(深度)循环结束
N180　G0 Z100	;返回初始高度
N190　M30	;程序结束

注意： 如果程序中 N70 的判断条件改为 WHILE R8<=6，则程序加工深度为 8mm。

如果使用层深加工次数作为几何体（深度）循环变量，则部分程序段将改写为：

```
程序代码                    注释
..
N60    R8 = 2              ;定义椭圆槽体每层吃刀量值
N65    R7 = 1              ;几何体(深度)层切次数初始值
N70    WHILE R7 < = 3      ;切削几何体(深度)循环条件判断
N80    R9 = R8 * R7        ;计算几何体实际加工深度计算
N85    R7 = R7+1           ;层数加 1
N90    G1 Z = -R9 F200     ;下刀至计算深度
...
```

注意：程序中增加了 N65 和 N85 程序段，并将参数 R9 改为实际加工深度。

5.5.4 循环结束处带有条件的语句（REPEAT，UNTIL）

REPEAT 循环是先执行循环体语句后判断条件。循环的结束是有条件的，当循环条件满足时，执行循环体判断条件后面的程序段；当不符合条件出现后，一直重复执行循环体内的指令。

语句结构：

```
REPEAT                    ;调用 REPEAT 循环
...                       ;循环程序段(块)
UNTIL<条件>               ;标记循环结束处,若满足条件则跳转到循环体下面的程序段
```

注意：如果判断程序段写成 UNTIL <条件> GOTOF LAB1 格式时，系统将会停止运行，并产生 012080#报警"通道 1 程序段 N?? 句法错误在文本 GOTOF LAB1"。

若椭圆槽深为 6mm，槽宽为 8mm，每次吃刀量为 2mm，需要 3 次相同的铣槽加工完成。使用两层嵌套循环编程，深度参数作为切削几何体（深度）循环变量。

```
程序代码                        注释
TYHCB_4. MPF                   ;椭圆槽切削程序(4)
N10   T1 D1                    ;直径为 8mm 的立铣刀
N20   G17 G64 G0 G90 G54 X0 Y0 ;系统参数定义
N30   Z100 S900 M3             ;刀具进至初始高度
N40   G0 X50 Y0                ;定位下刀点
N50   Z5                       ;下刀至安全高度
N60   R8 = 0                   ;定义椭圆槽体吃刀量初始值(层深变量)
N70   REPEAT                   ;切削椭圆槽体(深度)循环
N80   R8 = R8-2                ;计算椭圆槽体循环实际加工深度
N90   G1 Z = R8 F150           ;下刀至计算加工深度
N100   R1 = 0                  ;定义椭圆槽角度初始值
N110   REPEAT                  ;椭圆槽切层循环
N120   R2 = 50 * COS(R1)       ;计算刀位点(长半轴)在 X 轴上投影
N130   R3 = 25 * SIN(R1)       ;计算刀位点(短半轴)在 Y 轴上投影
```

```
N140    G1 X=R2 Y=R3 F300               ;直线插补椭圆弧
N150    R1=R1+1                         ;计算椭圆弧插补角度增量(直线插补精度)
N160    UNTIL R1==360                   ;切削椭圆槽切层(形状)循环条件判断
N170    UNTIL R8==-6                    ;切削椭圆槽(深度)循环条件判断
;N180   UNTIL R8<-6                     ;切削椭圆槽体(深度)循环条件判断
N190    G0 Z100                         ;返回初始高度
N200    M30                             ;程序结束
```

本例中，深度增量为负值，注意 N90 句中 Z 的赋值情况变化。

本例编程结构是先执行后判断，判断语句的条件一定要设置恰当。如果 N170 句改为 N180 语句 "UNTILR8<-6，表面上看也符合深度加工结束条件，实际会发现椭圆槽加工深度分别为：-2mm、-4mm、-6mm 和-8mm，即多铣削了一层，请读者体会一下。

5.5.5　计数循环语句（FOR…TO…ENDFOR）

当一个带有确定值的控制结构被循环重复，计数循环就会被运行。该控制结构语句可以理解为：当 FOR 的循环条件满足时，循环变量从设定的起始值开始运行，并自动累加 1 计算作为循环条件，直到与循环结束设定值相等为止。否则，将执行循环结束指令后面的程序段。

使用 FOR 循环时，用于循环计数的变量必须为整型变量，变量数值为整数，若是实型数值，屏幕上会显示报警 "数据类型不兼容"。

（1）编程格式

```
FOR <变量>=<初值>TO <终值>          ;若没有到达计数终值,则引入计数循环
…                                   ;循环程序段(块)
ENDFOR                              ;标记循环结束处并跳转到循环开头
```

（2）指令参数说明

<变量>：计数变量从初值开始向上计数，直到终值且在每次运行时自动增加 "1"，类型为整形（INT）或实数型（REAL）。

<初值>：计数的初值，条件初值必须小于终值。

<终值>：计数的终值。

提示： 如果为计数循环编程使用了 R 参数或函数表达式，采用实数型变量，则将四舍五入该变量值。

例 1　整数变量作为计数变量的程序。

```
程序代码                    注释
DEF INT VARI_A1
…
R10=R12-R20 * R1 R11=6
FOR VARI_A1=R10 TO R11      ;引入计数循环。计数变量=整数变量
R20=R21 * R22+R33
ENDFOR                      ;计数循环结束
M30
```

例 2 R 参数作为计数变量的程序代码。

程序代码	注释
…	
R11 = 6	
FOR R10 = R12−R20 * R1 TO R11	;引人计数循环。计数变量=R 参数(实数变量)
R20 = R21 * R22+R33	
ENDFOR	
M30	

例 3 加工一个固定的零件件数的程序代码。

程序代码	注释
DEF INT STUECKZAHL	;用名称"STUECKZAHL"定义的 INT 型变量
DEF INT JIAN	
FOR JIAN = 0 TO 80	;计数循环。变量"JIAN"从初值 0 向上计数直到终值 80
G01…	
ENDFOR	;计数循环结束
M30	

若椭圆槽的槽深为 6mm,槽宽为 8mm,每次吃刀量为 1mm,需要 6 次相同的铣槽加工完成。使用两层嵌套循环编程。

TYHCB_50. MPF	;椭圆槽切削程序(5)
N10 T1 D1	;直径为 8mm 的立铣刀
N20 G17 G64 G0 G90 G54 X0 Y0	;系统参数定义
N30 Z100 S900 M3	;刀具进至初始高度
N40 G0 X50 Y0	;定位下刀点
N50 Z5	;下刀至安全高度
N60 FOR R8 = 1 TO 6	;循环变量自身增加 1 后判断循环条件
N110 G1 Z = −R8 F120	;下刀至计算深度
N140 FOR R1 = 0 TO 360	;角度值除以增量得出累加次数
N150 R2 = 50 * COS(R1)	;计算刀位点(长半轴)在 X 轴上投影
N160 R3 = 25 * SIN(R1)	;计算刀位点(短半轴)在 Y 轴上投影
N170 G1 X = R2 Y = R3 F300	;直线插补椭圆弧
N180 ENDFOR	;切削几何体循环结束
N210 ENDFOR	;吃刀量循环结束
N220 G0Z100	;返回初始高度
N230 M30	;程序结束

若椭圆槽的槽深为 7mm,槽宽为 8mm,每次吃刀量为 2mm,需要 4 次铣槽加工完成。使用两层嵌套循环编程,以及判断与锁定最后吃刀量的条件。

程序代码	注释
TYHCB_51. MPF	;椭圆槽切削程序(6)
N10 T1 D1	;直径为 8mm 的立铣刀

```
N20    G17 G64 G0 G90 G54 X0 Y0          ;系统参数定义
N30    Z100 S900 M3                      ;刀具进至初始高度
N40    G0 X50 Y0                         ;定位下刀点
N50    Z5                                ;下刀至安全高度
N60    FOR R8＝1 TO 7                     ;循环变量自身增加 1 后判断循环条件
N70    R8＝R8＋1                          ;循环变量自身增加 1 后又增加 1mm 深度
N80    IF R8＞7                          ;判断：如计算的加工深度超过最终指定深度
N90    R8＝7                             ;将最后加工深度锁定在指定深度上
N100   ENDIF                             ;判断结束
N110   G1Z＝－R8 F200                     ;下刀至计算深度
N140   FOR R1＝0 TO 360                   ;角度值除以增量得出累加次数
N150   R2＝50 * COS（R1）                  ;计算刀位点（长半轴）在 X 轴上投影
N160   R3＝25 * SIN（R1）                  ;计算刀位点（短半轴）在 Y 轴上投影
N170   G1 X＝R2 Y＝R3 F300                 ;直线插补椭圆弧
N180   ENDFOR                            ;切削几何体循环结束
N210   ENDFOR                            ;吃刀量循环结束
N220   G0 Z100                           ;返回初始高度
N230   M30                               ;程序结束
```

本例中，几何体循环条件若不为 1mm，如设定为 2mm，则要对 FOR 循环的判断条件进行改变，以适应加工的需要。可以增加 N70 R8＝R8＋1 程序段，即可将每次的吃刀量改为 2mm。在切第四次层时，实际吃刀量不允许为 2mm（如果继续采用 2mm 的吃刀量，总的吃刀量将达到 8mm），只能是 1mm。因此需要一个将吃刀量锁定在 7mm 深度位置的语句，即 N80～N100 语句。请读者体会 N60～N100 程序段的含义。

5.6　程序中的部分程序段重复指令（REPEAT，REPEATB）

程序段重复是指在一个程序中，可以任意组合重复已经编写的程序部分。需要重复的程序行或程序段落带有跳转标记符（标签）。

程序跳转功能在 SINUMERIK 828D 或 828D BASIC 数控系统中，除 5.5 节所表述的五种循环结构外，还可以使用程序段重复方式，即采用 REPEAT 或 REPEATB 编程来实现，其中 REPEAT 为区域内程序段重复，REPEATB 为某一程序段重复。

使用程序段重复指令时，对于需要重复的程序段利用跳转标记符识别，其编程格式主要有以下四种。

（1）程序段重复执行

1）编程格式：

LSA1：aaa

bbb

REPEATB LSA1 P＝n

ccc

2）指令参数说明：

LSA1：跳转标记符。如果该程序行中还有其他的指令，在每次重复时都会重新执行这些指令。

执行 REPEATB LSA1 P＝n 程序段时，P＝n 表示 LSA1 指定的程序段 aaa 被重复执行 n 次；如果 P 未被指定，那么 LSA1 指定的程序段只执行一次。

REPEATB　LABEL　P＝n 程序段执行之后，继续执行 ccc 程序段。

用跳转标记符指定的程序段可以位于 REPEATB　LABEL P＝n 程序段的前面或后面。首先在向程序起始的方向搜索。如果在该方向没有找到跳转标记，则向程序末尾方向搜索。

3）编程示例：

```
程序代码                      注释
…
N10 LSA1:X10 Y20
N20  …
N30   REPEATB LSA1 P＝3      ;执行 N10 程序段 3 次
N40  …
```

（2）跳转标记符至 REPEAT 指令间的程序段重复执行

1）编程格式：

LSA1: aaa

bbb

REPEAT　LSA1 P＝n

ccc

2）指令参数说明：REPEAT　LSA1 P＝n 表示 REPEAT 语句和 LSA1 跳转标记符之间的程序段被重复执行 n 次。REPEAT LSA1 P＝n 程序段执行之后，执行 ccc 程序段。

跳转标记符必须出现在 REPEAT 指令语句之前，此时只向程序起始的方向搜索。

3）编程示例：

```
程序代码                      注释
…
N10   LOOP l:R6＝R6-1
N40  …
N50   REPEAT   LOOPl   P＝4      ;执行 N10~N40 之间程序段 4 次
N60  …
```

（3）重复两个跳转标记间程序段的重复执行

1）编程格式：

START_LABEL: aaa

bbb

END_LABEL: ccc

ddd

REPEAT　START_LABEL　END_LABEL　P＝n

eee

2）指令参数说明：START_LABEL（<起始跳转标记>）和 END_LABEL（<结束跳转标记>）两个标记符之间的程序段被重复执行 n 次。最后一次重复，且 REPEAT START_LABEL　END_

LABEL P=n 程序段执行之后，执行 eee 程序段。

> **注意**：REPEAT 指令不能出现在这两个跳转标记之间。如果在 REPEAT 指令前找到了<起始跳转标记>，但在 REPEAT 指令前没有找到<结束跳转标记>，则重复执行<起始跳转标记>和 REPEAT 指令之间的程序段落。

3）编程示例：

```
程序代码                              注释
N10    LOOPl:R5=R5+20
N20    …
N30    LOOP2:X=R5 * SIN(38)
N40    …
N50    REPEAT LOOPl   LOOP2   P=5        ;执行 N10~N30 之间程序段 5 次
N60    …
```

（4）跳转标记符与结束标记符间的重复执行

1）编程格式：

```
LSA1:aaa
bbb
ENDLABEL:ccc
REPEAT   LSA1   P=n
ddd
```

2）指令参数说明：ENDLABEL 是带有固定名字的跳转标记符，表示要重复的被标记标志的程序段的结束，在程序中对 ENDLABEL 前面所有的标记符都起作用。如果该程序行中还有其他的指令，在每次重复时都会重新执行这些指令。

> **注意**：REPEAT 指令不能出现在<跳转标记符>和结束标记符（ENDLABEL）之间。如果在 REPEAT 指令前找到了<跳转标记符>，但在 REPEAT 指令前没有找到结束标记符（ENDLABEL），则重复执行<跳转标记>和结束标记符（ENDLABEL）指令之间的程序段落。

3）编程示例：

例 1

```
程序代码                        注释
N10    LOOPl:R8=R8-1           ;跳转标记 1
N20    …
N30    LOOP2:X=R5+10           ;跳转标记 2
N40    …
N50    ENDLABEL:G00 Z100       ;重复的被标记的程序段的结束
N60    …
N70    LOOP3:X50               ;跳转标记 3
```

```
N80  …
N50  REPEAT  LOOP3  P=2        ;执行 N70～N80 之间程序段 2 次
N60  REPEAT  LOOP2  P=4        ;执行 N30～N50 之间程序段 4 次
N60  REPEAT  LOOP1  P=3        ;执行 N10～N50 之间程序段 3 次
N70  …
```

例 2 在程序中可以多次使用重复结束标记符（ENDLABEL）。

```
程序代码                    注释
N10 CENTER_DIRLL( )        ;换上定中钻头。
N20 POS_1:                 ;钻孔位置 1
N30 X1 Y1
N40 X2
N50 Y2
N60 X3 Y3
N70 ENDLABEL:
N80 POS_2:                 ;钻孔位置 2
N90 X10 Y5
N100 X9 Y-5
N110 X3 Y3
N120 ENDLABEL:
N130 DIRLL_6               ;更换 φ6mm 钻头和钻孔循环
N140 REPEAT POS_1          ;重复程序部分一次，自 POS_1 到 ENDLABEL
N150 DIRLL_8               ;更换 φ8mm 钻头和钻孔循环
N160 REPEAT POS_2          ;重复程序部分一次，自 POS_2 到 ENDLABEL
N170 M30
```

其他说明：

1）程序部分重复可以嵌套调用。每次调用占用一个子程序级。

2）如果在执行程序的重复过程中设定了 M17 或者 RET，则程序重复被停止。程序接着从 REPEAT 指令行之后的语句开始运行。

3）在当前的程序显示中，程序重复部分作为单独的子程序级显示。

4）控制结构和程序部分重复可以组合使用，但两者之间不得产生重叠。一个程序部分重复应该位于一个控制结构分支之内，或者一个控制结构位于一个程序部分重复部分之内。

5.7 工作区极限

5.7.1 基准坐标系中的工作区限制（G25，G26，WALIMON，WALIMOF）

（1）指令功能 使用 G25 或 G26 可以限制刀具的工作区域和工作范围。G25 和 G26 定义的工作区域界限以外的区域，禁止刀具运行，如图 5-10 所示。

必须用指令 WALIMON 激活所有有效设置的轴的工作区域限制，用 WALIMOF 使工作区域限制失效。WALIMON 是默认设置。仅当工作区域在之前被取消过，才需要重新设定。

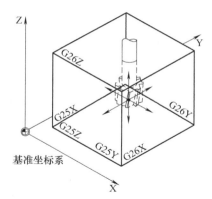

图 5-10　各轴的坐标参数在基准坐标系中生效

（2）编程格式

G25 X...Y...Z...　　　　　　　　　　　;工作区域下限，在独立的程序段内编程

G26 X...Y...Z...　　　　　　　　　　　;工作区域上限，在独立的程序段内编程

WALIMON　　　　　　　　　　　　　;工作区域限制启用（默认设置）

WALIMOF　　　　　　　　　　　　　;工作区域限制取消

（3）指令参数说明

G25：工作区域下限。基准坐标系（BCS）中的通道轴赋值。

G26：工作区域上限。基准坐标系（BCS）中的通道轴赋值。

X Y Z：设定工作区域的下限或上限，以基准坐标系为基准。

WALIMON：激活所有轴的工作区域限制。

WALIMOF：取消所有轴的工作区域限制。

除了可以通过 G25 或 G26 输入可编程的值之外，也可以通过轴专用设定数据进行输入：

SD43420 $SA_WORKAREA_LIMIT_PLUS（工作区域限制+）

SD43430 $SA_WORKAREA_LIMIT_MINUS（工作区域限制-）

由 SD43420 和 SD43430 参数设置的工作区域限制，通过即时生效的轴专用设定数据来定向激活和取消：

SD43400 $SA_WORKAREA_PLUS_ENABLE（正向的工作区域限制激活）

SD43410 $SA_WORKAREA_MINUS_ENABLE（负向的工作区域限制激活）

通过定向激活或取消，可将轴的工作区域限制在一个方向上，所输入的数据立即生效。一旦限制功能设定后，即使系统复位和机床重新启动，区域限制功能仍然有效。

> **说明**：用 G25 或 G26 编程的工作区域限制具有优先权并会覆盖 SD43420 和 SD43430 中已输入的值。

（4）获取工作区域下限和上限数据的方法　数据的获取方法可以按以下步骤进行：

1）先规划在工件坐标中的限制区域数据上、下两个极限点坐标数据。

2）分别将这两个数据与选定的工件坐标系原点偏置数据（如 G54）进行代数运算，即可得到机床坐标系中限制区域的两个极限点位置数据。

3）将得到的数据写到加工程序中 G25 或 G26 指令后面。

要实现对工作区域的限制，则要启用或取消各个轴和方向的工作区域限制，可以使用 WALI-

MON、WALIMOF 指令组。

第一，在加工程序中要限制加工行程的运行指令前、后的一个独立程序中编入 WALIMON 和 WALIMOF。

第二，必须进入系统屏幕中"设定数据"（偏移→设定数据→工作区限制）的界面中，根据机床实际加工工件的需要，输入工作区每个坐标轴的最小值和最大值。然后在选定的限制轴后的选择框内，使用"选择键"设置为有效☑。这样限制加工区域功能才能有效工作，如图 5-11 所示。

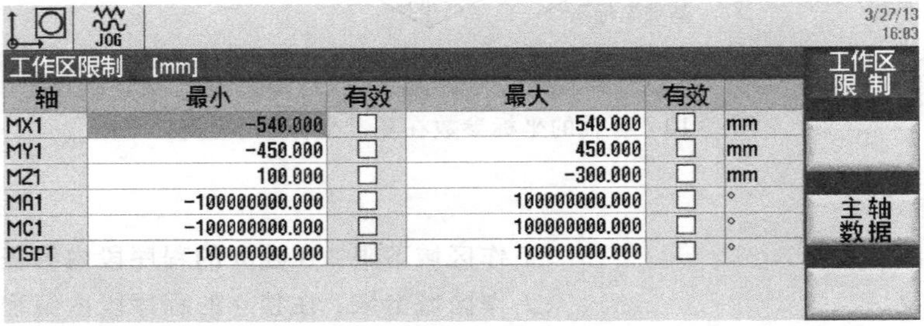

图 5-11 对所限制的轴和给定区域输入数据并设定为有效

当加工程序中编写的运动轴坐标值超出限定区域范围时，系统面板将出现010730#报警，指出错误的程序段号、哪个坐标轴的哪个方向超出了限制区域范围。

（5）编程示例

程序代码	注释
N10 G54	
N20 T1 M6	
N30 G25 X10 Y-20 Z30	;为每个轴定义加工区域限制下限值
N40 G26 X100 Y110 Z300	;为每个轴定义加工区域限制上限值
…	;加工程序仅在工作区域内
N50 WALIMOF	;工作区域限制取消
N60 G1 Z-20	;不受加工区域限制下限值限制的轴移动
N70 G0 Z200	;不受加工区域限制上限值限制的轴移动
N90 WALIMON	;工作区域限制启用
…	

5.7.2 在工件坐标系和可设定零点坐标系中的工作区域限制（WALCS0~WALCS10）

（1）指令功能 除了可以通过 WALIMON 进行工作区域限制以外，还可以使用 G 指令 WALCS1~WALCS10 激活其他工作区域限制。与 WALIMON 工作区域限制不同，这里的工作区域不在基础坐标系中，而是指工件坐标系（WCS）或可设定零点坐标系（ENS）中坐标系专用的限制。

通过 G 指令 WALCS1~WALCS10 可以在 10 个通道专用数组中选择一个数组（工作区域限制组）用于坐标系专用工作区域限制。数组包含通道中所有轴的限值。该限制由通道专用统变量来定义。

使用 WALCS1 ~WALCS10 的工作区域限制（"WCS 和 ENS 中的工作区域限制"）主要用于工作区域限制。通过该功能，编程人员可以在运行轴时使用"手动"设定的"挡块"来定义以工件为参考的工作区域限制。

（2）编程格式　通过使用 G 指令执行选择激活和取消"WCS 和 ENS 中的工作区域限制"。

WALCS1　　　　;激活工作区域限制组编号 1

…

WALCS10　　　　;激活工作区域限制组编号 10

WALCS0　　　　;取消激活有效的工作区域限制组

（3）指令参数说明　通过设定通道专用系统变量来设置单个轴的工作区域限制以及选择参考范围（工件坐标系或可设定的零点坐标系），在此范围内 WALCS1 ~ WALCS10 激活的工作区域限制生效，见表 5-2。

表 5-2　WALCS1 ~ WALCS10 激活的工作区域限制

内容	系 统 变 量	含　　义		
设置工作区域限制	$ P_WORKAREA_CS_PLUS_ENABLE ［<GN>,<AN>］	轴正方向上的工作区域限制的有效性		
	$ P_WORKAREA_CS_LIMIT_PLUS ［<GN>,<AN>］	轴正方向上工作区域限制仅在以下条件时生效： $ P_WORKAREA_CS_PLUS_ENABLE ［<GN>,<AN>］=TRUE		
	$ P_WORKAREA_CS_MINUS_ENABLE ［<GN>,<AN>］	轴负方向上的工作区域限制的有效性		
	$ P_WORKAREA_CS_LIMIT_MINUS ［<GN>,<AN>］	轴负方向上工作区域限制仅在以下条件时生效：$ P_WORKAREA_CS_MINUS_ENABLE ［<GN>,<AN>］=TRUE		
选择参考范围	$ P_WORKAREA_CS_COORD_SYSTEM ［<GN>］	工作区域限制组参考的坐标系		
		值	含 义	
		1	工件坐标系（WCS）	
		3	可设定的零点坐标系（ENS）	

注：1. <GN>:工作区域限制组的编号。

　　2. <AN>:通道轴名称。

（4）编程示例　在通道中定义了 X、Y 和 Z 3 个轴；现在需要定义编号 2 的工作区域限制组并紧接着激活它，在该组中按照以下数据限制工件坐标系中的轴运动范围：

1）X 轴正方向上：10mm。

2）X 轴负方向上：无限制。

3）Y 轴正方向上：34mm。

4）Y 轴负方向上：-25mm。

5）Z 轴正方向上：无限制。

6）Z 轴负方向上：-600mm。

程序代码	注释
...	
N51 $ P_WORKAREA_CS_COORD_SYSTEM[2]=1	;工作区域限制组 2 中的限制在工件坐标系中有效
N60 $ P_WORKAREA_CS_PLUS_ENABLE[2,X]=TRUE	;仅在 X 轴正方向上生效
N61 $ P_WORKAREA_CS_LIMIT_PLUS[2,X]=10	;X 轴正方向上的工作区域限制
N62 $ P_WORKAREA_CS_MINUS_ENABLE[2,X]=FALSE	;X 轴负方向上工作区域不限制
N70 $ P_WORKAREA_CS_PLUS_ENABLE[2,Y]=TRUE	;仅在 Y 轴正方向上生效
N71 $ P_WORKAREA_CS_LIMIT_PLUS[2,Y]=34	;Y 轴正方向上的工作区域限制
N72 $ P_WORKAREA_CS_MINUS_ENABLE[2,Y]=TRUE	;仅在 Y 轴负方向上生效
N73 $ P_WORKAREA_CS_LIMIT_MINUS[2,Y]=-25	;Y 轴负方向上的工作区域限制
N80 $ P_WORKAREA_CS_PLUS_ENABLE[2,Z]=FALSE	;仅在 Z 轴正方向上不生效
N81 $ P_WORKAREA_CS_MINUS_ENABLE[2,Z]=TRUE	;仅在 Z 轴负方向上生效
N82 $ P_WORKAREA_CS_LIMIT_PLUS[2,Z]=-600	;Z 轴负方向上的工作区域限制
...	
N90 WALCS2	;激活工作区域限制组 2
...	

WALCS1~WALCS10 的工作区域限制的生效与使用 WALIMON 进行的工作区域限制无关。当两个功能都生效时，轴运行第一个遇到的工作区域限制生效。

刀具上的基准点：刀具长度和刀具半径参考以及在监控工作区域限制时，刀具上的基准点都与 WALIMON 工作区域限制的特性一致。

5.8 轨迹运行特性

如图 5-12 所示，在轨迹运行方向不连续时，需要编写不同的程序段，实际运行中一个轨迹运行的终点和下一个轨迹运行的起点处要进行程序段切换。从实践中得知，编程轨迹和实际运行轨迹有一定误差，在不同的进给速度下，这种误差会很明显。如果要得到一个很理想的外角形状精度，运行的进给速度就要比较低。因此，需要研究设置"准停标准"。在精度优先的思路下，准停标准的限值范围应设置得尽可能小。界限范围截取得越小，则位置逼近时间越长，到目标位置的运行时间越长，如图 5-13 所示。

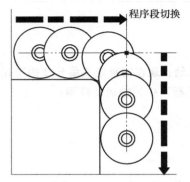

图 5-12 轨迹连接处的程序段切换

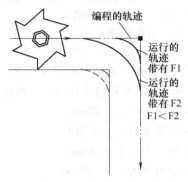

图 5-13 "准停标准"分析

5.8.1 准停功能（G60，G9，G601，G602，G603）

（1）指令功能 数控机床进给轴的动态特性和轨迹速度对折角尺寸加工精度控制，或快速移动的方向发生改变时的运行刚性有重要影响。涉及数控系统控制的一个重要概念——"准停"。准停是一种运行模式，在该模式下每个运行程序段结束时，所有参与运动、但不是跨程序段运行的轨迹轴和辅助轴将制动至静止状态。

如果要生成一个精度较高的折角（如尖的外角），或者要对折角（如内角）进行精加工，就需要使用准停指令。使用准停标准可以确定如何准备运行到拐角处，以及何时转换到下一个程序段，数控系统提供了以下三个标准：

1）精准停。只要所有参加运行的轴够达到"精准停"的轴专用公差极限，就进行程序段转换。

2）粗准停。只要所有参加运行的轴能够达到"粗准停"的轴专用公差极限，就进行程序段转换。

3）插补结束。如果控制系统计算出所有参加插补运行的轴的额定速度为零，则进行程序段转换。不用考虑参加运行轴的实际位置或者跟随误差。

每个轴"精准停"和"粗准停"的极限值可以通过机床数据进行设定。

（2）编程格式

G60…

G9…

G601/G602/G603…

（3）指令参数说明

G60：激活准停的指令，模态有效。

G9：激活准停的指令，在当前程序段中产生准停，逐段有效。

G601：用于激活"精准停"准停标准的指令。

G602：用于激活"粗准停"准停标准的指令。

G603：用于激活"插补结束"准停标准的指令。

用于激活准停标准（G601/G602/G603）的指令只在 G60 或 G9 激活时生效。

（4）编程示例

```
程序代码                注释
N5 G601                ;选择"精准停"标准
N10 G0 G60 Z…          ;准停模态有效
N20 X…Z…               ;G60继续有效
…
N50 G1 G602            ;选择"粗准停"准停标准
N80 G64 Z…             ;转换到连续路径运行
…
N100 G0 G9             ;准停只在该程序段中有效
N110…                  ;连续路径运行重新被激活
```

（5）注意事项

1）使用连续路径运行指令 G64 或 G641～G645 可取消 G60。

2）G601、G602 指令被激活后运动轨迹停止，并在拐角处短暂停留，形成一个程序段串联轨迹，控制精度如图 5-14 所示。

准停标准的限值范围应设置得尽可能小。界限范围截取得越小，则位置逼近时间越长，到目标位置的运行时间越长。

如果控制系统计算的插补轴给定速度为零，则执行程序段切换。此时根据轴的动态特性和轨迹速度，实际值滞后一个跟随运行分量。

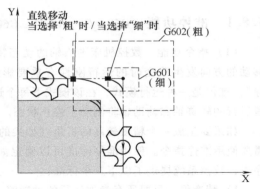

图 5-14　准停窗口的控制精度

5.8.2　连续路径运行（G64，G641，G642，G643，G644，G645，ADIS，ADISPOS）

（1）指令功能　在连续路径运行中，在程序段结束并进行程序段切换时，路径速度不必为了达到精准停条件而降低到很小，也提高了运行刚性。从而可以在程序段转换点处避免路径轴停止加工，尽可能以相同的速度（平滑）转到下一个程序段。为了达到此目标，选择连续路径运行时还应激活"程序段预读"功能。该功能是衡量数控系统的一项较重要的指标。

带平滑的连续路径运行表示可通过本地更改编程的运动，使原本突兀的程序段过渡得更加平滑、圆顺。通过连续路径运行可以实现：

1）省去了达到准停标准所需的制动和加速过程，从而缩短了加工时间。

2）平缓的速度变化，获得良好的切削质量。

在下列情形下，应使用连续路径运行：

1）需要尽可能快速地离开轮廓（比如通过快速移动）。

2）没有超出故障评价标准情况下，实际运行可以与编程的运行有所偏差，以保持连续、稳定的运行。

在下列情形下，不应使用连续路径运行：

1）要求精确离开轮廓。

2）要求绝对恒定速度。

如果某些程序段隐含了某些会触发预处理停止的动作，则连续路径运行会因此中断。

（2）编程格式

G64…

G641 ADIS＝…

G641 ADISPOS＝…

G642…

G645…

（3）指令参数说明

ADIS＝：平滑距离。G641 中仅用于路径功能 G1、G2、G3 位移条件。

ADISPOS＝：平滑距离。G641 中仅用于快速运行 G0 位移条件。

平滑距离是指程序段末尾前平滑程序段（程序段过渡切线）最早可以开始的距离，或者程序段末尾（程序段过渡切线）后必须结束的距离。

例如，平滑距离为 0.5mm，是指平滑程序段最早可在编程的程序段结束前 0.5mm 处开始，并必须在程序段结束后 0.5mm 处结束，如图 5-15 所示。

程序代码：G641 ADIS = 0.5 G1 X… Y…

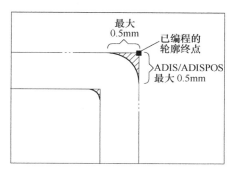

图 5-15　G641 指令的平滑距离

提示： 采用 G641 时，在从 G0 向非 G0 转换时或从非 G0 向 G0 转换时，ADISPOS 和 ADIS 当中较小的值有效。如果没有设定 ADIS 或 ADISPOS，则该值被当做零，而其运行性能与 G64 时相同。运行位移较短时，平滑距离自动减少（最大为 36 ％）。

（4）各种连续路径（平滑）指令运行模式特点

1）G64：速度按过载系数降低。

2）G641：按照位移条件开展平滑。

3）G642：通常在允许的最大路径偏差范围内开展平滑。该轴专用公差也可通过配置最大轮廓偏差（轮廓公差）或者刀具定向的最大角度偏差（定向公差）来取代。轮廓和定向公差的扩展只存在于选择了"多项式插补"选项的系统中。

4）G645：像 G642 一样开展程序段过渡切线的平滑作用于拐角。当原始轮廓的曲线在至少一个轴上呈现跃变时，G645 也会在程序段过渡切线上生成平滑程序段。

注意： 如果通过 G641、G642 或 G645 生成的平滑中断，则在接下来的重新定位（RE-POS）中不会逼近中断点，而是逼近原始运行程序段的起点或终点（根据 REPOS 模式）。

如图 5-16 所示，精确运行到铣槽上的外角，其他则采用连续路径运行。

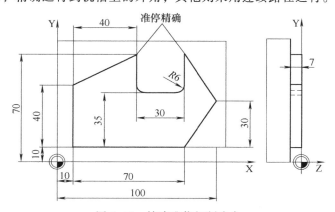

图 5-16　精确准停切削尖角

程序代码	注释
N10 T1 M6	;调用 ϕ10mm 立铣刀
N20 G17 G0 G57 X−10 Y−10 Z80 S1500 M3	;回到初始位置,激活主轴,路径补偿
N30 Z2	
N40 G1 Z−7 F280	;进刀
N50 G41 X10 F400	;建立刀具半径补偿
N60 Y40 G641 ADIS=0.5	;铣削轮廓过渡
N70 X50 Y70 G60 G601	;用精准停精确地定位
N80 Y45 CR=6	
N90 X80 CR=6	
N100 Y70	
N110 G641 ADIS=0.5 X100 Y40	;铣削轮廓过渡
N120 X80 Y10	
N130 X10	
N140 G40 G0 X−20	;取消路径补偿
N150 Z80	;退刀
N160 M30	;程序结束

（5）注意事项

1）平滑不可替代拐角倒圆（RND）。用户不应想象轮廓在平滑区域内的外观。特别是当平滑方式取决于动态特性，比如路径速度时。因此，在轮廓处的平滑只有在 ADIS 的值较小时才有意义。如果需要在拐角处运行定义的轮廓，则必须使用 RND 指令。同样，平滑不能代替已定义的平整加工（RNDM，ASPLINE，BSPLINE，CSPLINE）功能。

2）在连续路径（G64）运行中，刀具会在轮廓的过渡切线上尽可能以恒定的路径速度运行（在程序段界限处不进行制动）。在拐角和准停程序段之前会进行预先制动（预读功能）。同样，也以恒速绕行拐角。为了减少轮廓精度的影响，在考虑到加速度极限和过载系数的情况下应相应地降低速度。

3）对轮廓过渡部分采用何种程度的平滑，取决于进给速度和过载系数。过载系数可在机床数据 MD32310 \$MA_MAX_ACCEL_OVL_FACTOR 中设置。通过设定机床数据 MD20490 IGNORE_OVL_FACTOR_FOR_ADIS，可以独立于设置的过载系数对程序段过渡进行平滑。为了避免路径运行意外停止，必须要注意以下几点：

① 在运行结束后或者在下一个运行开始前开启的辅助功能会中断连续路径运行，但快速辅助功能除外。

② 定位轴始终遵循准停原理运行。如果在一个程序段中（精定位窗口，如 G601）必须要等待定位轴，则路径轴的连续路径运行被中断。而进行注释、计算或调用子程序的中间编程程序段不会影响连续路径运行。

4）如果在使用 F 编程的进给速度所有设定的轴，程序段过渡处往往会有一个速度跃变，控制系统可以通过降低程序段切换处的速度限制这种速度跃变，使该值不超过机床数据 MD32300 \$MA_MAX_AX_ACCEL 和 MD32310 \$MA_MAX_ACCEL_OVL_FACTOR 所允许的值。如果通过平滑弱化了规定的路径轴之间的位置关联，则可避免此制动运行。

5）在连续路径运行中，控制系统自动预先（预读）计算出多个 NC 程序段的速度控制。这样当程序段过渡接近正切时，便可延续多个程序段开始加速或减速。尤其是当一个运动由若干个较短位移构成时，采用预读功能可以获得更高的进给率，如图 5-17 所示。可预读 NC 程序段的最大数量在机床数据中设置。

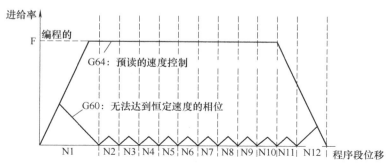

图 5-17　预读程序段进给速度的关系

6）连续路径运行中按照位移条件开展平滑（采用 G641）时，控制系统在轮廓过渡处插入过渡单元。平滑距离 ADIS（或 G0 中使用 ADISPOS）可以设定对拐角进行铣削的最大限度。在该平滑距离内，控制系统可以自由解除路径关联，并通过一个动态优化的路径代替。但对于所有的轴，只有一个 ADIS 值可用。

G641 的作用与 RNDM 指令相似，但是不局限于工作平面的轴。G641 像 G64 一样，包含预读功能。在弯度很大时，平滑程序段以较小的速度执行。

7）G642 中带轴向精度的平滑（使用 G642）时，平滑不在已定义的 ADIS 范围内进行，而是遵循在机床数据 MD33100 $MA_COMPRESS_POS_TOL 中定义的轴向公差。平滑距离由所有轴的最短平滑距离确定。在生成平滑程序段时会考虑该值。

8）使用 G645 指令中程序段过渡切线的平滑时应合适定义平滑，确保相关轴不发生加速度跃变且不超出参数设置的、与原始轮廓的最大偏差（MD33120 $MA_PATH_TRANS_POS_TOL）。对于折线式的、不相切的程序段过渡，平滑特性如 G642。

9）平滑程序段使零件程序加工速度减慢。这会在很短的程序段之间发生。因为每个程序段至少需要一个插补周期，所以插入的中间程序段使运行时间加倍。需要不减速地跃过设定了 G64 的程序段过渡（连续路径运行，无平滑）时，平滑会增加加工时间，也就是说所允许的过载系数。可通过设定机床数据 MD32310 $MA_MAX_ACCEL_OVL_FACTOR 决定对程序段过渡是否进行平滑。

5.8.3　带预控制运行（FFWON，FFWOF）

（1）指令功能　通过前馈控制可以使得受速度影响的超程长度在轨迹运行时逐渐降低到零。使用带前馈控制的加工可以提高轨迹精度，改善加工质量。

（2）编程格式

FFWON

FFWOF

（3）指令参数说明

FFWON：用于激活前馈控制的指令。

FFWOF：用于取消前馈控制的指令。

通过机床数据可以确定前馈控制方式，并且确定哪些轨迹轴必须进行前馈控制运行。由速度决定的前馈控制选项，由加速度决定的前馈控制。

（4）编程示例

```
程序代码
N10 FFWON
N20 G1 X...Y...F900 SOFT
```

5.8.4 轮廓精确度（CPRECON，CPRECOF）

（1）指令功能 在不带前馈控制（FFWON）的加工中，在弯曲轮廓处由于给定位置和实际位置之间存在差值（与速度相关），可能会出现轮廓误差。使用可编程的轮廓精度 CPRECON，可以在 NC 程序中存储一个最大允许的轮廓误差。轮廓误差值用设定参数 \$SC_ CONTPREC 指定。使用预读功能可以使整个轨迹以设定的轮廓精度运行。

（2）编程格式

CPRECON

CPRECOF

（3）指令参数说明

CPRECON：激活可编程的轮廓精度。

CPRECOF：取消可编程的轮廓精度。

通过设定数据 \$SC_MINFEED 可以定义最小速度，运行中不得低于该速度，也可直接在零件程序中通过系统变量 \$SC_CONTPREC 写入相同的值。

控制系统从轮廓误差 \$SC_CONTPREC 和相关几何轴的 KV 系数（速度与跟随误差之间的比例）计算出最大的轨迹速度，使用此轨迹速度确保跟随误差不会超出设定数据中存储的最小值。

（4）编程示例

```
程序代码                        注释
N10 X0 Y0 G0
N20 CPRECON                   ;激活可编程的轮廓精度
N30 F1000 G1 G64 X100         ;在连续路径运行中以 1m/min 的速度加工
N40 G3 Y20 J10                ;在圆弧程序段中自动的进给限制
N50 X0                        ;无限制进给率 1m/min
```

5.8.5 加速模式（BRISK，BRISKA，SOFT，SOFTA，DRIVE，DRIVEA）

（1）指令功能 关于加速模式的编程有下列零件程序指令可供使用：

1）BRISK，BRISKA：单轴或轨迹轴以最大加速度运行，直至达到编程的进给速度（无急动限制的加速）。

2）SOFT，SOFTA：单轴或轨迹轴以稳定的加速度运行，直至达到编程的进给速度（有急动限制的加速），如图 5-18 所示。

3）DRIVE，DRIVEA：单轴或轨迹轴以最大加速度运行，直至达到所设置的速度极限（机床数据设置）。此后降低加速度（机床数据设置），直至达到编程的进给速度，如图 5-19所示。

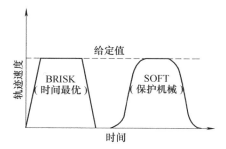

图 5-18　在 BRISK 和 SOFT 时轨迹速度的走势

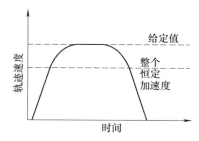

图 5-19　在 DRIVE 时轨迹速度的走势

（2）编程格式

BRISK

BRISKA（<轴 1>，<轴 2>，…）

SOFT

SOFTA（<轴 1>，<轴 2>，…）

DRIVE

DRIVEA（<轴 1>，<轴 2>，…）

（3）指令参数说明

BRISK：用于激活轨迹轴"无急动限制的加速"的指令。

BRISKA：用于激活单轴运行（JOG，JOG/INC，定位轴，摆动轴等）"无急动限制的加速"的指令。

SOFT：用于激活轨迹轴"有急动限制的加速"的指令。

SOFTA：用于激活单轴运行（JOG，JOG/INC，定位轴，摆动轴等）"有急动限制的加速"的指令。

DRIVE：超出速度上限（MD35220 $MA_ACCEL_REDUCTION_SPEED_POIN T）时，激活轨迹轴降低加速度指令。

DRIVEA：超出设置的速度上限（MD35220 $MA_ACCEL_REDUCTION_SPEED_POIN T）时，激活单轴运行（JOG，JOG/INC，定位轴，摆动轴等）降低加速度指令。

（<轴 1>，<轴 2>，…）：调用的加速模式适用的单轴。

如果加工时在一个零件程序中变换加速模式（BRISK，SOFT），则在连续路径运行时也会在程序段结束的过渡处使用准停来更换程序段。

（4）编程示例

例 1　SOFT 和 BRISKA。

```
程序代码
N10 G1 X…Y…F900 SOFT
N20 BRISKA(AX5,AX6)
…
```

例 2　DRIVE 和 DRIVEA。

```
程序代码
N05 DRIVE
```

```
N10 G1 X...Y...F1000
N20 DRIVEA（AX4,AX6）
...
```

5.9 特殊的位移指令

5.9.1 NC 程序段压缩（COMPON，COMPCURV，COMPCAD，COMPOF）

（1）指令功能 通过 CAD/CAM 软件得到的曲线（面）轮廓加工程序代码通常为微分化的线性程序段，它们按照软件设定的精度处理。在轮廓比较复杂时会导致数据量（程序段数量）的大幅提高，并可能造成较短的路径段。这种较短的路径段会限制加工速度。

使用压缩器功能，可以借助多项式程序段逼近由线形程序段设定的轮廓。因此具有以下优点：

① 减少了用于描述工件轮廓所需零件程序段的数目。

② 稳定的程序段过渡。

③ 提高了最大可行的路径速度。

有下列压缩器功能可供使用（这些指令为选配功能）：

1）COMPON。程序段过渡仅保持稳定的速度，轴的加速度可能会有跃变。

2）COMPCURV。程序段过渡保持稳定的加速度。这样就可以保证程序段过渡时，所有轴的速度和加速度变化保持平稳。

3）COMPCAD。该指令为一种占用大量计算时间和内存空间的压缩器功能，优化了表面质量和速度。只有当 CAD/CAM 的程序没有事先采取表面优化的措施时才使用 COMPCAD。通过 COMPOF 退出压缩器功能。

（2）编程格式

COMPON

COMPCURV

COMPCAD

COMPOF

（3）指令参数说明

COMPON：用于激活压缩器功能 COMPON 的指令。模态方式。

COMPCURV：用于激活压缩器功能 COMPCURV 的指令。模态方式。

COMPCAD：用于激活压缩器功能 COMPCAD 的指令。模态方式。

COMPOF：用于关闭当前激活的压缩器功能的指令。

（4）注意事项

1）通常仅为线性程序段（G1）执行 NC 程序段压缩。

2）压缩功能只针对某个句法简单的程序段：N...G1 X...Y...Z...F...，所有其他的程序段按原样加工而没有被压缩。

3）带有扩展式地址如 C = 100 或者 A = AC（100）的运动程序段也会被压缩。

4）位置值不必直接编程，也可以间接通过参数赋值，例如 X = R1 * (R2+R3)。

5）可通过任意一个其他 NC 指令中断该压缩过程，例如辅助功能输出。

除此以外，改善表面质量还可以使用平滑功能 G642 和急动限制 SOFT。这些指令应写在程序开始处。

（5）编程示例

例 1　COMPON 压缩器指令的应用。

```
程序代码                          注释
N10 COMPON                       ;激活压缩器功能 COMPON
N11 G1 X0.37 Y2.9 F600           ;对进给路径进行压缩（优化）
N12 X16.87 Y-0.698
N13 X16.865 Y-0.72
N14 X16.91 Y-0.799
…
N1037 COMPOF                     ;关闭压缩器功能
…
```

例 2　COMPCAD 压缩器指令的应用。

```
程序代码                          注释
G0 X30 Y6 Z40
G1 F10000 G642                   ;激活平滑功能 G642
SOFT                             ;激活急动限制 SOFT
COMPCAD                          ;激活压缩器功能 COMPCAD
STOPFIFO
N24050 Z32.499
N24051 X41.365 Z32.500
N24052 X43.115 Z32.497
N24053 X43.365 Z32.477
N24054 X43.556 Z32.449
N24055 X43.818 Z32.387
N24056 X44.076 Z32.300
…
COMPOF                           ;关闭压缩器功能
G00 Z50
M30
```

5.9.2　可编程的轮廓公差或定向公差（CTOL，OTOL，ATOL）

（1）指令功能　通过指令 CTOL、OTOL 和 ATOL 可以在 NC 程序中修改以下参数：通过机床数据和设定数据确定的、用于压缩器功能（COMPON，COMPCURV，COMPCAD）、连续路径（平滑）方式 G642、G643、G645 的加工公差。

这些设定的值会持续生效，直至被新的编程值取代，或由于分配了一个负值而被删除。此外，在程序结束、通道复位、工作方式复位、NCK 复位（热启动）和上电（冷启动）时也会删除这些值。删除后机床数据和设定数据中的值恢复生效。

（2）编程格式

CTOL=<值>

OTOL=<值>

ATOL［<轴>］=<值>

（3）指令参数说明

1）CTOL 用于编程轮廓公差的指令，适用于：

① 所有的压缩器功能。

② 除了 G641 和 G644 所有的连续路径（平滑）方式。

<值>：轮廓公差值是长度数据，类型为 REAL，单位为 mm/in。

2）OTOL 用于编程定向公差的指令，适用于：

① 所有的压缩器功能。

② 除了 G641 和 G644 所有的连续路径（平滑）方式。

<值>：定向公差值是角度数据。类型为 REAL，单位为（°）。

3）ATOL 用于编程轴专用公差的指令，适用于：

① 所有的压缩器功能。

② 除了 G641 和 G644 所有的连续路径（平滑）方式。

<轴>：编程的轴公差针对的轴的名称。

<值>：取决于轴的类型（线性轴或回转轴），轴公差的值为长度数据或角度数据，类型为 REAL。单位：用于线性轴时为 mm/in（根据当前单位系统的设置），用于回转轴时为（°）。

> **提示**：CTOL 和 OTOL 优先于 ATOL。

如果程序中编写了缩放框架指令，应注意缩放框架对编程公差的影响和对轴位置的影响一样，即相对公差保持不变。

（4）编程示例

```
程序代码                              注释
COMPCAD G645 G1 F10000              ;激活压缩器功能 COMPCAD
X...Y...Z...                        ;此处机床数据和设定数据生效
X...Y...Z...
X...Y...Z...
CTOL=0.02                           ;从此处开始,0.02mm 的轮廓公差生效
X...Y...Z...
X...Y...Z...
X...Y...Z...
ASCALE X0.25 Y0.25 Z0.25            ;从此处开始,0.005mm 的轮廓公差生效
X...Y...Z...
X...Y...Z...
X...Y...Z...
CTOL=-1                             ;从此处开始,机床数据和设定数据再次生效
X...Y...Z...
X...Y...Z...
X...Y...Z...
```

（5）注意事项

1) 考虑到后续应用和诊断目的，不管在何种状态下，当前生效的公差值始终可以通过系统变量读取，即压缩器功能（COMPON，COMPCURV，COMPCAD）、连续路径（平滑）G642、G643、G645 的公差。

2) 在带预处理停止的零件程序中，当机床数据和设定数据中确定了不同的公差值时，即压缩器功能、连续路径（平滑）和定向平滑的公差，会出现上述情况。此时，变量会返回一个出现在当前生效功能中的最大值。

① 系统变量 $AC_CTOL 轮廓公差，在处理当前主运行程序段时生效。如果没有轮廓公差生效，$AC_CTOL 会返回一个由各个几何轴公差的平方相加后计算得出的平方根值。

② 系统变量 $AC_OTOL 定向公差，在处理当前主运行程序段时生效。如果没有定向公差生效，在定向转换生效期间，$AC_OTOL 会返回一个由各个定向轴公差的平方相加后计算得出的平方根值，否则为 "-1"。

③ 系统变量 $AA_ATOL［<轴>］轴公差，在处理当前主运行程序段时生效。

如果轮廓公差生效，$AA_ATOL［<轴>］会返回一个由该轮廓公差除以几何轴数量的平方根得出的值。如果定向公差和定向转换生效，$AA_ATOL［<轴>］会返回一个由该定向公差除以定向轴数量的平方根得出的值。

> 说明：如果没有设定任何公差值，$A 变量将无法区分单个功能的不同公差，因为它只能返回一个值。

例如，如果压缩器功能的定向公差为 0.1，而定向平滑 ORISON 的定向公差为 1°，变量 $AC_OTOL 会返回值 "1"。如果关闭了定向平滑功能，则只返回值 "0.1"。

3) 在不带预处理停止的零件程序中，通过系统变量：

① $P_CTOL：编程的轮廓公差。

② $P_OTOL：编程的定向公差。

③ $PA_ATOL：编程的轴公差。

> 说明：如果没有设定任何公差值，$P 变量将返回值 "-1"。

5.9.3　G0 运动的公差（STOLF）

（1）指令功能　通过在零件程序中设定 STOLF 可临时覆盖设置的 G0 公差系数（MD20560），此时不会修改 MD20560 中的值。在复位或零件程序结束后，配置的公差系数会重新生效。

G0 公差系数是指在 G0 运动（快速移动，进给运动）中可允许较大的公差。优点是缩短了 G0 的返回时间。

（2）编程格式

STOLF = <公差系数>

（3）指令参数说明

STOLF：用于设定 G0 公差系数的指令。

<公差系数>：G0 公差系数。系数可大于 1 也可小于 1。但是通常可为 G0 运动设置较大的公差。在 STOLF = 1.0（等于配置的默认值）时，G0 运动时生效的公差与非 G0 运动时相同。

（4）注意事项

1) 通过 G0 公差系数的机床数据（MD20560 $MC_G0_TOLERANCE_FACTOR）可设置该

G0 公差。G0 公差系数仅在以下情况下才生效：

① 压缩器功能：COMPON、COMPCURV 和 COMPCAD。

② 平滑功能：G642 和 G645。

③ 方向圆滑：OST。

④ 方向平滑：ORISON。

⑤ 路径相关的方向平滑：ORIPATH。

2）存在连续多个（≥ 2）G0 程序段。在只有一个 G0 程序段时 G0 公差系数不会生效，因为在从非 G0 运动过渡至 G0 运动（并反向）时，通常"较小的公差"（工件加工公差）会生效。

3）零件程序中或当前插补程序中生效的 G0 公差系数可通过系统变量读取。在同步动作或在带预处理停止的零件程序中，通过系统变量 $AC_STOLF 生效的 G0 公差系数。当前主程序段预处理时生效的 G0 公差系数。

在不带预处理停止的零件程序中，通过系统变量 $P_STOLF 编程的 G0 公差系数。如果在生效的零件程序中未使用 STOLF 赋值，则两个系统变量会输出通过 MD20560 $MC_G0_TOLERANCE_FACTOR 设置的值。

如果在程序段中无快速移动（G0），则这些系统变量总是输出值1。

（5）编程示例

程序代码	注释
COMPCAD G645 G1 F10000	;压缩器功能 COMPCAD
X…Y…Z…	;此处机床数据和设定数据生效
X…Y…Z…	
X…Y…Z…	
G0 X…Y…Z…	
G0 X…Y…Z…	;此处机床数据 $MC_G0_TOLERANCE_FACTOR（例如 = 3 ）生效，即 $MC_G0_TOLERANCE_FACTOR * $MA_COMPRESS_POS_TOL 的平滑公差生效
CTOL = 0.02	
STOLF = 4	
G1 X…Y…Z…	;从此处开始，0.02mm 的轮廓公差生效
X…Y…Z…	
X…Y…Z…	
G0 X…Y…Z…	
X…Y…Z…	;从此处开始 G0 公差系数 4 生效，即 0.08mm 的轮廓公差生效

5.10 其他指令

5.10.1 暂停时间（G4）

（1）指令功能 使用 G4 可以在两个程序段之间设定一个"暂停时间"，在此时间内工件加工中断。G4 指令会中断连续路径运行。该指令在程序段有效，是非模态指令。

（2）编程格式

G4 F…

G4　S…

G4　S<n>=…　　　　　　　；G4 必须在单独的 NC 程序段中设定

（3）指令参数说明。

G4：激活暂停时间。

F：在地址 F 下设定暂停时间，单位为 s。

S：在地址 S 下设定暂停时间，单位为 r（主轴转数）。

S<n>=：通过数字扩展符可以设定暂停时间生效的主轴的编号<n>。若未设定数字扩展符（S），则暂停时间生效于主主轴。

只有在 G4 程序段中时，地址 F 和 S 才用于设定时间。在 G4 程序段之前设定的进给率 F 和主轴转速 S 被保留。

（4）编程示例

程序代码	注释
N10 G1 F200 X5 S300 M3	;进给率 F,主轴转速 S
N20 G4 F3	;暂停时间:3s
N30 X40 Y10	
N40 G4 S30	
	;主轴停留 30r 的时间（在 S = 300r/min 且转速倍率为 100% 时：t = 0.1min）
N50 X…	;N10 中设定的进给率和主轴转速继续生效

5.10.2　信息显示（MSG）

（1）指令功能　在系统屏幕的上方为信息显示栏，用于显示在系统运行中因各种故障条件产生的报警信息、系统自查程序语句格式或句法等错误信息和不影响程序运行的一些提示信息。与报警号一起显示的故障文本可以提供更详细的有关故障原因的信息。

除此以外，程序员还可以在编写加工程序中使用 MSG（）指令，根据程序控制结构的需要，适时从零件程序中输出任意字符串，显示在系统屏幕上方的信息栏区域内，以提示操作者注意，或中断程序运行。在加工程序中，采用 MSG 指令配合 M0、M2 使用，可既方便又灵活地实现提示信息、错误信息报警，避免发生加工事故。

（2）编程格式

MSG（"<信息文本>"［，<执行>]）

…

MSG（　）

（3）指令参数说明

MSG：信息文本编程的指令字。

<信息文本>：显示为提示信息的任意字符串；类型为字符型；最大长度为 124 字符；分两行显示（2×62 字符）。在信息文本中也可通过使用连接运算符 "≪" 输出变量。

<执行>：可选参数，用于定义写入提示信息的时间，允许的数值为 0、1。具体含义是：0（默认）表示不生成独立的主程序来写入提示信息，而是在下一个可执行 NC 程序段中执行。不会中断生效的连续路径运行；1 表示生成独立的程序段写入提示信息。会中断生效的连续路径运行。

MSG（　）：编写不包含文本的 MSG（　）或 MSG（" "）语句可清除当前信息。

（4）编程示例

例1　用于显示文字。

程序代码	注释
MSG（"text"）	;text 可以填入显示的文字

例2　输出和清除提示信息。

程序代码	注释
N10 G91 G64 F100	;连续路径运行
N20 X1 Y1	
…	
N20 MSG（"加工工件 1"）	;在执行 N30 时才输出提示信息，连续路径运行不中断
N30 X…Y…	
…	
N400 X1 Y1	
N410 MSG（"加工工件 2",1）	;在执行 N410 时输出提示信息，连续路径运行中断
N420 X…Y…	
…	
N900 MSG（）	;删除提示信息。

例3　用于显示参数数值。

程序代码	注释
R0 = 100	
MSG（≪R0）	;R0 当前值"100"显示在屏幕上方
…	
R0 = 100	
MSG（"R0 = "≪R0）	;"R0 = 100"显示在屏幕上方

例4　含变量的信息文本。

程序代码	注释
N10 R12 = $ AA_IW［X］	;R12 中 X 轴的当前位置
N20 MSG（"X 轴的位置"<<R12<<"检查"）	;输出含变量 R12 的提示信息
N30 M0	
…	
N90 MSG（" "）	;清除 N20 程序段中的提示信息

（5）显示内容取消　MSG 指令执行后一直显示在屏幕上，取消这条指令的方法有：

1）使用 MSG（" "）指令可以取消屏幕上方信息栏中的内容。

2）使用 MSG（）指令可以取消屏幕上方信息栏中的内容。

3）直到程序中执行 M30、M2、M17 指令，或按 RESET 键复位程序，可以取消屏幕上方信息栏中的内容。

编写提示信息时，根据具体情况可以设计成停止程序运行形式（需操作者修改后重新运行），也可以设计成暂停形式（操作者观察加工状况，确认后再次按动启动按钮继续运行），还可以仅作为运行中的提示形式（操作者无须干预）。报警设计技术作为一种加工程序运行中的安全保护措施。从编写加工程序技巧和成熟性的角度来看，一个完整的加工程序应当包括：加工程序中数据的可靠性、加工程序的流向控制、程序指令的灵活运用、切削刀具轨迹路径和加工工艺的合理设计。

5.10.3　回参考点运行（G74）

（1）指令功能　在机床开机后，如果使用的是增量位移测量系统，则所有进给轴滑板必须回到参考点标记处。在此之后，才可以编程运行。

使用 G74 指令可以采用编程的方式，在 NC 程序中执行回参考点命令。

（2）编程格式

G74 X1＝0 Y1＝0 Z1＝0 A1＝0　　　；在单独 NC 程序段中编程

（3）指令参数说明

G74：回参考点。

X1＝0 Y1＝0 Z1＝0：给定的线性轴的地址 X1，Y1，Z1 执行回参考点运行。

A1＝0 B1＝0 C1＝0：给定的回转轴地址 A1，B1，C1 执行回参考点运行。

用 G74 指令使轴运行到参考标记处，在回参考点之前不可以对该编程轴转换。

通过指令 TRAFOOF 可取消转换。

（4）编程示例　在转换测量系统时返回到基准点，并建立工件零点。

程序代码	注释
N10 SPOS＝0	;主轴处于位置控制方式
N20 G74 X1＝0 Y1＝0 Z1＝0 C1＝0	;回参考点运行,用于线性轴和回转轴
N30 G54	;零点偏移
N40 L47	;切削程序
N50 M30	;程序结束

5.10.4　回固定点运行（G75，G751）

（1）指令功能　使用逐段方式生效的 G75 或 G751 指令可以将单个轴独立地运行至机床区域中的固定点，比如换刀点、上料点、托盘更换点等。

固定点为机床数据（MD30600 \$MA_FIX_POINT_POS[n]）中储存的机床坐标系中的位置。每个轴最多可以定义 4 个固定点。

可在各 NC 程序中返回固定点，而不用考虑当前刀具或工件的位置。在运行轴之前执行内部预处理停止。可直接（G75）或者通过中间点（G751）返回固定点。

使用 G75 或 G751 返回固定点时，必须满足以下前提条件：

1）必须精确地计算固定点坐标并储存于机床数据中。

2）固定点必须处于有效的运行范围内（注意软件限位开关限值）。

3）待运行的轴必须返回参考点。

4）不允许激活刀具半径补偿。

5）不允许激活运动转换。

6）待运行的轴不可参与激活的转换。

7）待运行的轴不可为有效耦合中的从动轴。

8）待运行的轴不可为龙门连接中的轴。

9）编译循环不可接通运行分量。

（2）编程格式

G75 <轴名称><轴位置>…FP = <n>

G751 <轴名称><轴位置>…FP = <n>

（3）指令参数说明

G75：直接返回固定点。

G751：通过中间点返回固定点。

<轴名称>：需要运行至固定点的机床轴的名称，允许所有的轴名称。

<轴位置>：在 G75 程序段中设定的位置值无意义。因此通常设定为 "0" 值。在 G751 程序段中，此时必须将待逼近的中间点设定为位置值。

FP = ：应当返回的固定点。

<n>：固定点编号。取值范围为 1、2、3、4。

（4）编程示例

例 1 编写 G75 指令返回固定点。

需要将 X 轴（＝AX1）和 Z 轴（＝AX3）运行到固定机床轴（MCS）位置 1（X = 151.6，Z = -17.3）处进行换刀。

机床数据：MD30600 \$MA_FIX_POINT_POS[AX1,0] = 151.6，MD30600 \$MA_FIX_POINT[AX3,0] = 17.3。

程序代码	注释
…	
N100 G55	;激活可设定的零点偏移
N110 X10 Y30 Z40	;逼近工件坐标系中的位置
N120 G75 X0 Z0 FP = 1 M0	
	;X 轴运行至 151.6,Z 轴运行至 17.3（固定机床轴）中。每根轴均以最大速度运行
	在此程序段中不可激活其他运行
	在此添加一个停止指令,以防止在到达终点位置后会继续运行
N130 X10 Y30 Z40	;重新逼近 N110 中设定的位置。零点偏移重新生效
…	

程序说明：如果激活了 "带刀库的刀具管理" 功能，则在 G75 运行结束时，辅助功能 T…或 M…（如 M6）无法触发程序段转换禁止。其原因是 "带刀库的刀具管理" 功能被激活时，用于换刀的辅助功能不输出给 PLC。

例 2 编写 G751 指令返回固定点。先逼近位置 X20 Z30，然后逼近机床轴固定点 2。

程序代码	注释
…	
N40 G751 X20 Z30 FP = 2	;先通过快速运行以轨迹逼近位置（X20,Z30）;接着像编程 G75 时一样从（X20,Z30）运行至 X 轴和 Y 轴上的固定点 2
…	

（5）注意事项

1）未设定 FP = <n>或固定点编号，或者设定 FP = 0 时，它将被看做 FP = 1，并且执行向固定点 1 的返回运行。

2）地址 FP 的值不能大于为编程的每个轴设定的固定点的数量（MD30610 $MA_NUM_FIX_POINT_POS）。

3）在一个 G75 或 G751 程序段中可以设定多个轴，这些轴将同时逼近设定的固定点。

4）在一个 G75 程序段中，将轴作为机床轴快速运行。运行通过内部功能 "SUPA"（抑制所有框架）和 "G0 RTLIOF"（进行单轴插补的快速运行）描述。如果不满足 "RTLIOF"（单轴插补）的条件，则以轨迹返回固定点。到达固定点时，轴停止在公差窗口 "精准停" 内。

5）对于 G751 指令，无法设定不经过中间点而直接返回固定点的运行。

6）在一个 G751 程序段中，通过快速运行和激活的补偿（刀具补偿、框架等）逼近中间位置，此时轴进行插补运行。接下来像使用 G75 时一样执行向固定点的逼近运行。到达固定点后重新激活补偿（如 G75）。

7）在 G75 或 G751 程序段编译时考虑采用以下轴向附加运行：外部零点偏移、DRF 和同步偏移（$AA_OFF）。之后不可再对轴的附加运行进行修改，直至通过 G75 或 G751 程序段编程运行结束。G75 或 G751 程序段编译后的附加运行会使逼近的固定点产生偏移。

8）不考虑插补时间，系统始终不采用以下附加运行，因为这些功能会引起目标位置的偏移：在线刀具补偿和 BCS（如 MCS）中的编译循环的附加运行。

9）忽略所有生效的框架，在机床坐标系中运行。

10）坐标系专用的工作区域限制（WALCS0 ~ WALCS10）在 G75 或 G751 程序段中不生效。将目标点作为下一个程序段的起点进行监控。

11）如果使用 POSA 或 SPOSA 运行了编程的进给轴或主轴，必须在返回固定点前结束该运行。

12）如果主轴没有进行 "返回固定点" 运行，可以在 G75 或 G751 程序段中附加编程主轴功能（比如使用 SPOS 或 SPOSA 进行定位）。

第 6 章

变量与数学函数

6.1　变量

　　SINUMERIK 数控系统变量是指系统内部已经命名和规划用途的参数。学习和使用系统变量进行编写加工程序是属于高级编程阶段的内容，需要编程者已经对西门子数控系统比较了解，具有一定的加工编程经验和系统数据调试经验。由于在编程中涉及系统参数的一些读取或写入操作，在验证所编写的程序时一定要注意操作安全，并做好数据记录。

　　系统变量的设计与规划用途的完整情况只能由系统研发人员作出说明，可能需要非常多的篇幅。仅就 828D 系统而言，其支持软件系统有三个主要版本，某些变量又是针对某个版本设计规划的。本书仅仅就选取出的部分以标示符 $ 打头的、常用的变量使用方法进行说明，需要读者在机床上验证后使用。通过使用变量，特别是计算功能和控制结构的相关变量，可以使零件程序和循环的编写更为灵活。为此，828D 系统提供了三种不同类型的变量：系统变量、预定义用户变量和用户定义变量。

6.1.1　系统变量

　　系统变量是系统中定义有固定名称的供用户使用的一种标志符号，它们具有固定的预设含义。系统变量的含义中的大部分属性也是由系统固定预设的。用户只能小范围地对属性进行重新定义和匹配。本系统中的系统变量分为预处理变量和主处理变量。

　　1）预处理变量。预处理变量是指在预处理程序状态中，即在执行设定了系统变量的零件程序段进行编译时，读取和写入的系统变量。

　　2）主处理变量。主处理变量是指在主运行状态中，即在执行编程了系统变量的零件程序段时，读取和写入的系统变量。

　　通过系统变量可在零件程序与循环中提供当前控制系统的参数，例如机床、控制系统和加工步骤状态。

　　3）变量前缀。系统变量的一个显著特点是其名称通常包含一个前缀。该前缀由一个 $ 字符、一个或两个字母以及一条下划线构成。系统规定：如果数据在执行期间保持不变，则可以和预处理同步读入，为此在机床数据或设定数据的前缀中写入一个 $ 字符。如 $M。

　　预处理时读取或写入的系统变量见表 6-1 和表 6-2。

表 6-1　预处理时读取或写入的系统变量的第一个字符

$ +第 1 个字母	数 据 类 型	$ +第 1 个字母	数 据 类 型
$M	机床数据	$ C	ISO 固定循环的循环变量
$S	设定数据，保护区域	$P	程序变量，通道专用系统变量
$T	刀具管理参数	R	R 参数（计算参数）。在零件程序和工艺循环中使用 R 参数时，不写入前缀
$O	选项数据		

表 6-2　预处理时读取或写入的系统变量的第二个字符

$+第 1 个字母	变 量 显 示	$+第 1 个字母	变 量 显 示
N	全局变量	A	轴专用变量
C	通道专用变量		

前缀系统的特例：$TC_ …：第 2 个字母 C 表示的不是通道专用变量，而是刀架专用系统变量。

6.1.2　用户变量

（1）用户变量　是用户自己定义的用于程序编写中表示某种（个）特定意义的一种标志符号，系统不确知其含义，也不对其进行分析的变量。

1）预定义用户变量。预定义用户变量是在系统中已经定义的变量，但是用户还需通过专门的机床数据对其数量进行参数设置。例如循环指令中的变量。

2）用户定义变量。用户定义变量是仅由用户定义的变量，到系统运行时才会创建这些变量。它们的数量、数据类型和所有其他属性都完全由用户定义。例如用户自己编制宏程序时设置的变量。

（2）用户变量名称的定义规则

1）"$"字符预留给系统变量，用户所定义的变量不可使用。

2）变量名称必须意义明确。同一个名称不可以用于不同的对象。

3）系统中已定义的或备用的关键字不可以用作名称。

4）变量名称的长度小于 31 个字符。允许使用的字符有字母、数字和下划线。

5）书写变量名称时，开始的两个字符必须是字母或下划线。在单个字符之间不允许有分隔符。

6）预留的字符组合。

7）为了避免出现名称冲突，在设定名称时要注意避免使用下列字符：

① 所有的以"CYCLE"、"CUST_"、"GROUP_"或"S_"开始的名称均用于西门子标准循环。

② 所有的以"CCS"开始的名称均用于西门子汇编循环。

③ 用户汇编循环以"CC"开始。

④ 名称"RL"预留给传统车床。

⑤ 以"E_"或"F_"开始的名称预留给 EASY…STEP 编程。

⑥ 已经被系统使用的指令，标志等名称。

8）建议用户选择有区别的且有一定含义的字符来定义变量名称，如以"U"（用户）开始的名称，因为系统、汇编循环和西门子循环不使用这些名称。也可以方便区分和记忆所定义的变量。

9）一个程序段中只能定义一种类型的用户变量，可以定义同一种用户变量类型的多个用户变量。

6.1.3　计算参数（R）

计算参数或 R 参数是名称为 R 的预定义用户变量，用字母 R 加数字表示，定义为 REAL 数据类型的数组。由于历史原因，R 参数既可以带数组索引编写，如 R［10］，也可不带数组索引编写，如 R10。

（1）编程格式

R ＜n＞

R［＜表达式＞］

（2）指令参数说明

R：作为预处理变量使用时的名称。

＜n＞：R 参数编号，类型为整数型（INT）。本系统为 300 个，数值为 0～299。

＜表达式＞：数组索引。只要可将表达式结果转换为数据类型 INT，则可设定任意表达式作为数组索引。

（3）参数值的赋值范围

1）可以在以下数值范围内给计算参数赋值：0.000 0001～9999 9999，8 个数位，带符号和小数点。

2）用指数表示法可以赋值更大的数值范围，±（10^{-300}～10^{300}）。指数值写在"EX"符号之后，EX 范围为－300～＋300。

R1＝－0.1EX－5   ；表示 R1＝－0.000 001

R2＝1.874EX8   ；表示 R2＝187 400 000

（4）赋值方法

1）直接赋值或通过函数表达式赋值。可以用数值、算术表达式或计算参数对 NC 地址赋值。一个程序段中可以有多个赋值语句，也可以用计算表达式赋值。如：

N10 R1＝10 R2＝20 R3＝10＊2 R4＝R2－R1 R5＝SIN（30）

2）通过参数变量赋值。通过给 NC 地址分配计算参数或参数表达式，可以增加 NC 程序的通用性。但对程序段段号 N、加工指令 G 和调用子程序指令 L 例外。赋值时在地址符之后写入字符"＝"。赋值语句也可以赋值一个负号。给坐标轴地址（运行指令）赋值时，要求有一个独立的程序段。

（5）编程示例 算术功能中 R 参数的赋值和应用。

程序代码	注释
R0＝3.5678	；在预处理中赋值
R［1］＝－37.3	；在预处理中赋值
R3＝－7	；在预处理中赋值
R4＝－0.1EX－3	；在预处理中赋值：R4＝－0.1×10^5（R4＝－0.0001）
R7＝SIN（25.3）	；在预处理中赋值
＄R［6］＝1.87EX6	；在主运行中赋值：R6＝1.87×10^6（R6＝1870000）
R［R2］＝R10	；通过 R 参数间接地址赋值
R［（R1＋R2）＊R3］＝5	；通过算术表达式间接地址赋值
X＝（R1＋R2）	；给 X 轴赋值
Z＝SQRT（R1＊R1＋R2＊R2）	；给 Z 轴赋值，运行至通过（R^21+R^22）的平方根确定的位置

要使一个零件程序不仅适用于特定数值下的一次加工，或者在程序运行中需要计算出某些数值，这两种情况均可以使用计算参数。可以在程序运行时由控制器计算或设定所需要的数值；也可以通过操作面板设定参数数值。如果参数已经赋值，可以通过段号寻址变量并对其进行操作。

6.2　常用的系统变量编程格式

6.2.1　几何位置变量编程格式及示例

系统变量可以分为几个部分（以三轴立式铣床为例说明）：

1）读取加工平面参数数据——选择 G17、G18、G19。

$P_ GG［6］= 1（当前所选平面为 G17）。

$P_ GG［6］= 2（当前所选平面为 G18）。

$P_ GG［6］= 3（当前所选平面为 G19）。

SINUMERIK 数控系统强调加工平面的概念，不仅是指出当前加工的平面位置，也包括了数控系统对坐标系其他概念的描述。例如，G17 平面指 XY 平面，半径长度在 XY 平面中，同时也指明刀具轴是 Z 轴，包括指明刀具长度 1 指的是在 Z 轴方向的长度。同理，G18 平面指 ZX 平面，半径长度在 ZX 平面中，（三轴立式铣床中）刀具轴仍是 Z 轴，但 G18 平面中的长度 1 指的是在 Y 轴方向的长度。

2）读取在机床坐标系（MCS）中的（轴）位置数据指令。

机床坐标系中 X 轴的当前坐标值：$AA_ IM［X］。

机床坐标系中 Y 轴的当前坐标值：$AA_ IM［Y］。

机床坐标系中 Z 轴的当前坐标值：$AA_ IM［Z］。

机床坐标系中 A 轴的当前坐标值：$AA_ IM［A］。

例 1

```
R1 = $AA_IM[X]
R2 = $AA_IM[Y]
R3 = $AA_IM[Z]
R4 = $AA_IM[A]
```

运行上述指令后，可在系统"OFFSET"功能区的"R 参数"界面中看到机床各个坐标轴的当前位置数据。

3）读取在工件坐标系（WCS）位置的数据值指令。

工件坐标系中 X 轴的当前坐标值：$AA_ IW［X］。

工件坐标系中 Y 轴的当前坐标值：$AA_ IW［Y］。

工件坐标系中 Z 轴的当前坐标值：$AA_ IW［Z］。

工件坐标系中 A 轴的当前坐标值：$AA_ IW［A］。

4）读取在基准坐标系（BCS）位置的数据值指令。

工件坐标系中 X 轴的基本坐标值：$AA_ IB［X］。

工件坐标系中 Y 轴的基本坐标值：$AA_ IB［Y］。

工件坐标系中 Z 轴的基本坐标值：$AA_ IB［Z］。

工件坐标系中 A 轴的基本坐标值：$AA_ IB［A］。

5）读写可设定的零点偏移指令。

读取或写入可设定的零点偏移（工件坐标系原点）的数据值指令（不含扩展零点偏移地址）见表 6-3。

表 6-3 读取或写入可设定的零点偏移的数据值指令

可设定零点偏移	X 坐标	Y 坐标	Z 坐标	A 轴坐标
G500 $P_GG[8]=1	$P_UIFR[0,X,TR]	$P_UIFR[0,Y,TR]	$P_UIFR[0,Z,TR]	$P_UIFR[0,A,TR]
G54 $P_GG[8]=2	$P_UIFR[1,X,TR]	$P_UIFR[1,Y,TR]	$P_UIFR[1,Z,TR]	$P_UIFR[1,A,TR]
G55 $P_GG[8]=3	$P_UIFR[2,X,TR]	$P_UIFR[2,Y,TR]	$P_UIFR[2,Z,TR]	$P_UIFR[2,A,TR]
G56 $P_GG[8]=4	$P_UIFR[3,X,TR]	$P_UIFR[3,Y,TR]	$P_UIFR[3,Z,TR]	$P_UIFR[3,A,TR]
G57 $P_GG[8]=5	$P_UIFR[4,X,TR]	$P_UIFR[4,Y,TR]	$P_UIFR[4,Z,TR]	$P_UIFR[4,A,TR]
G58 $P_GG[8]=6	$P_UIFR[5,X,TR]	$P_UIFR[5,Y,TR]	$P_UIFR[5,Z,TR]	$P_UIFR[5,A,TR]
G59 $P_GG[8]=7	$P_UIFR[6,X,TR]	$P_UIFR[6,Y,TR]	$P_UIFR[6,Z,TR]	$P_UIFR[6,A,TR]

注：$P_UIFR [0,, TR] 变量在程序运行中是生效的，但是程序结束或复位之后就被清除了。

例 2 读取 G55 中 Y 偏移值到计算参数 R8 中。

R8= $P_UIFR [2, Y, TR]

例 3 要设定（写入）G54 中的 X 偏移值 R1=−70、Y 轴的偏移值 R2=−50、Z 轴的偏移值 R3=−30、A 轴的偏移值 R4=120°，具体编程指令如下：

$P_UIFR [1, X, TR]=−70

$P_UIFR [1, Y, TR]=−50

$P_UIFR [1, Z, TR]=−30

$P_UIFR [1, A, TR]=120

或者用下面的指令写入：

$P_UIFR [1]=CTRANS (X, R1, Y, R2, Z, R3, A, R4)

运行上述指令后，可在系统"OFFSET"功能区的"零点偏移"界面中的 G54 一栏中看到以上数据。

6）读取程序运行后的设定点编程值指令。

工件坐标系中 X 轴的基本坐标值：$P_EP [X]。

工件坐标系中 Y 轴的基本坐标值：$P_EP [Y]。

工件坐标系中 Z 轴的基本坐标值：$P_EP [Z]。

工件坐标系中 A 轴的基本坐标值：$P_EP [A]。

例 4 R4= $P_EP [X]。

运行上述指令后，可在系统"OFFSET"功能区的"R 参数"界面中看到程序上一次运行后的最后一个 X 轴编程值。

6.2.2 刀具几何数据变量编程格式及示例

1）读取刀具相关信息。

$P_TOOLNO　　　;当前（有效）刀具号（T 号）

$P_TOOL　　　;当前（有效）刀具号的（有效）刀沿号（D 号）

160

$P_ TOOLP   ;最后一次编程的刀具号

$P_ TOOLL ［n］   ;作用的刀具长度，n＝1，2，3

上面这些指令一般只可在程序中进行读取信息，不能写入数据。将其编写在加工工序中，可与机床实际的数据对比作出判断，以保证加工程序运行的安全性。

编程示例：

程序代码	注释
R5 = $ P_TOOLNO	;查验当前已经激活的刀具号（T 号）
R6 = $P_TOOL	;查验当前已经激活的刀具的刀沿号（D 号）
R7 = $P_TOOLP	;查验运行程序中最后一个编程的刀具号（T 号）
R8 = $ P_TOOLL[1]	;查验当前已经激活的刀具第一长度值

运行上述指令后，可在系统 "OFFSET" 功能区的 "R 参数" 界面中看到上述信息。

2）读取或写入刀具的几何数据。在编写 NC 程序时，刀具数据分别由 T 和 D 两个参数号代表选择的刀具和被直接分配给刀具的刀沿。程序段中的编写格式为：$TC_DPx［T，D］。

指令参数说明：

DPx：表示刀具参数编号，角标 x 表示 DP 变量的序号。

［T，D］：T 表示刀具号，D 表示刀沿号。

补偿存储器 DP1～DP25 的各个参数值可通过程序的系统变量读写。所有其他的参数被保留。

刀具参数 $TC_DP6～$TC_DP8、$TC_DP10、$TC_DP11、$TC_DP15～$TC_DP17、$TC_DP19 和 $TC_DP20 视刀具类型不同会有其他含义，见表 6-4。

表 6-4　刀具的几何数据变量名称定义

变 量 名 称	定　　　义
$TC_DP1［T，D］	刀具类型，见第 4 章
$TC_DP2［T，D］	刀沿位置，仅用于车刀
$TC_DP3［T，D］	刀具长度 1 的几何尺寸
$TC_DP4［T，D］	刀具长度 2 的几何尺寸
$TC_DP5［T，D］	刀具长度 3 的几何尺寸
$TC_DP6［T，D］	刀具半径的几何尺寸（铣刀） 直径 d（切槽锯片）
$TC_DP7［T，D］	圆锥形铣刀的转角半径（铣刀） 切槽锯片拐角半径（切槽锯片）
$TC_DP8［T，D］	铣刀的倒圆半径 1（铣刀） 超出长度 k（切槽锯片）
$TC_DP9［T，D］	备用
$TC_DP10［T，D］	刀具端面角度 1（最小极限角度）（圆锥形铣刀）
$TC_DP11［T，D］	刀具纵轴角度 2（最大极限角度）（圆锥形铣刀）
$TC_DP12［T，D］	刀具长度 1 的磨损值补偿
$TC_DP13［T，D］	刀具长度 2 的磨损值补偿
$TC_DP14［T，D］	刀具长度 3 的磨损值补偿
$TC_DP15［T，D］	刀具半径的磨损值补偿（铣刀） 直径 d 的磨损值补偿（切槽锯片）

（续）

变 量 名 称	定 义
$TC_DP16 [T, D]	圆锥形铣刀的转角半径，拐角半径的磨损值补偿
	槽宽 b 的磨损值补偿（切槽锯片）
$TC_DP17 [T, D]	铣刀的倒圆半径的磨损值补偿（铣削或3D端铣）
	超出长度 k 的磨损值补偿（切槽锯片）
$TC_DP18 [T, D]	备用
$TC_DP19 [T, D]	刀具端面角度1（最小极限角度的磨损量）的磨损值补偿（圆锥形铣刀）
$TC_DP20 [T, D]	刀具纵轴角度2（最大极限角度的磨损量）的磨损值补偿（圆锥形铣刀）
$TC_DP21 [T, D]	长度1适配器，长度补偿
$TC_DP22 [T, D]	长度2适配器，长度补偿
$TC_DP23 [T, D]	长度3适配器，长度补偿
$TC_DP24 [T, D]	后角，仅用于车刀
$TC_DP25 [T, D]	备用

3）基本值和磨损值的关系。几何尺寸（例如长度1或者半径）存在多个记录组成部分。这些部分相加得出的尺寸即为有效尺寸。也就是说，得出的总和尺寸分别由基本值和磨损值计算得出，例如用于半径的 $TC_DP6+ $TC_DP15。此外，将基本尺寸（$TC_DP21 ～ $TC_DP23）加到第一个刀沿的刀具长度。不需要的补偿可以用零覆盖。

所有磨损量尺寸的符号都反向。这既作用于刀具长度上，也作用于其他尺寸，比如刀具半径、倒圆半径等。如果输入一个正的磨损尺寸值，则借此使得刀具"变短"和"变薄"。

此外，所有其他尺寸都影响该刀具长度，对于传统刀具，这些尺寸还可能影响有效刀具长度，如适配器、可定向的刀架、设定数据。

极限角度1和2分别以刀沿终点到刀沿参考点的矢量为参照，并以逆时针方向计数。

6.2.3 获取刀具号的管理函数 (GETT)

在828D系统中，可以通过编写加工程序的方法实现对刀具几何尺寸进行读取和赋值。这类指令（也可以称为函数）有很多，经常使用的指令或函数有 GETT (n, m)。一般情况下，可将"m"值直接写为"1"。

读取或更改刀具参数不能直接对 $TC_DP6 [T, D]（刀具半径）或 $TC_DP3 [T, D]（刀具长度）等系统变量进行操作。首先要借助自定义变量或R参数，使用刀具管理中的函数 GETT (n, m) 指令获取当前刀具号（将刀具表中的刀具名称转换为一个常量，操作者无须关心这个常量值的含义），再将获取刀具号的变量名称或R参数名称填写在系统变量 $TC_DP6 [T, D]中的"T"位置处，就可以对刀具的刀沿半径值等系统变量进行读、写操作了。

编程示例

刀具表中已经定义有刀具：钻头"DRILL10"，球头铣刀"1"和立铣刀"CUT_20"。已经输入的刀具的半径值和长度值数据。

例1

程序代码	注释
R5 = GETT("1",1)	;读取刀具名称为"1"的刀具编号
R15 = $TC_DP6[R5,2]	;读取刀具名称为"1"的2号刀沿半径值数据

例 2

程序代码	注释
R6 = GETT("DRILL10", 1)	; 读取刀具名称为"DRILL10"的刀具编号
R16 = $TC_ DP3 [R6, 1]	; 读取刀具名称为"DRILL10"的 1 号刀沿长度值
$TC_ DP3 [R5, 2] = 44.98	; 对刀具名称为"1"的 2 号刀沿赋值（写入）长度值

例 3

程序代码	注释
R14 = GETT("CUT_20", 1)	; 读取刀具号
R15 = $TC_DP6[R14, 1]	; 读取刀具名称为"CUT_20"的刀具编号
$TC_DP6[R14, 1] = 19.83785	; 对刀具名称为"CUT_20"的 1 号刀沿赋值（写入）半径值
$TC_DP12[R14, 1] = 0.025	; 对刀具名称为"CUT_20"的 1 号刀沿赋值（写入）长度磨损值
$TC_DP15[R14, 1] = 0.032	; 对刀具名称为"CUT_20"的 1 号刀沿赋值（写入）半径磨损值

6.3　数学运算指令符和算术函数

6.3.1　运算形式

（1）数值计算　表达式运算是现代数控系统指令表达的一种常用方法。在数值计算中既有常量计算，也有 R 参数和实数型变量计算，计算时也遵循通常的数学运算规则。同时，整数型和字符型数值间的计算也是允许的。常用的运算形式见表 6-5。

表 6-5　常用的运算形式

计算符号	含　义	编　程　示　例	说　　明
+	加法	R1 = 20+32.5	R1 等于 20 与 32.5 之和（52.5）
−	减法	R3 = R2−R1	R3 等于 R2 的数值与 R1 的数值之差
*	乘法	R4 = 0.5 * R3	R4 等于 0.5 乘以 R3
/	除法	R5 = 10/20	R5 等于 10 除以 20（0.5） 数值类型包括：INT/INT = REAL
DIV	除法	3 DIV 4 = 0	用于变量类型整数型和实数型
MOD	取模除法	3 MOD 4 = 3	仅用于 INT 型，提供一个 INT 除法的余数
≪	连接运算符	"X 轴的位置" ≪ R12	输出含变量 R12 的提示信息
:	级联运算符	RESFRAME = FRAME1 : FRAME2	

（2）比较运算　可以用来表达某个跳转条件。完整的表达式也可以进行比较。比较函数可用于 CHAR、INT、REAL 和 BOOL 型的变量。对于 CHAR 型变量，比较代码值。对于 STRING、AXIS 和 FRAME 可以为 = = 和<>。比较运算的结果始终为 BOOL 型。比较运算的结果有两种，一种为"满足"，该运算结果值为 1；另一种为"不满足"。当比较运算的结果为"不满足"时，该运算结果值为 0。

在 SINUMERIK 828D 或 BASIC 数控系统中，逻辑比较运算经常出现在程序分支的程序语句判断中。所用的逻辑比较运算符号见表 6-6。

表 6-6   逻辑比较运算符号

运 算 符 号	意　义	运 算 符 号	意　义
<>	不等于	==	等于
>	大于	>=	大于或等于
<	小于	<=	小于或等于

说明： 在布尔的操作数和运算符之间必须加入空格。

例 1　比较运算符

```
IF R10>=100 GOTOF 目标
或
R11=R10>=100                    ;R10>=100 的比较结果首先储存在 R11 中
IF R11 GOTOF   目标
```

（3）逻辑运算　用于将真值联系起来。逻辑运算只能用于 BOOL 型变量。通过内部类型转换也可将其用于 CHAR、INT 和 REAL 数据类型，见表6-7。

表 6-7   逻辑运算符号

运 算 符 号	意　义	运 算 符 号	意　义
AND	与	NOT	非
OR	或	XOR	异或

例 2　逻辑运算符

```
IF（R10<50）AND（$AA_IM[X]>=17.5）GOTOF 目标
或
IF NOT R10 GOTOB START
NOT                            ;只与一个运算域有关
```

（4）逐位逻辑运算　使用 CHAR 和 INT 型变量也可进行逐位逻辑运算。运算中，自动进行变量的类型转换，见表6-8。

表 6-8   逐位逻辑运算符号

运 算 符 号	意　义	运 算 符 号	意　义
B_AND	位方式"与"	B_NOT	位方式"非"
B_OR	位方式"或"	B_XOR	逐位式"异或"

例 3　逐位逻辑运算符

```
IF $MC_RESET_MODE_MASK B_AND 'B10000' GOTOF ACT_PLANE
```

（5）运算的优先级　每个运算符都被赋予一个优先级，如乘法和除法运算优先于加法和减法运算。在计算一个表达式时，有高一级优先权的运算总是首先被执行。在优先级相同的运算中，运算由左到右进行。在算术表达式中可以通过圆括号确定所有运算的顺序并由此脱离原来普通的优先计算规则（圆括号内的运算优先进行）。运算的优先级见表6-9。

表 6-9　运算的优先级

优 先 级	逐位逻辑运算符	说　明
1	NOT，B_NOT	非，位方式非
2	*，/，DIV，MOD	乘，除
3	+，-	加，减
4	B_AND	位方式"与"
5	B_XOR	位方式"异或"
6	B_OR	位方式"或"
7	AND	与
8	XOR	异或
9	OR	或
10	≪	字符串的连接，结果类型为字符串
11	==，<>，>，<，>=，<=	比较运算符

说明：级联运算符"："在表达式中不能与其他的运算符同时出现。因此这种运算符不要求划分优先级。

6.3.2　常用的算术函数

SINUMERIK 828D 数控系统提供了较为丰富的初等数学函数计算功能供编程者使用。在不同的数控系统中用于定义函数的符号也不相同。正确理解和使用好这些函数计算功能，对完成手工编写加工程序，特别是参数编程和制作用户铣削循环指令裨益很大。

（1）三角函数　在 SINUMERIK 828D 系统中，三角函数用直角三角函数定义，角度的计算单位是十进制。以图 6-1所示直角三角形为例，设 α 用系统中的 R 参数表达，如用R1 表示。常用的三角函数表达关系式见表 6-10。

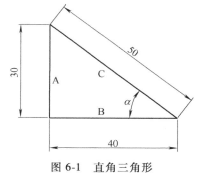

图 6-1　直角三角形

表 6-10　常用的三角函数表达关系式

计算符号	含　义	编程示例	说　明
SIN（）	正弦	R2＝SIN（R1）＝A/C＝30/50＝0.60	R2 等于 R1 数值的正弦值
COS（）	余弦	R3＝COS（R1）＝B/C＝40/50＝0.800	R3 等于 R1 数值的余弦值
TAN（）	正切	R4＝TAN（R1）＝A/B＝30/40＝0.75	R4 等于 R1 数值的正切值，R1≠90°
ASIN（）	反正弦	R1＝ASIN（R2）＝36.8699°	R1 等于 R2＝（A/C）的反正弦，单位为（°）
ACOS（）	反余弦	R1＝ACOS（R3）＝36.8699°	R1 等于 R3＝（B/C）的反余弦，单位为（°）
ATAN2（，）	反正切	R1＝ATAN2（30，40）＝36.8699° R1＝ATAN2（30，-80）＝159.444°	R1 等于 30 除以 40 的反正切，单位为（°） 角度取值范围为-180°～180°

（2）曲线函数 曲线函数表达关系式见表 6-11。

表 6-11 曲线函数表达关系式

计算符号	含 义	编程示例	说 明
LN （ ）	自然对数函数	R0 = 5 R10 = LN（R0）= LN5	常数可以代替变量参数 R0 当反对数（R0）为 0 或小于 0 时，系统发出报警
EXP （ ）	指数函数	R11 = EXP（5）= e^5	以 e 为底的指数函数。当运算结果很大时，结果数据会溢出，系统发出报警

（3）运算函数 常用的数学运算函数表达关系式见表 6-12。

表 6-12 常用的数学运算函数表达关系式

计算符号	含 义	编程示例	说 明
POT （ ）	平方	R6 = 12，R5 = POT（R6）= 144	R5 等于 R6 = 12 的平方值（144）
SQRT （ ）	平方根	R7 = SQRT（R6 * R6）= 12	R12 等于 R6 * R6 的积，再开平方（12）
ABS （ ）	绝对值	R9 = ABS（10-35）= 25	R9 等于 10 减 35 的差并取绝对值（25）
TRUNC （ ）	向下取整	R6 = 2.9，R8 = TRUNC（R6）= 2 R6 = -3.4，R8 = TRUNC（R6）= -3	R8 等于舍去 R6 数值的小数部分
ROUND （ ）	四舍五入	R8 = 8.492，R9 = ROUND（R8）= 8 R8 = 8.502 R9 = ROUND（R8）= 9	R9 等于仅对 R8 数值小数部分的第一个小数位进行四舍五入取整
ROUNDUP （ ）	向上取整	R8 = 8.1，R9 = ROUNDUP（R8）= 9 R8 = -8.1，R9 = ROUNDUP（R8）= -9	R9 等于仅对 R8 数值小数部分的第一个小数位进行向上取整
MINVAL （ ）	比较	R1 = 3.3，R2 = 9.9 R4 = MINVAL（R1，R2）	R4 为确定两变量中的较小值（R1）
MAXVAL （ ）	比较	R1 = 3.3，R2 = 9.9 R4 = MAXVAL（R1，R2）	R4 为确定两变量中的较大值（R2）
BOUND （ ）	检验	R1 = 3.3，R2 = 9.9，R3 = 6.6 R4 = BOUND（R1，R2，R3）	R4 为确定已定义值域中的变量值（R3）

注：1. 向下取整函数 TRUNC （ ），又称去尾取整函数。处理数值时，若运算后产生的整数绝对值小于原数的绝对值时为向下取整，故对负数使用向下取整函数时要十分小心。

2. 使用向上取整函数 ROUNDUP （ ）处理数值时，若运算后产生的整数绝对值大于原数的绝对值时为向上取整，故对负数使用向上取整函数时要十分小心。

6.4 部分函数使用说明与示例

6.4.1 向上取整（ROUNDUP）

（1）指令功能 可以将 REAL 型的输入值（带小数点的数字）取整为一个较大的整数值。

（2）编程格式

ROUNDUP（<值>）

（3）指令参数说明　ROUNDUP<值>：用于取整输入实数型（REAL）数值的指令，原样返回一个向上进位的整型（INT）数值。

（4）编程示例

例 1　不同的输入值及其取整结果。

```
程序代码                   注释
ROUNDUP(3.001)          ;返回值:4
ROUNDUP(3.9)            ;返回值:4
ROUNDUP(-3.1)           ;返回值:-4
ROUNDUP(-3.6)           ;返回值:-4
ROUNDUP(3.0)            ;返回值:3
```

例 2　NC 程序中的 ROUNDUP。

```
程序代码
N10 X=ROUNDUP(3.5) Y=ROUNDUP(R2+2)
N15 R2=ROUNDUP( $AA_IM[ Y] )
N20 WHEN X=100 DO Y=ROUNDUP( $AA_IM[ X] )
...
```

6.4.2　取模除法（MOD）

MOD 指令称为取模除法。一般可理解为是以一个定值为模（除数）的除法计算，但计算的结果只取其余数。

阿基米德螺旋线是一种常用的曲线，其极坐标方程式为

$$\rho = a\theta + \rho_0$$

式中　a——单位极角的极径值；

　　　θ——表示轨迹所转过的极角值；

　　　ρ_0——表示轨迹初始极径值。

如图 6-2 所示的阿基米德螺旋线方程为 $\rho = \dfrac{6}{360}\theta + 8$

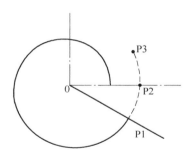

图 6-2　阿基米德螺旋线（一）

这是一条基于极坐标原点的、起始极径为 8mm、螺距为 6mm 的螺旋线。如果极角 $\theta \in$（0，330）十进制度数，即轨迹运行至 P1 点位置。螺旋线方程数学分析：设参数 R1 为每度角所对应的极径数值，即一个螺距在一个圆周角度内的极径微分量。R0 为螺旋线所转过的极角 θ。

使用极坐标指令编写加工程序如下：

程序代码	注释
;AJMD_1. MPF	
N10 G90 G17 G00 G54 X0 Y0	;G 指令定义
N20 Z100 S1000 M3	;刀具至初始高度
N30 R1 = 6/360	;每度极角所对应的极径数值
N40 R0 = 0	;对极角赋初值
N50 Z5	;刀具移到安全高度
N60 AP = R0 RP = R1 * R0+8	;曲线起点坐标赋值
N70 G1 Z−2 F150	;工进至指定吃刀量
N80 WHILE R0<330	;循环变量判断
N90 R0 = R0+1	;计算极角增量
N100 G1 AP = R0 RP = R1 * R0+8 F500	;直线插补拟合曲线
N110 ENDWHILE	;切削循环结束
N120 G0 Z100	;抬刀返回初始高度
N130 M30	;程序结束

如果将循环判断条件改为：N80 WHILE R0<390，上述程序轨迹运行至图 6-2 所示 P2 点位置停下来，并产生 014210#报警 "程序段 N100 极坐标半径太大"。

分析报警原因是：828D 系统对极角参数 AP 的赋值范围规定是 0°±359.99999°。当要求刀具运行极角的角度大于此规定时，系统报错，停止运行。

如图 6-3 所示的一条阿基米德螺旋线，螺旋线方程为 $\rho = \dfrac{6}{360}\theta+8$，$\theta \in$（0，1150）。

这条基于极坐标原点的、起始极径为 8mm、螺距为 6mm 的螺旋线，极角 θ 的取值范围 $\theta \in$（0，1150），十进制度数。做连接极点 O 与螺旋线终点 P3 的辅助直线，分别交螺旋线于 P1 点、P2 点和 P3 点。观察图示轨迹可以看到：

轨迹运行至交点 P1 所转过的极角为 $1\times360°+\beta$。

轨迹运行至交点 P2 所转过的极角为 $2\times360°+\beta$。

轨迹运行至交点 P3 所转过的极角为 $3\times360°+\beta$。

因此可以理解为，此螺旋线以 360°角为基础，刀位轨迹是先一次把 360°圆周角走完，即 "取模留余"，再接着走余下的 β 角。

可以使用 "MOD" 函数完成图 6-2 中至 P3 点的轨迹曲线，只需将 N80~N100 语句改写为：

程序代码	注释
...	
N80 WHILE R0<390	;循环条件判断
N90 R0 = R0+1	;计算极角增量
N100 G1 AP = R0 MOD 360 RP = R1 * R0+8 F500	;直线插补拟合曲线
...	

对于图 6-3 所示的阿基米德螺旋曲线，使用取模除法函数（MOD），即只需将 N80～N100 语句改写为：

```
程序代码                                      注释
...
N80    WHILE R0<1150                         ;循环条件判断
N90    R0＝R0＋1                              ;计算极角增量
N100   G1 AP＝R0 MOD 360 RP＝R1＊R0＋8 F500    ;直线插补拟合曲线
...
```

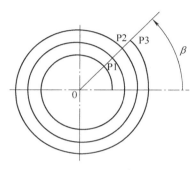

图 6-3　阿基米德螺旋线（二）

6.4.3　数据的精确度修正（TRUNC）

（1）指令功能　TRUNC 指令除了可以作为舍尾函数来截取实型数值的整数部分的功能外，还可以实现对实型数值精确度的修正。

在编程中，经常需要编写条件比较判断语句。有时，比较条件判断值的准确度在对高精度加工中的程序流向的精确控制起着关键作用。可设定精度实数型零件程序参数用系统内部的格式描述后显示的数据形式有时不能构成精确的十进制数，在与理想的计算数值进行比较时可能会带来一定的误差，称为相对相等性。为了使这种格式描述所带来的不精确性不影响程序控制流程，因此在比较指令中不检测绝对奇偶性，而是检测一个相对相等性。当与实数型数据比较可能出现不可接受的偏差时，必须另选被称为整型（INT）计算，方法是将运算数和一个精度系数相乘，然后再使用 TRUNC 指令进行截断。

（2）编程格式　比较错误时的精度补偿：

R1＝实数型数据

TRUNC（R1＊1000）

（3）指令参数说明

TRUNC：用来截取与一个精度系数相乘后的运算数。去除小数点后位数，即截取整数部分。所考虑的相对相等性为 10^{-12}。

出于兼容性考虑，通过设置机床数据 MD10280 \$MN_PROG_FUNCTION_MASK Bit0＝1 可以取消相对相等性的检测。

（4）编程示例

例 1　对给定的实型数据进行精度检查。

```
程序代码                                              注释
...
N30 R1＝61.01 R2＝61.02 R3＝0.01                      ;分配初始值
N40 R11＝TRUNC(R1＊1000)                             ;精度补偿
N50 R12＝TRUNC(R2＊1000)                             ;精度补偿
N60 R13＝TRUNC(R3＊1000)                             ;精度补偿
N70 IF ABS(R12－R11)＞R13 GOTOF ERR_1                ;判断计算精度
;N70 IF ABS(R12－R11)＜＝R13 GOTOF ERR_1             ;判断计算精度
N80 M30                                             ;程序结束
N90 ERR_1:SETAL(66000)                              ;自行设定的报警信息
```

注:(66000)为用户自行设定的报警信息,如计算精度超差。

例2 得出并且分析两个运算数的商的精度。

```
程序代码                                              注释
R1＝61.01 R2＝61.02 R3＝0.01                         ;分配初始值
;R6＝ABS(((R2－R1)/R3)－1)                           ;计算精度:R6＝5E-13
IF ABS(((R2－R1)/R3)－1)＜1.0EX－12 GOTOF FHLER_1    ;判断计算精度,执行跳转
;IF ABS(((R2－R1)/R3)－1)＞1.0EX－13 GOTOF FHLER_2   ;判断计算精度,执行跳转
;IF ABS(((R2－R1)/R3)－1)＝＝1.0EX－14 GOTOF FHLER_3 ;判断计算精度,执行跳转
FHLER_1:                                            ;跳转标志
MSG("计算精度小于设定精度")                          ;提示信息
GOTOF END_1                                         ;绝对跳转
FHLER_2:                                            ;跳转标志
MSG("计算精度大于设定精度 ")                         ;提示信息
GOTOF END_1                                         ;绝对跳转
FHLER_3:                                            ;跳转标志
MSG("计算精度等于设定精度")                          ;提示信息
END_1:M0                                            ;信息停留在屏幕上方,按启动键继续
M30                                                 ;程序结束
```

第 7 章

标准工艺循环指令

7.1 标准工艺循环指令概述

7.1.1 标准铣削工艺循环指令的特点

SINUMERIK 828D 数控系统在提供数控系统基本指令 G 代码编程的同时,将数控编程语言与参数化工艺循环的思想进行了完美结合,不断为用户提供一些极为有用的,针对典型图形的标准工艺循环编程指令。本书介绍的 SINUMERIK 828D 新版本的循环指令较之老版本,无论是对话界面上,还是加工功能上以及循环指令的参数组成上,都发生了很大的变化。本书以04. 07. 01. 00. 006 版本为基础进行介绍。

标准工艺循环是指用于特定加工过程的工艺子程序。所谓特定加工过程是指对典型图素(孔、规则排列的孔、圆凸台、方凸台、圆凹槽、方凹槽、规则排列的槽等)的加工过程。这些工艺循环涵盖了极其复杂的加工工艺,使操作者无论在进行大批量加工还是单个工件加工的编程时,可在多种工艺循环中选择,然后输入所需的参数即可,在保证提高生产效率的同时节省大量编程时间。

SINUMERIK 828D 数控系统(V4.7 版本)更加适应了实际生产的具体情况,同时,该循环指令的参数输入界面的项目数量也增加了一些。本章在编写时为了将人机交互界面对话框中的参数全面地介绍给读者,选择了对话框输入状态为"完全"输入的模式。然而,用户在工作中更多的是使用"简单"输入模式,编程者可以借助"输入"下拉表将参数缩减至最重要的一些参数。在"简单"输入模式中有些参数是被隐藏的,它们的值是固定的或是预设的。

7.1.2 标准铣削工艺循环编程操作特色

SINUMERIK828D 数控系统(V4.7 版本)为方便操作者尽快熟悉且易于操作,在人性化使用系统面板方面也有自己的特色。

(1)明显的输入项目操作提示 在使用人机界面对话编程时,必须在输入栏中为各参数输入相应的值。使用光标向上键、向下键,光标在对话界面的各个输入栏间移动,输入栏的背景色表明其所处的工作状态。当出现橙色背景时,表示已选中输入栏,可以对其操作;当出现浅橙色背景时,表示输入栏位于编辑模式中;当出现粉色背景时,表示该项所输入的数值是错误的,同时会出现相应的提示信息。

(2)多项选择操作 在某些参数项目上会提供多个数值(或选项),若其中无法输入数值,可在下拉菜单中选择。在各参数项目上会显示特定符号,指明这些不同选项的含义。例如,功能(方式)选项中有不同的工艺条件、工作状态的选项内容。在单位制选项中有绝对尺寸(abs)、相对尺寸(inc)和参照对象数值的百分比(%)的选项内容。

(3)新版本的简化编程选择 进入人机对话界面的第一行是一个"输入"选项的设定:"完全"/"简单"。即编程工作可简可繁。

完全输入显然是指需要输入或选择循环指令的全部参数内容的模式。在加工条件复杂时，需要全面分析和考虑切削状态或生产环境。

简单输入是指在进行简单加工（仅限 G 代码程序）时，编程者可以借助于"输入"下拉表，将参数缩减至最重要的一些参数，使得界面参数大为简化，编程工作变为简单的一种方式。这也是实际中经常遇到的情况。当然，在"简单"输入模式中隐藏的参数数据是固定的、预设的，但并不影响加工运行效果。

7.1.3　标准工艺循环指令中的四个重要位置平面

为了表述方便，本书对工艺循环中涉及的四个特定的位置平面进行如下定义，并以钻孔加工循环为例进行说明，如图 7-1 所示。

（1）加工参考平面（Z0，RFP）　加工参考平面是指在 Z 轴（刀轴）方向上的孔沿起始测量位置平面（尺寸标注位置平面），即孔沿位置平面。一般也称为 Z 向编程原点。

（2）加工开始平面（Z0+SC，RFP+SDIS）加工开始平面是指循环中 Z 轴（刀轴）方向上刀具进刀时由快进转为工进的位置平面。循环中，不管刀具在 Z 轴（刀轴）方向上的起始位置如何，第一个动作总是将刀具沿 Z 轴快速移动到这一平面位置。因此，加工开始平面必须高于加工平面。

（3）加工完成平面（Z1，DP/DPR）　加工完成平面又称为加工底平面，是指最终孔深位置平面。因此，加工完成平面必须低于加工开始平面。

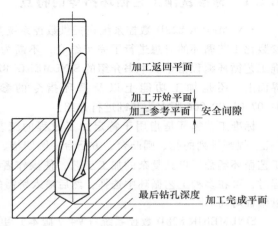

图 7-1　孔加工循环中刀具的四个位置平面

（4）加工返回平面（RP，RTP）　加工返回平面（又称为初始平面）是指循环中 Z 轴（刀轴）加工至孔底平面后返回的位置平面。而在这个位置上，刀具在 XY 平面上应可以实现定位动作。由于加工返回平面可以设定在任意一个安全的高度上，即当刀具在这个高度任意移动时将不会与夹具、工件等发生干涉。因此，加工返回平面必须等于或高于加工开始平面。

7.2　创建工件毛坯

在打开所要编写的程序文件（界面）下，将光标移动到"程序头"后面（拟插入毛坯程序段处），按屏幕下方水平软键〖其它〗。此时，屏幕右侧将显示出〖毛坯 ▷〗软键，按动该软键后即进入创建毛坯界面。

目前，SINUMERIK 828D 数控系统能够创建的毛坯类型有五种，分别是：六面体中心（REC-TANGLE）、六面体（BOX）、多边形（N_CORNER）、圆柱体（CYLINDER）和管形（PIPE）。创建完成的这些简单的、典型的形体毛坯体程序格式也是依据毛坯类型和尺寸形式（绝对尺寸 abs 和相对尺寸 inc）固定化的，能够改变的只是毛坯外形尺寸数据。

需要指出的是，创建毛坯的操作对实际加工没有任何影响，设置毛坯仅仅是在系统进行模拟加工状态下，可以方便地看到切削实体效果。

7.2.1　创建毛坯类型：六面体中心

（1）创建毛坯外形（RECTANGLE）　"六面体中心"形式的毛坯是六面体毛坯的一个特殊形式。按照毛坯外形的特点，毛坯上表面尺寸（宽 W 和长 L）是以对称法标注的数据来确定，高度尺寸（HI）则可以使用绝对尺寸（abs）方式或者相对尺寸（inc）方式确定，如图 7-2 所示。

屏幕界面上数据输入栏的背景色为白色和橙黄色，图形标注尺寸符为黑色和橙黄色。当使用方向键在数据输入栏上移动光标时，上述颜色将发生变化。当前输入数据栏的背景色显示为橙黄色，同时屏幕示意图形上相应的标注尺寸改变为橙黄色。

如果某一数据栏输入的数据不符合毛坯图形的规律并将光标移开后，该数据栏背景色将变成浅粉色。如，将宽度尺寸输入成"-120"，背景色变成浅粉色，再次将光标移到此栏时，屏幕上显示"毛坯宽度太小"的信息。

（2）设定编程原点　编程原点（X0、Y0）设定在毛坯上表面的对称中心处，毛坯高度（HA：毛坯上表面）将依输入尺寸数据（abs）确定，一般设定在上表面。

（3）编辑完成的程序格式示例

毛坯外形尺寸：毛坯宽度 W = 100，毛坯长度 L = 140，毛坯高度（毛坯上表面）HA = 0，高度尺寸 HI = -50（abs）或 HI = 50（inc：以 HA 为基准）。

生成的程序指令根据不同的输入数值的类型可有多个参数输出的形式，如：

```
WORKPIECE(,"",,"RECTANGLE",64,0,-50,-80,140,100)        ; abs 尺寸方式
WORKPIECE(,"",,"RECTANGLE",0,0,50,-80,140,100)          ; inc 尺寸方式
```

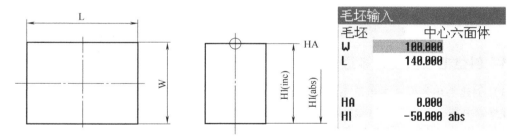

图 7-2　创建"六面体中心"毛坯的尺寸标注及对话框参数

提示：参数 HA 在加工中没有实际作用。它表示毛坯模型的上表面相对于工件编程圆点 Z 方向上的位置。输入的 HA 值>0 时（还要看平面铣削循环中毛坯实际允许去除厚度 Z0 和 DZ 参数数值），在动画模拟加工中可以看到去除上表面材料的示意（读者可在 HA 后填入值 1，模拟演示一下，观看其效果）；而当 HA 值<0 时，模拟加工中看不到毛坯表面的去除效果。

7.2.2　创建毛坯类型：六面体（BOX）

（1）创建毛坯外形　六面体毛坯是方形或长方形毛坯的一般形式。这种形式的毛坯外形尺寸采用"两点法"表达。屏幕上显示的 X0 和 Y0 位置是毛坯上表面的第一角点（左下），也是毛坯平面尺寸的基准；而 X1 和 Y1 位置（对角线方向）则是毛坯上表面的第 2 角点（右上），可以使用绝对尺寸（abs）或者相对尺寸（inc）确定毛坯的上表面外形尺寸。高度尺寸（Z1）则

可以使用绝对尺寸（abs）或者相对尺寸（inc）方式确定，如图 7-3 所示。

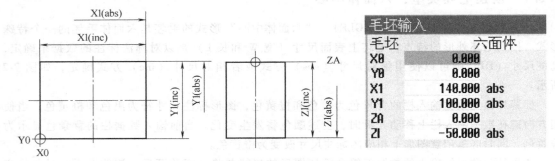

毛坯输入	
毛坯	六面体
X0	0.000
Y0	0.000
X1	140.000　abs
Y1	100.000　abs
ZA	0.000
Z1	-50.000　abs

图 7-3　创建"六面体"毛坯的尺寸标注及对话框参数

（2）设定编程原点　编程原点（X0，Y0）可以根据需要设定在毛坯的某一位置处，即可以设定在毛坯上表面左下的第一角点处，也可以设定在其他角点处或位置处；毛坯高度（ZA：毛坯上表面）将依输入数据确定，一般设定在毛坯的上表面。

（3）编辑完成的程序格式示例

毛坯外形尺寸：角点 1 X0＝0，角点 1 Y0＝0，角点 2 X1＝140（分别为 abs 或 inc：以 X0 为基准），角点 2Y1＝100（分别为 abs 或 inc：以 Y0 为基准），高度尺寸 Z1＝-50（abs）或 Z1＝50（inc：以 ZA 为基准），编程原点设定在（X0，Y0）处。

生成的程序指令根据不同的输入数值的类型可有多个参数输出的形式，如：

WORKPIECE（,"　",,"BOX"，112，0，-50，-80，0，0，140，100）　　　;全部 abs 方式
WORKPIECE（,"　",,"BOX"，0，0，50，-80，0，0，140，100）　　　　;全部 inc 方式

若编程原点确定在 X0＝20，Y0＝10 位置处时，输入数据全部为 inc 方式，则生成的程序指令为：WORKPIECE（,"　",,"BOX"，0，0，-50，-80，20，10，140，100）。

7.2.3　创建毛坯类型：多边形（N_CORNER）

（1）创建毛坯外形　多边形毛坯是边沿数大于等于 3 的正多边形外形体毛坯。按照毛坯外形的特点，毛坯上表面外形以边沿数量（N）来确定。外形尺寸（边沿长度）将依边沿数量用 SW 或 L 以对称法标注的数据来确定，高度尺寸（HI）则可以使用绝对尺寸（abs）或者相对尺寸（inc）方式确定，如图 7-4 所示。

注意，边沿长度尺寸标注与数据可以通过选择键来"同步"（橙黄色对应）。

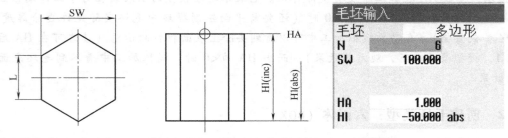

毛坯输入	
毛坯	多边形
N	6
SW	100.000
HA	1.000
HI	-50.000　abs

图 7-4　创建"多边形"毛坯的尺寸标注及对话框参数

（2）设定编程原点　编程原点（X0、Y0）设定在毛坯上表面的对称中心处，毛坯高度（HA：毛坯上表面）将依输入数据确定，一般设定在毛坯的上表面。

（3）编辑完成的程序格式示例

毛坯外形尺寸：边沿数量 N 输入 6，边沿长度 L = 60 或 SW = 100，毛坯高度（毛坯上表面）HA = 1，高度尺寸 HI = −50（abs）或 HI = −50（inc，以 HA 为基准）。

生成的程序指令根据不同的输入数值的类型可有多个参数输出的形式，如：

```
WORKPIECE( ,"" , ,"N_CORNER",576,1,-50,-80,6,100)    ;六边形,L 方式,HI( abs)
WORKPIECE( ,"" , ,"N_CORNER",64,1,-50,-80,6,100)     ;六边形,SW 方式,HI( abs)
```

7.2.4　创建毛坯类型：圆柱体（CYLINDER）

（1）创建毛坯外形　圆柱形毛坯是一个典型的长圆柱形体。按照毛坯外形的特点，毛坯横截面（ϕA）由外直径 ϕ 数据确定，高度尺寸（HI）则可以使用绝对尺寸（abs）或者相对尺寸（inc）方式确定，见图 7-5。

（2）设定编程原点　编程原点（X0、Y0）设定在毛坯上表面的圆心处，毛坯高度（HA：毛坯上表面）将依输入数据确定，一般设定在毛坯的上表面。

（3）编辑完成的程序格式示例

毛坯外形尺寸：外直径 ϕ = 200，毛坯高度（毛坯上表面）HA = 0，高度尺寸 HI = −50（abs）或 HI = 50（inc，以 HA 为基准）。

生成的程序指令根据不同的输入数值的类型可有多个参数输出的形式，如：

```
WORKPIECE( ,"" , ,"CYLINDER",64,0,-50,-80,200)    ;HI( abs)
WORKPIECE( ,"" , ,"CYLINDER",0,0,50,-80,200)      ;HI( inc)
```

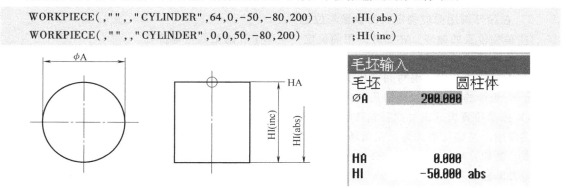

图 7-5　创建"圆柱体"毛坯的尺寸标注及对话框参数

7.2.5　创建毛坯类型：管形（PIPE）

（1）创建毛坯外形　管形毛坯是圆柱体毛坯的一种特殊形式。这种形式的毛坯横截面由外直径尺寸 ϕ（ϕA）和内直径尺寸 ϕ（ϕI：abs 或 inc，这里是指半径尺寸）确定，高度尺寸（HI）则可以使用绝对尺寸（abs）或相对尺寸（inc）方式确定，如图 7-6 所示。

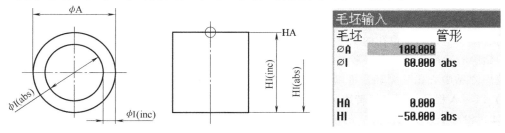

图 7-6　创建"管形"毛坯的尺寸标注及对话框参数

（2）设定编程原点 编程原点（X0、Y0）设定在管形毛坯上表面的圆心处，毛坯高度（HA：毛坯上表面）将依输入数据确定，一般设定在毛坯的上表面。

（3）编辑完成的程序格式示例

毛坯外形尺寸：管形毛坯外直径 $\phi A = 100$，内直径 $\phi I = 60$，毛坯高度（毛坯上表面）HA = 0，高度尺寸 HI = -50（abs）或 HI = 50（inc：以 HA 为基准）。

生成的程序指令根据不同输入数值的类型可有多个参数输出的形式，如：

```
WORKPIECE(,"",,"PIPE",320,0,-50,-80,100,60)      ;ΦI(abs),HI(abs)
WORKPIECE(,"",,"PIPE",256,0,50,-80,100,60)       ;ΦI(abs),HI(inc)
```

提示：创建毛坯指令在编辑中可以执行复制、粘贴、剪切等操作。若加工程序不再需要毛坯指令时，只能采用"剪切"操作将其删除。

设置毛坯仅仅是在系统模拟加工状态下，可以方便地看到切削实体效果。是否设置毛坯对实际加工没有任何影响。

7.3 钻孔循环指令编程

（1）钻孔循环编程注意事项

1）应在前面设定钻孔刀具的主轴转速和进给速度。

2）在循环调用前应确定孔的数量与位置。

① 单独位置的循环：在循环调用前设定一个单个孔的钻孔坐标位置。

② 位置模式（MCALL）的循环：在循环调用之后设定多个孔的钻孔位置。

③ 无规律的孔位，编写到钻孔中心点的连续定位程序段。

④ 有规律的孔位，选择钻孔模式循环（直线，圆弧等）。

3）按照位置模式重复执行钻孔循环。钻削循环和铣削循环可以按照位置模式重复执行，即模态式调用。其编写格式为：在循环指令的前面写入 MCALL，并与循环指令保持有一个空字符的位置。例如：MCALL CYCLE81（…）。在其下面注意编写被加工孔的位置坐标数据。最后，需要编程者单独编写 MCALL 指令（独立的一个程序段），作为位置模式钻孔循环的结束。

（2）钻孔循环的基本动作顺序

1）钻孔循环前，必须使刀具到达钻孔位置的上方（初始高度）。

2）刀具以 G0 运行到开始加工平面（Z0 上方，距 Z0 的安全距离 SC）。

3）刀具以编程的进给率（G1）方式和主轴转速钻削至要求的钻削深度或定心直径。

4）在切削深度停留动作完成后刀具抬起，以 G0 退回至"退回平面"位置。

7.3.1 钻中心孔（CYCLE81）

（1）指令功能 在钻削加工中为了保证在钻孔过程中孔的位置精度比较高，通常需要在钻孔之前安排一个钻削定位孔的工序。尤其在深孔钻削之前，为了防止钻头引偏，一般均要安排此工序。钻中心孔所用的刀具一般是钻尖角为 90° 的定心钻。

使用"钻中心孔"循环，可以实现如下功能：

1）以写入程序中的主轴转速和进给速度对单个孔或多个孔进行钻削加工至设定的最终钻孔深度 Z1（相对于直径或刀尖）的位置。

2）对于钻孔的深度，在这个加工循环中有两种方式进行定义。一种是用钻头的直径间接地表示钻孔的深度，由控制系统根据钻头的钻尖角度自动进行换算。另一种则是刀尖位置直接给出钻孔的深度，直接在 Z1 输入栏中写入钻削深度即可。需要注意的是钻削深度 Z1 可以使用增量坐标（inc）或绝对坐标（abs）。

3）在到达切削深度处停留设定的时间后，刀具退回至"返回平面"位置。

（2）编程操作界面

钻中心孔循环（CYCLE81）尺寸标注图样及参数对话框如图 7-7 所示，编程界面操作说明见表 7-1。

创建一个新的钻孔加工程序的过程，在打开"程序编辑器"中完成零件加工程序工艺准备部分程序的编写。然后，按下

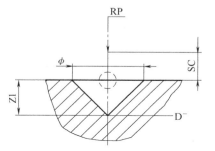

图 7-7　钻中心孔循环标注尺寸图样及参数对话框

屏幕下方的软键〖钻削〗进入钻削循环指令调用界面（屏幕右侧出现可供钻削加工选择的循环指令项目软键列表。按下屏幕右方的软键〖钻中心孔〗，打开输入界面"定心"。

表 7-1　钻中心孔循环（CYCLE81）编程界面操作说明

序号	对话框参数	编程操作	说明
1	PL 🔘	选择:G17(G18、G19)	选择加工平面
2	RP 返回平面	输入返回平面(单位:mm)	钻孔完成后刀具轴的定位高度
3	SC 安全平面	输入安全距离(单位:mm)	相对于钻孔平面的距离
4	加工位置 🔘	选择:单独位置	在指定的位置上钻一个定心孔
		选择:位置模式	带 MCALL 指令钻多个定心孔
5	Z0 参考平面	输入参考平面(单位:mm)	Z 向参考点坐标
6	深度定义 🔘	选择:直径(与直径有关)	以直径为参照编程深度。要考虑定心钻的顶角角度
		选择:刀尖(与深度有关)	以深度为参照编程深度
7	φ 定心直径	输入要求的直径(单位:mm)	达到编程直径为止,仅在直径定心时
	Z1 尺寸模式 🔘	输入钻削深度(abs)(单位:mm)	达到编程深度为止,仅在刀尖定心时
		输入钻削深度(inc)(单位:mm)	
8	DT 暂停时间 🔘	输入停留时间(单位:s)	选择,最终深度停留时间
		输入停留时间(单位:rev)	选择,最终深度停留时间

注：1. rev 是系统界面上的符号，表示转。

2. 编程操作栏目的单位，均为系统界面上的符号。

注：在编写"位置模式"项目时，选择"单独位置"钻孔方式，则在刀具的当前位置上进行钻孔加工（称为非模态调用）。如果需要进行连续的多孔加工时，选择"位置模式"钻孔方式。"位置模式"在当前刀具定位的位置上并不执行钻孔动作，这时，系统在生成的 CYCLE81 指令之前多出一个 MCALL 指令字符。这个"MCALL"代码表示钻孔循环进入模态调用的方式之后的包含运动坐标的位置上才会执行钻孔动作。当执行完这个钻头需要加工的所有孔后，需要在一个新的程序段中单独编写指令"MCALL"（指令后不带有任何参数）程序段，表示此次的多孔加工（模态调用方式）结束。

对话框参数的名称、参数含义见表 7-1。可以看出"对话框参数"这一栏的用途在于，输入或选择工艺循环的必要参数为生成循环指令做准备，同时也是当系统再次编译钻中心孔工艺循环时，可以方便地找到原写入参数值的位置。

7.3.2 浅孔钻削循环（CYCLE82）

（1）指令功能 新版的 CYCLE82 循环指令的功能得到了很大的发展，更适合各种钻削加工工作实际情况的需要。主要功能如下：

1）浅孔钻削的主要切削刀具为钻削顶角为 118° 的麻花钻。对话框界面中的加工参数与钻中心孔基本相同。

2）当选择"刀杆"的方式表示切削深度时，Z1 尺寸表示除去钻尖部分的钻杆切入的净深度。钻尖部分的长度在加工时由控制系统根据钻头钻削顶角的实际角度自动计算出来，并补偿在钻削深度中。当选择"刀尖"的方式表示切削深度时，Z1 的尺寸就包括了包含钻尖在内的切入净深度。

3）在到达切削深度处停留编程的时间后，刀具退回至"返回平面"位置。DT 这个参数对于通孔的钻削可以忽略，而对于使用锪钻加工沉头孔时一般都要设置。

4）可以设定第 1 次进刀时的进给率百分比，用于降低或提高进给率。孔定位是使用低于钻削进给率 F 的慢速进给 FA，进行一段 ZA 距离的定位钻削，以得到较好的位置精度。当遇到难加工材料或切削条件恶劣时，则可以降低进给率，以保护刀具和工件免受伤害。而对已经完成预钻的孔进行加工时，可以提高进给率（超出正常浅孔钻削进给量的数值），以提高生产效率。

5）底部钻削是使用低于钻削进给率 F 的慢速进给 FD，进行距离 Z1 的一个 ZD 行程的底部钻削，以获得较好的钻孔（出口位置）质量。

6）根据加工材料和现场条件决定不提刀进行断屑或是提刀断屑。

（2）编程操作界面 钻孔循环（CYCLE82）两种输入设定的尺寸标注图样及参数对话框如图 7-8 和图 7-9 所示，编程界面操作说明见表 7-2、表 7-3 和表 7-4。

输入的简单模式和完整模式是 4.7 版本新功能，窗口显示通过参数 MD52210 设置。简单模式隐藏的窗口参数可以通过参数 MD55300~MD55309 设置。

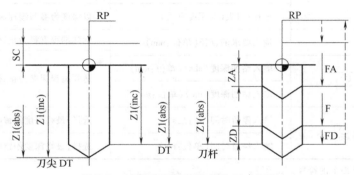

图 7-8 钻削界面的钻孔标注尺寸图样

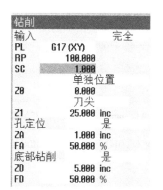
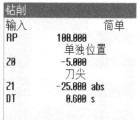

图 7-9　钻孔循环参数对话框界面

表 7-2　钻孔循环（CYCLE82）通用参数编程界面操作说明

序号	对话框参数	编程操作	说明
1	PL	选择 G17(G18、G19)	选择加工平面
2	RP 返回平面	输入返回平面	钻孔完成后刀具轴的定位高度
3	SC 安全平面	输入安全距离	相对于钻孔平面的距离
4	加工位置	选择单独位置	选择，在指定的位置上钻一个孔
		选择位置模式	选择，带 MCALL 指令钻多个孔
5	Z0 参考平面	输入参考平面	Z 向参考点坐标
6	深度定义	选择刀杆	以刀柄为参照的编程钻孔深度，要考虑所选择的钻头顶角角度
		选择刀尖	以刀尖为参照的编程钻孔深度
7	Z1 尺寸模式	输入钻削深度(abs)	选择，钻削深度
		输入钻削深度(inc)	以 Z0 为基准的钻孔深度
8	DT 暂停时间	输入停留时间(单位:s)	最终深度的停留时间方式
		输入停留时间(单位:r)	选择，最终深度的停留时间方式

表 7-3　钻孔循环（CYCLE82）孔定位参数编程界面操作说明

序号	对话框参数	编程操作	说明
9	孔定位	选择是/否	选择孔加工的定位方式
10	ZA 定位深度	输入定位深度(abs)	选择，定位深度坐标值
		输入定位深度(inc)	选择，相对于 Z0 的定位深度
11	FA 定位速度	mm/min、mm/r、F%	孔定位进给速度

表 7-4　钻孔循环（CYCLE82）底部切削参数编程界面操作说明

序号	对话框参数	编程操作	说明
12	底部钻削 ⏺ SELECT	选择是/否	选择孔加工的底部加工方式
13	ZD 递减深度 ⏺ SELECT	输入递减深度（abs）（单位：mm）	选择，开始底部钻削深度坐标值
		输入递减深度（inc）（单位：mm）	选择，相对于 Z1 的递减深度
14	FD 钻削速度 ⏺ SELECT	mm/min、mm/r、F%	底部钻削的进给速度

　　如图 7-10 所示，浅孔钻削加工的尺寸标注形式一般有两种，钻孔尺寸除了直径尺寸 $\phi 1$ 外，还标注从钻孔平面至钻尖的距离 L3（一般称为传统标注方式）和标注从钻孔平面至钻杆直径前部的距离 L1（除去钻尖部分），麻花钻头的钻削顶角（默认值为 118°）。

　　例如，使用刀杆直径为 $\phi 1 =$ 10mm 标准麻花钻（顶角为 118°）

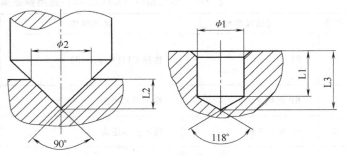

图 7-10　钻中心孔、浅孔钻削加工的尺寸标注形式

钻孔时，设定以"刀尖"方式在 Z 方向对刀。填入图 7-9 所示对话界面数据，如果深度定义项选择"刀杆"方式（标注尺寸 L1 形式），实际加工中系统会按照刀具表中所输入的钻头顶角数据自动计算出 L3（28.004），并补偿在钻削深度中，故实际加工深度为 L3 的数据（28.004mm），这对于指定透孔的钻削深度非常方便。相同情况下，深度定义项选择"刀尖"方式（标注尺寸 L3 形式），实际加工深度为 25mm。

　　生成的程序段指令对比如下：

```
CYCLE82(100,0,1,,25,,0.6,10,10001,11)    ;刀杆方式
CYCLE82(100,0,1,,25,,0.6,0,10001,11)     ;刀尖方式
```

　　在 828D 系统配置刀具表时，需要操作者将钻头的实际直径和钻头顶角等相关参数输入到系统的刀具存储器中。在编程时，程序员只要根据图样标注尺寸的方式对应"浅孔钻削循环"对话界面中的"深度定义"项目中的选项，系统会根据不同的钻头顶角尺寸自动计算出实际钻深数据。

　　同理，钻中心孔循环的参数选择也是这样。因此，编程者可以根据图样尺寸标注的具体情况，选择相应的参数数据形式，即可完成符合实际图样的零件的加工任务。

　　操作小技巧：运行"刀杆"方式的程序后，单击屏幕右侧的软键〖基本程序段〗，会弹出一个并列界面，显示 CYCLE82 循环指令中钻削加工中的基本 G 指令的内容，其中显示出钻孔深度 Z 的实际坐标数据为 Z—28.004。运行"刀尖"方式的程序后，钻孔深度 Z 的实际坐标数据是 Z—25。

7.3.3　铰孔循环（CYCLE85）

（1）指令功能

1）使用"铰孔"循环用于对孔的精密加工。铰刀刀具以写入程序中的主轴转速和进给速度对单个孔或多个孔进行铰削加工至编程的最终铰孔深度（相对于刀杆或刀尖）的位置。使用"铰孔"循环，刀具以指定的主轴转速和 F指定的进给率插入到工件中。

2）在达到切削深度 Z1 处并且停留编程的时间后，以指定的退回进给率（FR）退回至"返回平面"位置。

（2）编程操作界面

铰孔循环（CYCLE85）尺寸标注图样及参数对话框如图 7-11 所示，编程界面操作说明见表 7-5。

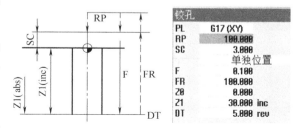

图 7-11　铰孔标注尺寸图样及参数对话框

表 7-5　铰孔循环（CYCLE85）编程界面操作说明

序号	对话框参数	编程操作	说明
1	PL ○	选择 G17（G18、G19）	选择加工平面
2	RP 返回平面	输入返回平面	铰孔完成后刀具轴的定位高度
3	SC 安全平面	输入安全距离	相对于铰孔平面的距离
4	加工位置 ○	选择单独位置	在指定的位置上铰一个孔
		选择位置模式	带 MCALL 指令铰多个孔
5	F 进给率	输入进给率	进给率单位保持调用循环前的单位
6	FR 退回进给率	输入回退时的进给率	mm/min
7	Z0 参考平面	输入参考平面	参考点的 Z 向坐标
8	Z1 尺寸模式 ○	输入铰削深度（abs）	铰削深度
		输入铰削深度（inc）	以 Z0 为基准的铰削深度
9	DT 暂停时间 ○	输入停留时间（单位：s）	最终深度的停留时间
		输入停留时间（单位：rev）	最终深度的停留时间

7.3.4　镗孔循环（CYCLE86）

（1）指令功能

1）镗孔循环使用中对刀具和机床都有特殊的要求。刀具一般选用的是单刀头精镗刀，其次机床需要具备伺服主轴。

2）在考虑退回平面和安全距离的情况下，将刀具快速移动到编程位置。然后以编程进给率（F）镗削至编程深度（Z1）。

3）在到达切削深度处停留编程的时间后，刀具返回可选择带退刀方式或不带退刀方式。

选择"不退刀返回"方式，镗孔完成后主轴定位到加工参数 SPOS 所指定的角度以后，直接快速抬刀到返回平面（RP）的高度。采用这样的方式或许可以避免反向退刀时产生的反向间隙，使镗孔时的定位更加精确，但是在抬刀的过程中镗刀的刀尖会在孔壁上划出一道细微的痕迹。

选择"退刀返回"的方式，系统可以让镗刀在抬刀之前先进行 X、Y、Z 三个方向上的差补定位。通过 SPOS 指令进行定向的主轴停止。当镗刀进给至孔的底部时，需要主轴停止旋转并且将主轴定位到某一固定的角度，以便向镗刀刀尖相反的方向进行退刀，刀尖离开加工表面。

（2）编程操作界面　镗孔循环（CYCLE86）尺寸标注图样及参数对话框见图 7-12，编程界面操作说明见表 7-6。

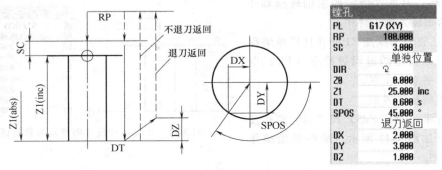

图 7-12　镗孔标注尺寸图样及参数对话框

表 7-6　镗孔循环（CYCLE86）编程界面操作说明

序号	对话框参数	编程操作	说明
1	PL ⊡	选择 G17（G18、G19）	选择加工平面
2	RP 返回平面	输入返回平面	镗孔完成后刀具轴的定位高度
3	SC 安全平面	输入安全距离	相对于镗孔平面的距离
4	加工位置 ⊡	选择单独位置	在指定的位置上钻一个孔
		选择位置模式	带 MCALL 指令钻多个孔
5	DIR 旋转方向 ⊡	选择顺时针旋转 ↻	刀轴顺时针 M3
		选择逆时针旋转 ↺	刀轴逆时针 M4
6	Z0 参考平面	输入参考平面	参考点的 Z 向坐标
7	Z1 尺寸模式 ⊡	输入镗削深度（abs）	
		输入镗削深度（inc）	
8	DT 暂停时间 ⊡	输入停留时间（单位:s）	
		输入停留时间（单位:rev）	
9	SPOS ⊗	输入主轴停止位（°）	用于定向的主轴停止
10	回退模式 ⊡	选择不退刀返回	刀沿快速回退至返回平面
		选择退刀返回	刀沿从孔沿起空运行至安全平面并定位
11	DX 回退量	输入在 X 方向回退量（inc）	必须选择退回模式的退刀返回
12	DY 回退量	输入在 Y 方向回退量（inc）	必须选择退回模式的退刀返回
13	DZ 回退量	输入在 Z 方向回退量（inc）	必须选择退回模式的退刀返回

7.3.5　深孔钻削循环—深孔钻削 1（CYCLE83）

（1）指令功能

1）钻头以写入程序中的主轴转速和进给速度，分多次对单个深孔或多个深孔进行钻削加工至编程的最终钻孔深度的位置。深孔的定义一般是指孔的深度与孔的直径的比值大于等于 10 的孔，深孔加工的工艺特点在于对切屑的特别处理。

2）孔内断屑方式及相关加工过程。孔内断屑是一种加工效率比较高的处理切屑的方法。其特点是钻头每次钻削一定的深度，就沿着刀具轴线方向做一次短距离的退刀动作，并且做一次短暂的进给保持，然后再继续钻削一定的深度，再退刀并短时间进给保持。如此往复钻削，直至达到最终的钻孔深度。

① 刀具以 G0 速度进给到安全距离。

② 刀具以编程的主轴转速和进给速度［F＝F×FD1（%）］钻到第一个进给深度。

③ 在钻削深度停留时间（DTB）。

④ 刀具回退（V2）距离进行断屑，然后以编程的进给速度（F）钻到下一个进给深度。

⑤ 重复步骤 4，直至达到最终钻削深度（Z1）。

⑥ 在最终钻削深度停留时间（DT）。

⑦ 刀具快速移动，返回到初始平面位置。

3）孔外排屑方式及相关加工过程。孔外排屑的处理方式与前一种孔内断屑的处理方式相比，虽然钻削的效率有所降低，但是排屑的效果显然要更好些。其特点是钻头每次钻削一定的深度，就沿着刀具轴线方向将钻头完全退出孔外进行排屑，并且做一次短暂的进给保持，然后再快速返回到距离刚才钻削深度的提前距离位置继续进行下一段的钻削，再完全退刀、排屑。如此往复钻削，直至达到最终的钻孔深度。

① 刀具以 G0 速度进给到安全距离。

② 刀具以编程的主轴转速和进给速度［F＝F×FD1（%）］钻到第一个进给深度。

③ 在钻削深度的停留时间（DTB）。

④ 刀具快速从工件中移出至安全距离，进行排屑。

⑤ 在下次起点位置（孔沿）的停留时间（DTS）。

⑥ 以 G0 速度进给到上次钻削深度，减少提前距离（V3）的位置。

⑦ 然后钻至下一个进给深度。

⑧ 重复步骤 4～步骤 7，直至达到编程的最终钻削深度（Z1）。

⑨ 在最终钻削深度的停留时间（DT）。

⑩ 刀具快速移动，返回到初始平面位置。

（2）编程操作界面　深孔钻削 1（断屑）循环（CYCLE83）尺寸标注图样及参数对话框如图 7-13 所示，编程界面操作说明见表 7-7 和表 7-8。

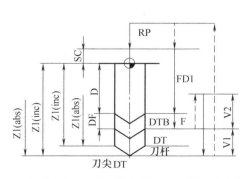
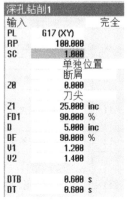

图 7-13　深孔钻削 1（断屑）循环尺寸标注图样及参数对话框

深孔钻削 1（排屑）循环（CYCLE83）尺寸标注图样及参数对话框如图 7-14 所示，编程界面操作说明见表 7-7、表 7-8 和表 7-9。深孔钻削 1（排屑）循环隐藏参数见表 7-10。

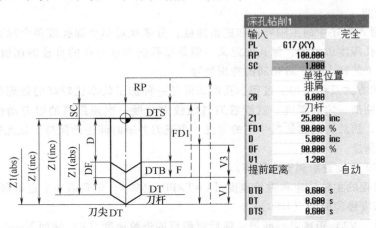

图 7-14　深孔钻削 1（排屑）循环尺寸标注图样及参数对话框

表 7-7　深孔钻削 1 循环（CYCLE83 通用参数）编程界面操作说明

序号	对话框参数	编程操作	说明
1	PL [SELECT]	选择 G17(G18、G19)	选择加工平面
2	RP 返回平面	输入返回平面	钻孔完成后刀具轴的定位高度
3	SC 安全平面	输入安全距离	相对于钻孔平面的距离
4	加工位置 [SELECT]	选择单独位置	在指定的位置上钻一个孔
		选择位置模式	带 MCALL 指令钻多个孔
5	排屑方式 [SELECT]	选择排屑方式	钻头回退出孔沿外进行退刀排屑
		选择断屑方式	钻头以 V2 的距离进行回退断屑
6	Z0 参考平面	输入参考平面	参考点的 Z 向坐标
7	深度定义 [SELECT]	选择刀杆	以刀柄为参照的编程钻孔深度
		选择刀尖	以刀尖为参照的编程钻孔深度
8	Z1 尺寸模式 [SELECT]	输入钻削深度（abs）	最终钻孔深度
		输入钻削深度（inc）	以 Z0 为参照最终钻孔深度
9	D 首次深度 [SELECT]	输入钻削深度（abs）	首次钻削深度
		输入钻削深度（inc）	以 Z0 为基准的首次钻削深度
10	FD1 进给速度	输入（F）（%）	首次进给速度为编程进给速度的百分数
11	DF 进给深度 [SELECT]	选择每次钻孔深度百分比（%）	相对上次钻孔深度的百分比
		选择每次钻孔深度（inc）	建议选用增量值方式
12	V1 最小进给量	输入最小进给深度	选择 DF（%）方式下且 DF<100 时生效
13	DTB 暂停时间 [SELECT]	输入停留时间（单位：s）	选择，每次钻孔深度处的停留时间
		输入停留时间（单位：rev）	选择，钻削深度处的停留时间

（续）

序号	对话框参数	编程操作	说明
14	DT 暂停时间 ⟳ SELECT	输入停留时间（单位:s）	选择,最终钻削深度处的停留时间
		输入停留时间（单位:rev）	选择,最终钻削深度处的停留时间

注：1. DF 进刀深度的递减值：每一次的钻削深度由加工参数 DF 指定，建议采用增量坐标值（inc）的方式进行定义。DF＝100% 时与进刀量保持相同；DF＜100% 时进刀量在最终钻深方向不断减小。示例：上一次进刀量为 4mm、DF 为 80%，下一次的进刀量＝4mm×80%＝3.2mm，再下一次的进刀量＝3.2mm×80%＝2.56mm，依此类推。

2. V1 最小进刀量：V1＜进刀量时按编写的进刀量进刀，V1＞进刀量时按照 V1 进刀。如果进刀量非常小，可以使用参数 "V1" 编写最小进刀量。

3. D 首次深度：在孔外排屑方式下，第一次钻削时由于排屑条件较好，所以首次钻削的深度参照普通的浅孔钻削深度进行选择即可。

4. FD1（首次）进给速度：设定第 1 个进给深度（D）的进给速度 [F＝F×FD1（%）]，可以使用相对于编程进给速度（F）减少的方式钻孔或采用增加的方式钻孔（例如已对要被加工的孔进行过预钻孔加工）。

表 7-8 深孔钻削 1（断屑）循环（CYCLE83）参数编程界面操作说明

序号	对话框参数	编程操作	说明
15	V2 回退量	输入每次加工后的回退量	输入 0,则没有回退,原位置旋转一圈

注：V2 回退量表示每次钻削一定深度后的退刀距离。为了提高加工效率，这个参数通常都设置得比较小，只要保证切屑能够被断开即可。

表 7-9 深孔钻削 1（排屑）循环（CYCLE83）参数编程界面操作说明

序号	对话框参数	编程操作	说明
16	提前距离 ⟳ SELECT	选择自动	由循环计算提前距离
		选择手动	手动输入提前距离
17	V3 提前距离	输入与最终深度的距离	仅在排屑和提前距离的手动方式下
18	DTS 暂停时间 ⟳	输入停留时间（单位:s）	选择,孔沿停留时间,排屑方式
		输入停留时间（单位:rev）	选择,孔沿停留时间,排屑方式

注：V3 提前距离：当钻头完成退刀排屑动作之后，需要快速定位到距离上一次钻削深度一定距离的地方再次转入进给模式。这段距离的长度可以选择 "手动" 选项，在下面的加工参数 V3 中指定；也可以选择 "自动" 选项，系统默认值为 1mm。

表 7-10 深孔钻削 1（排屑）循环（CYCLE83）隐藏参数表（部分）

序号	参数	说明	值
1	PL	加工平面	在 MD52005 中确定
2	SC	安全距离	1mm
3	吃刀量	吃刀量,相对于刀尖	刀尖
4	FD1	首次进刀时的进给率百分比	90%
5	DF	后续进刀量的百分比	90%
6	V1	最小进刀	1.2mm
7	V2	每次加工后的回退量	1.4mm
8	提前距离	由循环计算提前距离	自动
9	DBT	在钻深处的停留时间	0.6s

（续）

序号	参数	说明	值
10	DT	在最终钻深处的停留时间	0.6s
11	DTS	用于排屑的停留时间（仅限选择排屑方式）	0.6s

7.3.6 深孔钻削2循环（CYCLE830）

（1）指令功能 深孔钻削2的完全模式与简单模式的参数界面如图7-15所示。通过与图7-14的比较我们看到，即使在深孔钻削2的"简单"输入模式下，其参数也比深孔钻削1的"完全"输入模式要多，说明该钻孔循环所能够实现的钻孔加工功能更加强大。深孔钻削2循环除具有深孔钻削1循环的功能外，还具有慢速进给率进行孔定位、试钻孔和软切进入材料的功能。

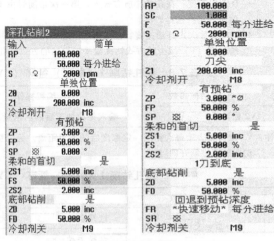

1）钻孔入口处的深孔钻削。深孔钻削2有带/不带孔定位的深孔钻削和带试钻孔的深孔钻削，两个方式不可并存。

① 带孔定位的深孔钻削方式是指进行孔定位时刀具以慢速进给率（FA）加工至孔定位深度（ZA），接着使用钻削进给率。进行多次进刀钻削时，孔定位深度必须位于参考点和第1个钻深之间。

② 带试钻孔的深孔钻削方式是指循环

图7-15 深孔钻削2参数对话框界面

可选择试钻孔的深度，可选择以绝对/增量或钻孔直径倍数（一般为直径的1.5~5倍）的方式进行编程。进行试钻孔时，第1个钻孔深度必须位于试钻孔和最终钻深之间。以慢速进给率和低转速进入试钻孔，进给率和转速可调。这时，进入和退出试钻孔都是通过主轴进行的，此时主轴的旋转方向可设置为静止主轴、右转主轴和左转主轴。这样，在使用长细型钻头时便可避免钻头断裂。

2）柔和（软）切进入材料是指所用刀具和材料都可能对进入材料产生影响，在可编程的第一段行程距离上会遵循孔定位进给率，另一个可编程的行程距离上一次性将进给率提升到钻孔进给率。这种加工方式对断屑/排屑的控制在每次切入时都会重新生效。即排屑时无提前距离（V3）生效；断屑时回退量（V2）不生效。窗口中不会显示这些参数。此时，软切深度（ZS1）作为"提前距离"或"回退量"生效。

3）底部钻削控制是指对深孔钻削出口处钻孔的控制，如果通孔出口平面与刀具轴形成角度，则应减小进给率。当"不选择"通孔钻削时，以加工进给率钻至最终钻深，之后可以对在钻深处的停留时间进行编程；当"选择"通孔钻削时，以钻削进给率钻至剩余钻深（ZD）后，继续以慢速进给率进行钻削，以避免钻头出现摆动。

4）根据工艺和刀具要求支持对切削液开/关的控制。可以实现在Z0＋安全距离或试钻孔深度（使用试钻孔加工时）处接通，始终在最终钻深处关闭的功能。

（2）编程操作界面 深孔钻削2孔循环（CYCLE830）参数对话框如图7-15所示，编程界面操作说明见表 7-11。

表 7-11 深孔钻削 2 孔循环（CYCLE830）编程界面操作说明

序号	对话框参数	编程操作	说明
1	输入 ○	选择完全/简单	显示完整/部分参数
2	PL ○	选择 G17（G18、G19）	选择加工平面
3	RP 返回平面	输入返回平面（单位:mm）	钻孔后刀轴的定位高度
4	SC 安全平面	输入安全距离（单位:mm）	相对于钻孔平面的距离
5	F 进给速度 ○	选择 mm/min（或 mm/r）	每分钟（或每转）进给毫米数
6	S/V ○	选择 ↻/↺、r/min	主轴旋转方向、主轴转速
		选择 m/min	恒切削速度
7	Z0 参考平面	输入参考平面	参考点的 Z 向坐标
8	加工位置 ○	选择:单独位置	在指定的位置上钻一个孔
		选择:位置模式	带 MCALL 指令钻多个孔
9	钻深位置 ○	选择:刀杆	直到刀杆达到编程值 Z1 为止
		选择:刀尖	以刀尖为参照的编程钻孔深度
10	Z1 深度模式 ○	输入钻削深度（abs）	最终钻孔深度
		输入钻削深度（inc）	以 Z0 为参照的最终钻孔深度
11	切削液开	输入 M8（默认）	开启切削液
12	孔口工艺 ○	选择无孔定位	采用进给率 F 进行钻孔
		选择有孔定位	采用进给率 FA 进行孔定位
		选择有预钻	使用进给率 FP 进行预钻
13	ZA 定位深度	输入钻削深度（abs）	有孔定位方式
		输入钻削深度（inc）	有孔定位方式
14	FA 定位进给率	mm/min、mm/r、F%	有孔定位方式
15	ZP 预钻深度 ○	Abs/inc/直径系数（%）	预钻孔深度作为钻孔直径系数
16	FP 预钻进给率 ○	mm/min、mm/r、F%	切削进给率与钻削进给率的百分比
17	SP（VP）预钻 ○	刀具接近工件,静止/转向	接近预钻深度时的主轴状态
		转速（单位:r/min）,mm/min,（S）%	主轴接近预钻深度的转速
18	柔和首切 ○	选择是,柔切	采用进给率 FS 进行首切
		选择否	带钻削进给率的切削
19	ZS1 柔切深度	输入每次柔切深度（单位:mm）（inc）	采用恒定的首切进给速度 FS 的钻削
20	FS 柔切进给率 ○	mm/min、mm/r、F%	切削进给率与钻削进给率的百分比
21	ZS2 柔切深度	输入每次切削深度（inc）	进给率不保持恒定时的每钻深度

（续）

序号	对话框参数	编程操作	说明
22	加工方式 ○	选择 1 刀到底方式	
		选择断屑方式	
		选择排屑方式	
		选择断屑和断屑方式	
23	底部切削 ○	选择是或否	以进给率 FD 进行底部钻削
24	ZD 递减深度	选择与输入（单位：mm）（abs）	底部钻削，进给率开始降低的钻削深度
		选择与输入（单位：mm）（inc）	
25	FD 进给率 ○	mm/min、mm/r、F%	底部钻削，相对于 F 的进给率百分比
26	回退方式 ○	选择在试钻深度上回退	
		选择在退回平面上回退	
27	FR 快退速度 ○	选择"快速移动"	
		选择 1000.000	指定速度快退
28	SR 主轴状态 ○	选择 ⊗	主轴停转方式回退
		选择 ↺/↻	以主轴旋转方式回退
29	SR/VR ⊗○	输入 SR(S)% /r/min	回退时相对主轴转速/主轴转速
		输入 VR（单位：m/min）	回退时的恒定切削速度
30	FD1 进给率百分比	输入每次钻削的进给率（%）	断屑下首次进刀时的进给率百分比
31	D 首次深度 ○	输入钻削深度（abs）	断屑、排屑方式下首次钻削深度
		输入钻削深度（inc）	以 Z0 为基准首次钻削深度
32	DF 进给量 ○	选择%	后续进刀量递减的百分比
		选择（inc）	每次进给深度的相对减少量
33	V1 最小切深	输入最小进给量	DF<100 时有效
34	V2 回退量	输入每次加工后的回退量	V2=0，刀具没有回退
35	DTB 暂停时间 ○	输入停留时间（单位：s）	每次钻孔深度处的停留时间
		输入停留时间（单位：rev）	钻削深度处的停留时间
36	提前距离 ○	选择自动	由循环计算提前距离自动
		选择手动	人工输入提前距离
37	V3 提前距离	输入（inc）	仅限选择了"手动"提前距离时
38	N 断屑次数	输入	每次排屑前的断屑行程次数
39	排屑回退 ○	选择在预钻深度上排屑	
		选择在安全间距高度上排屑	
40	DTS 暂停时间 ○	输入停留时间（单位：s/rev）	选择排屑停留时间
41	切削液关	输入 M9（默认）	到底部关闭切削液功能

7.3.7 攻丝循环（CYCLE84/ CYCLE840）

SINUMERIK 828D 数控系统的工艺循环菜单和对话界面中把攻螺纹称为"攻丝"。

（1）指令功能 进入攻丝对话界面后，里面有九个参数选择框：

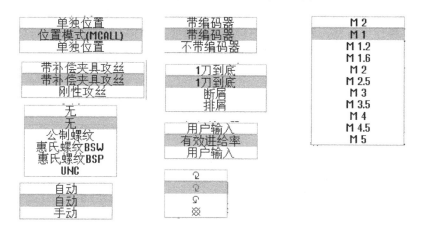

根据补偿夹具模式可以选择带有补偿夹具（弹性卡头）的攻丝循环模式 CYCLE840，也可以选择不带有补偿夹具的攻丝循环模式 CYCLE84（一般也称为刚性攻丝）。我们分别对"刚性攻丝"和"带补偿夹具攻丝"状态下的参数进行说明。

1）当选择刚性攻丝方式（循环指令代码为 CYCLE84）时，以下参数需要根据机床的硬件条件进行相应的设置。

① 刚性攻丝对机床的主轴要求较高，必须使用带编码器的伺服主轴。加工刀具（丝锥）与主轴之间必须是刚性连接，而且在攻丝过程中主轴旋转的位置与丝锥进给轴的位移之间必须保持严格同步，因此刚性攻丝可以用于较高转速的攻丝。

② 主轴旋向设定。加工右旋螺纹时需要选用右旋丝锥，攻丝时主轴正向旋转，在到达切削深度处停留编程的时间后，退刀时主轴会自动反向旋转；加工左旋螺纹时需要选用左旋丝锥，攻丝时主轴反向旋转，在到达切削深度处停留编程的时间后，退刀时主轴会自动正向旋转。以生效的主轴回退转速返回至安全平面，最后以 G0 退回至返回平面。

③ 表格项目选择。如果加工的是公制粗牙螺纹，可以选择"公制螺纹"，并且继续在下一行的"选择"选项中选择螺纹的公称尺寸，系统会在下一行自动显示出相应的螺距值 P。如果被加工螺纹是其他标准的螺纹，那么就要在这里选择"无"，然后在下一行选项"P"的后面手工填入待加工螺纹的螺距值。

④ 加工项目可以从"一刀到底""断屑"和"排屑"三种方式中进行选择。

⑤ α_s 输入项目：丝锥切入工件时主轴方向的角度值。如果对于螺纹的旋转位置没有特殊要求，这里一律填"0"即可。

⑥ PL、RP、SC、Z1、Z0、V2 的参数参见 CYCLE83 指令说明。

2）当选择带有补偿夹具（循环指令代码为 CYCLE840）攻丝方式时，以下参数需要根据机床的硬件条件进行相应的设置。

① 带补偿夹具攻丝又称为浮动攻丝，因为丝锥是通过攻丝夹头刀柄与机床的主轴进行连接的，而攻丝夹头内夹持丝锥的浮动夹头具有一定的弹性，可以弥补主轴转速与丝锥进给轴之间位置同步的匹配误差，所以这种攻丝方式可以用于采用变频器主轴的机床。

② 加工项目可以从"带编码器"或"不带编码器"方式中选择。当选择带编码器时，螺纹的螺距参数与刚性攻丝设置相同。当选择不带编码器时，螺距的设定可以有两种方式：第一种——用户输入，螺距参数设置方式与刚性攻丝相同；第二种——有效进给率，螺距由加工循环之前的程序段中的主轴转速与进给速度决定。

（2）编程操作界面　攻丝循环（CYCLE84）尺寸标注图样及参数对话框如图 7-16 和图 7-17 所示，编程界面操作说明见表 7-12 和表 7-13。攻丝循环（CYCLE840）尺寸标注图样及参数对话框如图 7-16 和图 7-18 所示，编程界面操作说明见表 7-12 和表 7-14。

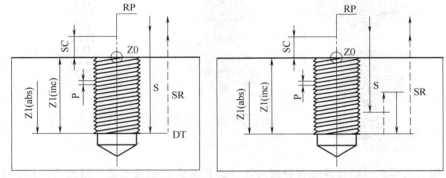

图 7-16　攻丝循环尺寸标注图样

图 7-17　攻丝循环无补偿夹具参数

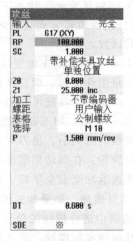

图 7-18　攻丝循环带补偿夹具参数

表 7-12　攻丝循环（CYCLE84/840 通用参数）编程界面操作说明

序号	对话框参数	编程操作	说明
1	PL ⟲ SELECT	选择 G17（G18、G19）	选择加工平面
2	RP 返回平面	输入返回平面	返回平面（绝对）
3	SC 安全平面	输入安全距离	安全距离（无符号）
4	补偿模式 ⟲ SELECT	选择带补偿夹具	如弹簧夹头
		选择无补偿夹具	刚性攻丝

（续）

序号	对话框参数	编程操作	说明
5	加工位置	选择单独位置	在指定的位置上攻一个螺纹孔
		选择位置模式	带 MCALL 指令攻多个螺纹孔
6	Z0 参考平面	输入参考平面	参考点的 Z 向坐标
7	Z1 尺寸模式	输入攻丝深度（abs）	螺纹深度位置
		输入攻丝深度（inc）	螺纹攻丝长度
8	表格	无	选择螺纹表，选择不带编码器的用户输入方式。在下方显示出螺距值
		公制螺纹	
		惠氏螺纹 BSW	
		惠氏螺纹 BSP	
		UNC 螺纹	
9	选择规格	选择 M1～M68	选择表格的公制螺纹
		选择 W1/16″～W4″	选择表格的英制普通螺纹（BSW）
		选择 G1/16″～G6″	选择表格的标准管螺纹（BSP）
		选择 N1-64UNC 等	选择表格的美制螺纹（UNC）
10	P 螺距	选择模块（模数）	根据表格的螺纹类型及选择的螺纹尺寸，仅显示其螺距值
		输入螺距（单位：mm/rev）	
		输入螺距（单位：inch/rev）	
		输入每英寸的螺线	
11	DT 暂停时间	输入停留时间（单位：s）	攻丝至孔底深度处的停留时间
12	SDE	循环结束后顺时针旋转 ↻	选择无补偿夹具
		循环结束后逆时针旋转 ↺	
		循环结束后停止旋转	

表 7-13　攻丝循环（CYCLE84 参数）编程界面操作说明

序号	对话框参数	编程操作	说明
13	螺纹方向	选择右旋螺纹	仅在无补偿夹具方式下
		选择左旋螺纹	
14	α_S	输入起始角偏移量	选择补偿模式的无补偿夹具
15	S	输入主轴速度	选择补偿模式的无补偿夹具
16	切屑状态	选择 1 刀到底	选择补偿模式的无补偿夹具
		选择断屑	
		选择排屑	
17	D	输入最大深度进刀量	选择无补偿夹具的断屑或排屑
18	回退	选择手动回退量	选择无补偿夹具的断屑
		选择自动回退量	

（续）

序号	对话框参数	编程操作	说明
19	V2	输入每次加工后回退量	选择无补偿夹具断屑的手动回退量
20	SR	输入返回的主轴速度	选择无补偿夹具

表 7-14　攻丝循环（CYCLE840 参数）编程界面操作说明

序号	对话框参数	编程操作	说明
21	加工 ⊙ SELECT	选择带编码器	带主轴编码器的攻丝,带补偿夹具时
		选择不带编码器	无主轴编码器的攻丝,带补偿夹具时
22	螺距 ⊙ SELECT	有效的进给	螺距由进给量得出,选择不带编码器
		用户输入	弹出螺纹类型表格,选择不带编码器

7.3.8　钻孔螺纹铣削循环（CYCLE78）

（1）指令功能

1）使用同一把刀具在一个加工过程中完成指定深度和螺距的内螺纹加工（进行钻孔和螺纹铣削加工），而不需要另外更换刀具。

2）如果想要钻中心孔，则刀具使用减小的钻削进给率运行到设定数据中所确定的定心深度，G 代码编程时可以通过输入参数来编程定心深度。

3）刀具使用钻削进给率 F1 钻到第一钻削深度 D。如还未达到终点钻削深度 Z1，则刀具使用快速行程退回工件表面进行排屑。接着刀具使用快速行程定位到先前所达钻削深度之上 1mm 处，进而使用钻削进给率 F1 进行再次钻削进刀。从第 2 次进刀开始要考虑参数"DF"。

4）如果需要，刀具可以在进行螺纹铣削之前以快速行程退回到工件表面进行排屑。

5）刀具运行至螺纹铣削的起始位置。可以将螺纹加工成右旋或左旋螺纹。

6）使用铣削进给率 F2 进行螺纹铣削（同向运行，反向运行或者同向+反向运行）。半圆上铣刀在螺纹上进入和退出与刀具轴上的进刀同时进行。

（2）编程操作界面　钻孔螺纹铣削循环（CYCLE78）尺寸标注图样及参数对话框如图 7-19 所示，编程界面操作说明见表 7-15。

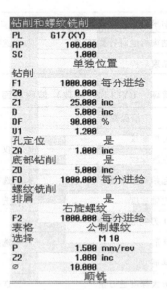

钻削和螺纹铣削		
PL	G17 (XY)	
RP	100.000	
SC	1.000	
	单独位置	
钻削		
F1	1000.000	每分进给
Z0	0.000	
Z1	25.000	inc
D	5.000	inc
DF	90.000	%
U1	1.200	
孔定位		是
ZA	1.000	inc
底部钻削		是
ZD	5.000	inc
F0	1000.000	每分进给
螺纹铣削		
排屑		是
	右旋螺纹	
F2	1000.000	每分进给
表格	公制螺纹	
选择	M 18	
P	1.500	mm/rev
Z2	1.000	inc
∅	10.000	
	顺铣	

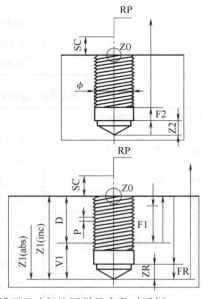

图 7-19　钻孔螺纹铣削循环尺寸标注图样及参数对话框

表 7-15　钻孔螺纹铣削循环（CYCLE78）编程界面操作说明

序号	屏幕界面参数	编程操作	说明
1	PL ⟳	选择 G17(G18、G19)	选择加工平面
2	RP 返回平面	输入返回平面	铣削完成后的刀具轴的定位高度(abs)
3	SC 安全平面	输入安全距离	相对于工件参考平面的间距,无符号
4	加工位置 ⟳	选择单独位置	在指定的位置上加工一个螺孔
		选择位置模式	带 MCALL 指令加工多个螺孔
	钻削		
5	F1 进给率 ⟳	选择每转进给(单位:mm/rev)	钻削进给率
		选择每分进给(单位:mm/min)	
6	Z0 参考平面	输入参考平面	参考点的 Z 向坐标
7	Z1 尺寸模式 ⟳	输入螺纹长度(abs)	螺纹终点位置
		输入螺纹长度(inc)	螺纹长度
8	D 进刀深度	输入最大深度进刀量	
9	DF 进给率 ⟳	选择每次进给量百分比(%)	相对上次进给率的百分比
		选择每次进给量	每次进给深度
10	V1 最小进给	输入最小进给量	选择 DF% 方式下且 DF<100 时生效
11	孔定位 ⟳	选择是	慢速钻中心孔
		选择不	
12	AZ 孔深度	输入孔的深度(inc)	在孔定位的方式下有效
13	底部钻削 ⟳	选择是	以钻削进给率进行底部剩余钻削加工
		选择不	
14	ZR 剩余深度	输入剩余通孔钻削深度	在底部钻削中的方式下有效
15	FR 进给率 ⟳	选择每转进给(单位:mm/rev)	在底部钻削中的方式下有效,底部钻削
		选择每分进给(单位:mm/min)	的钻削进给率
	螺纹钻削		
16	排屑 ⟳	选择是	螺纹铣削前的排屑
		选择不	
17	螺纹方向 ⟳	选择左旋螺纹	螺纹旋转方向
		选择右旋螺纹	
18	F2 进给率 ⟳	选择每分钟进给(单位:mm/min)	螺纹铣削进给率
		选择每齿进给(单位:mm/齿)	
19	表格 ⟳	选择公制螺纹	选择螺纹表,在下方显示螺纹数据
		选择惠氏螺纹 BSW	
		选择惠氏螺纹 BSP	
		选择 UNC	
		选择无	

（续）

序号	屏幕界面参数	编程操作	说明
20	选择 ⭕	选择 M1~M68	必须选择表格的公制螺纹
		选择 W1/16″~W4″	必须选择表格的惠氏螺纹 BSW
		选择 G1/16″~G6″	必须选择表格的惠氏螺纹 BSP
		选择 N1-64UNC 等	必须选择表格的 UNC
21	P 螺距	选择每英寸的螺线	根据表格的螺纹类型及选择的螺纹尺寸,仅显示其螺距值
		选择螺距(模块)	
		选择螺距(单位:mm/rev)	
		选择螺距(单位:inch/rev)	
22	Z2 回程量	输入螺纹铣削前的回程量	螺纹铣削前的回程量(增量)
23	φ 螺纹直径	输入螺纹表中的额定直径	螺纹表中的额定直径
24	铣削方向 ⭕	选择顺铣	顺向运行,在同一旋转中铣削螺纹
		选择逆铣	顺向运行,在同一旋转中铣削螺纹
		选择顺铣⇆逆铣	顺、逆向运行,在两个旋转中铣削螺纹
25	FS 进给率 ⭕	选择每分钟进给(单位:mm/min)	在顺铣-逆铣方式下有效,精加工进给
		选择 T-WAY-FEE(单位:mm/齿)	

注: 1. DF 每次进给量百分比:当 DF=100 时,进刀量保持相同;当 DF<100 时,进刀量在最终钻深 Z1 方向不断减小。例如,上一次进刀量为 4mm,DF 80%,下一次的进刀量 = 4mm×80% = 3.2mm;再下一次的进刀量 = 3.2mm×80% = 2.56mm,依此类推。

2. V1 最小进刀量:只有编写了 DF<100 时才会存在参数 V1。如果进刀量非常小,可以使用参数 "V1" 编写最小进刀量。当 V1<进刀量时,按编写的进刀量进刀;当 V1>进刀量时,按照 V1 进刀。

3. D 最大深度进刀量:当 D ≥ Z1 时,一次进刀至最终钻深;当 D<Z1 时,带有排屑的多次进刀,单位为 mm。

4. 孔定位选项:当选择孔定位后,减小的钻削进给率如下:钻削进给率 F1<0.15mm/r 时,孔定位进给率 = F1 的 30%;钻削进给率 F1 ≥ 0.15mm/r,孔定位进给率 = 0.1mm/r。

7.3.9 位置孔循环

对于有一定分布规律的孔系（多孔）加工必须对其位置进行编程,SINUMERIK 828D 数控系统配有不同的位置模式可供实际加工选用。可以依次编程多个位置模式。这些模式有任意位置模式,直线序列模式,栅格或框架位置模式和整圆或节距圆位置模式。

在一个位置模式内或从一个位置模式加工后再进行下一个位置模式加工时,刀具首先返回到返回平面,随即快速趋近新的位置或位置模式。

在连续的加工中（如钻中心孔→钻孔→攻丝）,调用下一个刀具（如钻头）后应首先编制相应的钻削循环,然后编制调用钻削循环的位置模式。

7.3.10 任意位置孔循环（CYCLE802）

（1）指令功能

1）使用"任意位置孔"循环可以在直角坐标系或极坐标的不同位置上（任意）进行孔加工。

2）在这个循环中最多可以任意写入 9 个位置不同而且分布没有规律的孔。

3）LAB 输入项目为位置的名称（重复位置跳跃标记名称）。表示这些孔的位置可以看作一个集合，设置位置名称是为了给这一组孔的位置设定一个标签，一旦在加工程序的其他地方还要用到这些孔的位置，就可以直接通过这个标签的名字进行调用而不必重复写出这个循环。

4）X0、Y0 输入栏为第一个孔在加工平面内的位置，这个孔的位置必须是绝对坐标值。X1、Y1～X8、Y8 输入栏为第二到第九个孔的位置，这些孔的位置坐标既可以是绝对坐标值也可以是增量坐标值。可以忽略多余的 X1、Y1～X8、Y8。

（2）编程操作界面 任意位置孔循环（CYCLE802）尺寸标注图样及参数对话框如图 7-20 所示，编程界面操作说明见表 7-16。

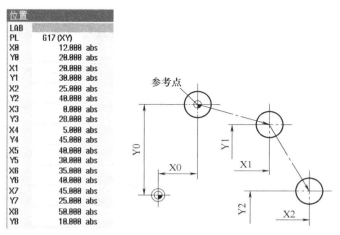

图 7-20 任意位置孔循环尺寸标注图样及参数对话框

表 7-16 任意位置循环（CYCLE802）编程界面操作说明

序号	对话框参数	编程操作		说明
1	LAB	输入重复位置跳跃标记名		符合系统规定的格式
2	PL ⊙SELECT	选择 G17（G18、G19）		选择加工平面
3	X0	输入第 1 孔位	X 向坐标（abs）	第 1 个孔位置的坐标
4	Y0		Y 向坐标（abs）	
5	X1	输入第 2 孔位	X 向坐标（abs/inc）	第 2 个孔位置的坐标
6	Y1		Y 向坐标（abs/inc）	
7	X2	输入第 3 孔位	X 向坐标（abs/inc）	第 3 个孔位置的坐标
8	Y2		Y 向坐标（abs/inc）	
9	X3	输入第 4 孔位	X 向坐标（abs/inc）	第 4 个孔位置的坐标
10	Y3		Y 向坐标（abs/inc）	
11	X4	输入第 5 孔位	X 向坐标（abs/inc）	第 5 个孔位置的坐标
12	Y4		Y 向坐标（abs/inc）	
13	X5	输入第 6 孔位	X 向坐标（abs/inc）	第 6 个孔位置的坐标
14	Y5		Y 向坐标（abs/inc）	
15	X6	输入第 7 孔位	X 向坐标（abs/inc）	第 7 个孔位置的坐标
16	Y6		Y 向坐标（abs/inc）	

（续）

序号	对话框参数	编程操作		说明
17	X7	输入第8孔位	X 向坐标（abs/inc）	第8个孔位置的坐标
18	Y7		Y 向坐标（abs/inc）	
19	X8	输入第9孔位	X 向坐标（abs/inc）	第9个孔位置的坐标
20	Y8		Y 向坐标（abs/inc）	

7.3.11 行位置孔循环 （HOLES1）

（1）指令功能　使用〖位置〗模式循环可以选用"直线"选项，在平面上编程任意多个保持相等孔间距直线排序的行位置孔加工模式。

（2）编程操作界面　行位置孔循环（HOLES1）尺寸标注图样及参数对话框如图 7-21 所示，编程界面操作说明见表 7-17。

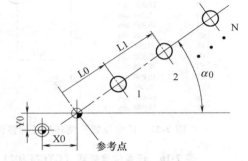

图 7-21　行位置孔循环尺寸标注图样及参数对话框

表 7-17　行位置孔循环 （HOLES1） 编程界面操作说明

序号	对话框参数	编程操作	说明
1	LAB	输入位置名称	重复位置跳跃标记
2	PL	选择：G17（G18、G19）	选择加工平面
3	位置	选择直线	
4	X0	输入参考点 X 坐标（abs）	第1次调用时该位置必须以绝对值编写
5	Y0	输入参考点 Y 坐标（abs）	第1次调用时该位置必须以绝对值编写
6	α0	输入旋转角度	直线与 X 轴方向的夹角
7	L0	输入第1位置到参考点的间距	第1位置到参考点的间距
8	L	输入位置间的距离	位置间的距离
9	N	输入位置数	位置数

注：1. 旋转角度的正角度值是指在平面坐标系中，直线按逆时针方向旋转。

　　2. 旋转角度的负角度值是指在平面坐标系中，直线按顺时针方向旋转。

7.3.12 框架孔/栅格孔循环 （CYCLE801）

（1）功能

1) 使用〖位置〗模式循环可以选用"栅格"选项,在平面上编程一条或几条平行的直线上的等距分布位置孔的加工模式。如果要编程菱形的栅格,则要输入角度 αX 或 αY。

2) 使用〖位置〗模式循环可以选用"框架"选项,在平面上编程孔位置在一个框架上等距分布(该间距在两个轴上可以不相等)位置孔的加工模式。与栅格孔位置不同的是,框架位置只保留了栅格最外围的孔的位置,位置定义方式和参数与栅格位置相同。如果要编程呈菱形框架,则要编写角度 αX 或 αY。

(2) 编程操作界面　框架孔循环(CYCLE801)尺寸标注图样及参数对话框如图 7-22 所示,图上指出了两种不同形式框架尺寸标注形式及对应使用的参数;栅格孔循环尺寸标注如图 7-23 所示,参数对话框除标题外同框架孔参数对话框,它们的编程界面操作说明见表 7-18。

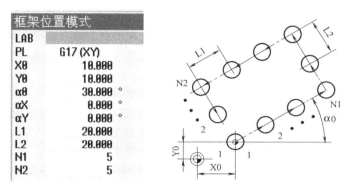

图 7-22　框架孔循环尺寸标注图样及参数对话框

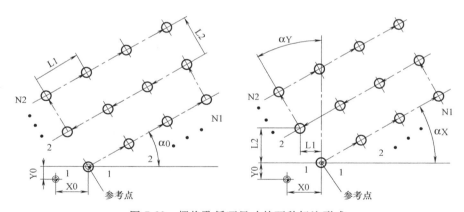

图 7-23　栅格孔循环尺寸的两种标注形式

表 7-18　框架孔/栅格孔循环(CYCLE801)编程界面操作说明

序号	对话框参数	编程操作	说明
1	LAB	输入位置名称	重复位置跳跃标记
2	PL ⟳	选择:G17(G18、G19)	选择加工平面
3	X0	输入参考点 X 坐标	第 1 次调用时该位置必须以绝对值编写
4	Y0	输入参考点 Y 坐标	第 1 次调用时该位置必须以绝对值编写
5	α0	输入旋转角度	框架/栅格与 X 轴方向的夹角
6	αX	输入剪切角 X	行与 X 轴形成的夹角

（续）

序号	对话框参数	编程操作	说明
7	αY	输入剪切角 Y	列与 Y 轴形成的夹角
8	L1	输入横坐标方向孔间距	X 轴方向排列的孔间距
9	L2	输入纵坐标方向孔间距	Y 轴方向排列的孔间距
10	N1	输入横坐标方向孔个数	呈垂直状直线排列孔的数目
11	N2	输入纵坐标方向孔个数	呈水平状直线排列孔的排数

7.3.13　圆周孔/节距圆孔循环（HOLES2）

（1）指令功能

1）使用〖位置〗模式下的"位置圆弧"循环可以在平面上编写带定义半径的、按整圆或节距圆弧分布的任意多个等角度间距位置孔的加工模式。其中第 1 个孔的基本旋转角度 α0 取决于相对于 X 轴的位置角度。

2）在节距圆孔分布方式下，α1 为孔与孔之间的角度间隔

3）位置之间的定位运行选项有"直线/圆弧"两个选项。通常各个孔之间的定位方式都选择为"直线"定位方式，以快进速率直线运行到下一个位置。只有特殊情况下需要选择"圆弧"定位方式，通过机床数据定义的进给率，沿着圆弧轨迹逼近下一个位置。

（2）编程操作界面　圆周孔/节距圆孔循环（HOLES2）参数对话框如图 7-24 所示，标注尺寸图样见图 7-25，编程界面操作说明见表 7-19。

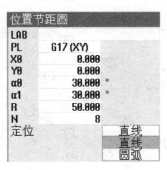

图 7-24　圆周孔/节距圆孔循环参数对话框

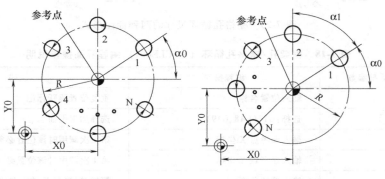

a) 圆周孔分布图样　　　　　b) 节距圆孔分布图样

图 7-25　圆周孔/节距圆孔循环标注尺寸图样

表 7-19　圆周孔/节距圆孔循环（HOLES2）编程界面操作说明

序号	屏幕界面参数	编程操作	说　明
1	LAB	输入位置名称	重复位置跳跃标记
2	PL ○	选择：G17（G18，G19）	选择加工平面
3	X0	输入参考点（圆中心）X 坐标	第 1 次调用时该位置必须以绝对值编写
4	Y0	输入参考点（圆中心）Y 坐标	第 1 次调用时该位置必须以绝对值编写
5	α0	输入首个孔位置的起始角	首个孔位置与 X 轴方向的夹角
6	α1	输入分度角	仅在节距圆孔下，孔与孔之间的夹角
7	R	输入半径	圆周/节距圆的半径
8	N	输入孔的个数	圆周/节距圆上孔的个数
9	定位 ○	选择：直线 选择：圆弧	各孔位置间的定位运行

注：1. α1 为增量角，在确定了第一个钻孔位置之后，按该角度值定位其他所有的位置。

　　2. α1 角的正角度值是指其他孔位置按逆时针方向旋转。

　　3. α1 角的负角度值是指其他孔位置按顺时针方向旋转。

7.3.14　隐藏位置

在编写"位置"孔循环中，可能会遇到在已经确定多个孔分布的情况下，某些孔不需要被加工。如何在孔加工循环指令中编写这个信息呢？SINUMERIK 828D 数控系统为我们很好地解决了这个问题。

在成排孔循环（HOLES1）、框架孔/栅格孔循环（CYCLE801）和圆周孔/节圆距孔循环（HOLES2）中的对话框输入界面右侧垂直软键的最上方都有一个〖隐藏位置〗软键。如图 7-26 所示，以编写栅格孔分布的孔系编写加工程序为例，说明隐藏位置功能的使用方法。在输入完相应参数后，单击〖隐藏位置〗软键进入"隐藏位置"界面。如图 7-27 所示，所有被编辑的孔位置按照顺序已经排列成一个表单。左侧显示的孔位坐标上均被打上一个斜叉。按照加工要求，移动上、下光标键，找到拟隐藏（不被加工）孔所在孔号行，再单击【选择】键，所对应的孔号所在行最右侧的选择框中的对勾被取消，同时所在孔位的斜叉取消了，换成一个圆圈。这样在返回参数输入界面后，单击〖接收〗软键后所得到的循环指令中将包括被取消的位置孔的信息，在执行程序时，该位置的孔不被加工。

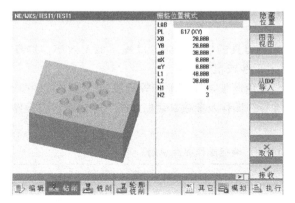

图 7-26　隐藏位置孔的编辑调用界面

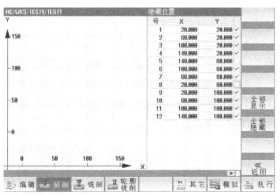

图 7-27　"位置"孔编程中的隐藏位置孔编辑

例如，对一个三行四列的方阵排列孔编写加工程序，更改 12 个孔被加工所生成的循环指令如下：

CYCLE801(20,20,0,40,30,4,3,0,0,0,0,,,1)   ;三行四列共 12 个孔

若其中第 2 列的第 2、3 行的两个孔(5,8)被隐藏(不加工)，所生成的循环指令如下：

CYCLE801(20,20,0,40,30,4,3,0,0,0,0,"5,8",,1) ;隐藏 5、8 位置孔

7.3.15 重复位置

（1）指令功能

1）如果需要再次编写相同图样的钻孔图形时，可以使用"重复位置"功能快速完成程序编写，即重复使用已经使用过的位置循环。可以在这个对话窗口中的"LAB"选项后面填写所需调用的孔集合位置的名称（例如，AA1）。系统会自动生成这样一段程序：REPEATB AA1 ；#SM。

2）编程时需要使用框架移动指令（如"TRANS"）。

（2）重复位置模式编程界面操作说明见表 7-20。

表 7-20 重复位置模式编程界面操作说明

序号	屏幕界面参数	编程操作	说　　明
1	LAB	输入位置名称	重复位置跳跃标记

7.4 铣削循环指令编程

铣削循环指令是实际生产中完成对典型图形加工编程的非常实用的一种工艺策略。灵活使用这些循环指令，可以加快编程速度，大大减少编程中的辅助工作。由于这些循环指令集合了前人的经验，经过反复验证，具有很高的可靠性和安全性。

从表面上看铣削循环指令中参数很多，但很多参数定义、使用方法是一样的，反映在刀具轨迹运行上的很多规律也是一样的，这就为学习和掌握铣削循环指令创造了条件。

7.4.1 端面铣削循环（CYCLE61）

（1）指令功能

1）一般用于对矩形工件表面的粗、精铣削加工，可以铣出带或者不带边界的工件表面。

2）刀具从外部开始进行加工，总是在工件之外进行深度进刀。在垂直加工中，起始点总是位于上方或下方。在水平加工中，刀具则处于右侧或左侧（在对话框画面中可以看到标明的起始点）。

3）如果是加工指定尺寸界线的平面，还可以选择刀具的切削方向，以提高加工效率。选择左、上、下、右加工界限时，所选择的界限不能产生干涉或报警。

4）使用该循环指令时，应注意工件装夹环境，避免产生碰撞、干涉等情况。

（2）编程操作界面 端面铣削（CYCLE61）尺寸标注图样及参数对话框如图 7-28 所示，编程界面操作说明见表 7-21。

表 7-21 端面铣削循环（CYCLE61）编程操作界面说明

序号	界面参数	编程操作	说　　明
1	RP	输入返回平面坐标	距工件坐标系 Z 向原点数值(abs)
2	SC	输入安全距离	相对于工件参考平面的间距

（续）

序号	界面参数	编程操作	说　明
3	F	输入进给率	进给率单位保持调用循环前的单位
4	加工 ○	选择粗加工	加工性质选择（精加工时无最大吃刀量）
		选择精加工	
5	方向 ○	选择往复加工（水平方向）	变换的加工方向，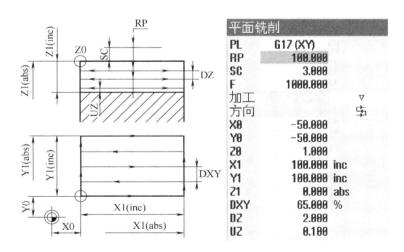
		选择相同的加工方向（X 正向）	相同的加工方向，
		选择往复加工（垂直方向）	变换的加工方向，
		选择相同的加工方向（Y 正向）	相同的加工方向，
6	X0	输入角点 1X 轴位置	位置取决于参考点
7	Y0	输入角点 1Y 轴位置	位置取决于参考点
8	Z0	输入待铣削毛坯高度	位置取决于参考点
9	X1 ○	输入角点 2X 轴位置	选择工件坐标系 X 尺寸（abs/inc）
10	Y1 ○	输入角点 2Y 轴位置	选择工件坐标系 Y 尺寸（abs/inc）
11	Z1 ○	输入成品部件高度	abs/inc
12	DXY ○	输入铣刀直径的百分比（%）	进刀量和铣刀直径的比值
		输入最大平面横进给	选择切入值为相邻两刀轨间距（inc）
13	DZ	输入最大吃刀量	必须选择粗加工
14	UZ	输入精加工余量深度	必须选择精加工

注：1. DXY 最大平面横进给：平面进刀量也可以是百分比值，即进刀量（mm）和铣刀直径（mm）的比值。

　　2. UZ 输入精加工余量深度：精加工时必须使用和粗加工相同的精加工余量。

图 7-28　端面铣削循环尺寸标注图样及参数对话框

7.4.2　矩形腔铣削循环（POCKET3）

（1）指令功能

1）矩形腔铣削属于型腔铣削中的一种，一般用于封闭或半开放的凹型腔体的粗加工、精加工、侧壁精加工和倒角加工。矩形腔可以在工件表面上正交放置，也可以斜向放置；可以是完整实体加工形式，也可以是已经预留有一个凹腔的再加工形式。

2）如果铣刀端刃没有切过中心，则首先在工件实体中心预钻孔腔（依次编写钻孔、矩形腔和位置程序段）。也可以根据选择的刀具配合预钻孔方式进行切削，或选择预钻孔、垂直、螺旋线和往复方式的进刀策略切入工件，其加工方式始终为从内向外切削。

3）设置了不同的进刀方式，具体如下：

① 粗加工方式。依次从中心开始加工矩形腔的各个平面，直至达到最终深度 Z1。

② 精加工方式。总是以 1/4 圆逼近和拐角半径相接的矩形腔，首先加工边沿。最后一次进给时，从中心向外对底部进行精加工。

③ 边沿精加工方式，采取与精加工相同的方法，唯一不同的是省略了最后一次进刀（底部精加工）。

④ 倒角加工方式。在矩形腔的边沿处进行切削加工，形成一个 45° 的棱边。

4）按工件图样给定的矩形腔尺寸，可以为矩形腔选择一个相应的坐标参考点。

（2）编程操作界面　矩形腔铣削（POCKET3）循环尺寸标注图样及参数对话框如图 7-29 所示，矩形腔铣削循环预留型腔尺寸及下刀方式如图 7-30 所示，编程界面操作说明见表 7-22。

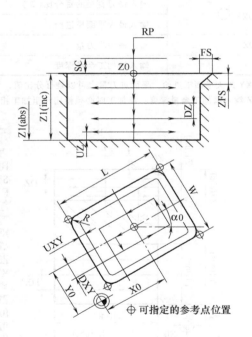

图 7-29　矩形腔铣削循环尺寸标注图样及参数对话框

如果输入矩形腔参数后得出的是一个纵向槽或长孔形状，而不是典型矩形腔形式时，循环内部则会自动从 POCKET3 中调用对应的槽加工循环（SLOT1）或长孔加工循环（LONGHOLE），进行一个预铣（钻）削加工。在这种情况下，下刀点可能会偏离腔中心，在需要预铣（钻）削加工时应注意这种特殊情形。

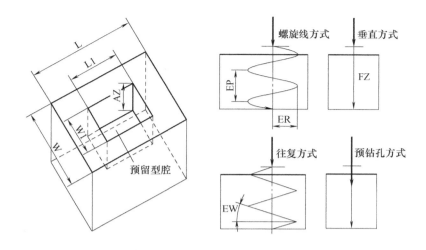

图 7-30 矩形腔铣削循环预留型腔尺寸及下刀方式

表 7-22 矩形腔铣削循环（POCKET3）"完全"输入模式下编程操作界面说明

序号	界面参数	编程操作	说 明
1	PL ○	选择 G17（G18、G19） 选择顺铣、逆铣	选择加工平面 选择铣削方向
2	RP	输入返回平面	铣削完成后刀具轴的定位高度（abs）
3	SC	输入安全距离	相对于工件参考平面的间距，无符号
4	F	输入进给率	单位：mm/min
5	参考点 ○	选择 ▭ 选择 ▭ 选择 ▭ 选择 ▭ 选择 ▭	为矩形腔选择一个相应的参考点位置
6	加工 ○	选择粗加工 选择精加工 选择边沿精加工 选择倒角	平面方式或螺线方式 平面方式或螺线方式 平面方式或螺线方式
7	加工位置 ○	选择单独位置 选择位置模式（MCALL）	在编程位置（X0，Y0，Z0）铣削矩形腔 带 MCALL 的位置
8	X0	输入参考点 X 坐标	必须选择单独模式，位置取决于参考点
9	Y0	输入参考点 Y 坐标	必须选择单独模式，位置取决于参考点
10	Z0	输入参考点 Z 坐标	位置取决于参考点（abs）
11	W	输入腔宽度	

（续）

序号	界面参数	编程操作	说　明
12	L	输入腔长度	
13	R	输入转角半径	型腔拐角的半径
14	α0	输入旋转角度	水平轴和第1坐标轴的夹角
15	FS	输入倒角时的斜边宽度（inc）	必须选择倒角加工
16	ZFS ◯	输入刀尖插入深度（abs/inc）	必须选择倒角加工
17	Z1 ◯	输入腔深（abs/inc）	必须选择粗加工、精加工或边沿精加工
18	DXY ◯	选择最大平面进给量（inc）	必须选择粗加工或精加工
		选择最大平面进给量（%）	必须选择粗加工或精加工，是铣刀直径的百分比
19	DZ	输入最大吃刀量	必须选择粗加工、精加工或边沿精加工
20	UXY	输入平面精加工余量	必须选择粗加工、精加工或边沿精加工
21	UZ	输入精加工余量深度	必须选择粗加工或精加工
22	切入 ◯	选择垂直	必须选择粗加工、精加工或边沿精加工
		选择预钻削	
		选择螺线	
		选择往复	
23	FZ	输入深度进给率	必须选择垂直插入
24	EP	输入螺线的最大螺距	必须选择螺线切入方式
25	ER	输入螺线半径	
26	EW	输入最大插入角	必须选择往复切入方式
27	扩孔加工 ◯	选择完整加工	矩形腔由整块材料铣削而成
		选择再加工	已存在一个较小的矩形腔或者一个钻孔
28	AZ	输入预加工深度（inc）	必须选择扩孔加工再加工
29	W1	输入预加工宽度（inc）	必须选择扩孔加工再加工
30	L1	输入预加工长度（inc）	必须选择扩孔加工再加工

　　注：表内参数 SC、FS 和 ZFS 输入数值不当时，在内轮廓倒角加工中可能会输出以下故障信息：

　　1. 当理论上输入的参数 FS 和 ZFS 对于倒角加工可行，但不能保持安全距离时会输出"安全距离过大"报警信息。倒角加工的刀具位置示意如图 7-31 所示。

　　2. 当下刀深度对于倒角加工来说过大时输出"下刀深度过大"报警信息。

　　3. 当下刀时刀具可能会损坏边沿时输出"刀具直径过大"报警信息，这时必须缩小 FS 值。

7.4.3　圆形腔铣削循环（POCKET4）

（1）指令功能

　　1）圆形腔铣削属于型腔铣削中的一种，用于封闭的圆形凹型腔体的粗加工、精加工、侧壁精加工和倒角加工。该圆形腔可以是完整实体加工形式，也可以为有预先钻孔的再加工形式。

　　2）如果铣刀端刃没有切过中心，则首先在工件实体中心预钻孔腔（依次编写钻孔，圆形腔和位置程序

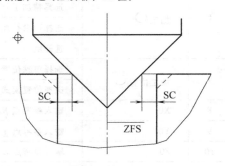

图 7-31　内轮廓倒角加工中的几何尺寸

段）。也可以根据选择的刀具配合预钻孔方式进行切削，或选择预钻孔、垂直、螺旋线和往复方式的进刀策略切入工件，其加工方式始终为从内向外切削。

（2）编程操作界面　圆形腔铣削循环（POCKET4）尺寸标注图样及参数对话框如图 7-32 所示，圆形腔铣削循环预留型腔尺寸及下刀方式如图 7-33 所示，编程界面操作说明见表 7-23。

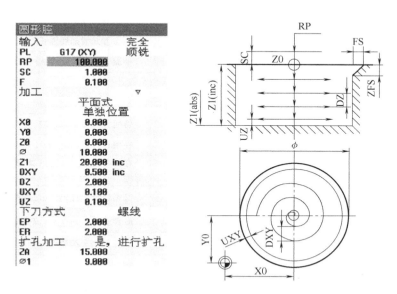

图 7-32　圆形腔铣削循环尺寸标注图样及参数对话框

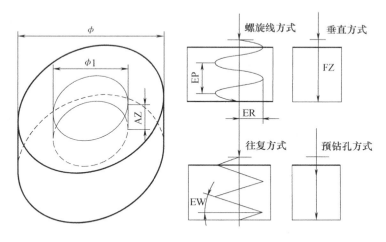

图 7-33　圆形腔铣削循环预留型腔尺寸及下刀方式

表 7-23　圆形腔铣削循环（POCKET4）"完全"输入模式下编程操作界面说明

序号	界面参数	编程操作	说　明
1	输入 ◯	选择完全/简单方式	
2	PL ◯	选择 G17（G18、G19） 选择顺铣、逆铣	选择加工平面 选择铣削方向
3	RP	输入返回平面	铣削完成后的刀具轴的定位高度（绝对）

（续）

序号	界面参数	编程操作	说　明
4	SC	输入安全距离	相对于参考平面的间距，无符号
5	F	输入进给率	单位：mm/min
6	加工〇	选择粗加工	平面方式或螺线方式
		选择精加工	平面方式或螺线方式
		选择边沿精加工	平面方式或螺线方式
		选择倒角	
7	加工方式	选择平面方式	平面方式加工圆形腔
		选择螺线	螺线方式加工圆形腔
8	加工位置〇	选择单独位置	在编程位置（X0，Y0，Z0）上铣削一个圆形腔
		选择位置模式（MCALL）	在一个位置模式上（如栅格等）铣削多个圆形腔
9	X0	输入参考点 X 坐标	必须选择单独模式，位置取决于参考点
10	Y0	输入参考点 Y 坐标	必须选择单独模式，位置取决于参考点
11	Z0	输入参考点 Z 坐标	位置取决于参考点（abs）
12	ϕ	输入腔直径	腔直径或半径
13	FS	输入倒角时的斜边宽度（inc）	必须选择倒角加工
14	ZFS	输入刀尖插入深度（abs/inc）	必须选择倒角加工，插入深度（刀尖）
15	Z1	输入腔深（abs/inc）	必须选择粗加工、精加工或边沿精加工
16	DXY〇	选择最大平面进给量（inc）	必须选择粗加工或精加工
		选择最大平面进给量（%）	必须选择粗加工或精加工，是铣刀直径的百分比
17	DZ	输入最大深度进给量	必须选择粗加工、精加工或边沿精加工
18	UXY	输入平面精加工余量	必须选择粗加工、精加工或边沿精加工
19	UZ	输入精加工余量深度	必须选择粗加工或精加工
20	切入〇	选择垂直	必须选择粗加工、精加工或边沿精加工
		选择预钻削	
		选择螺线	
21	FZ	输入深度进给率	必须选择切入垂直
22	EP	输入螺线的最大螺距	必须选择切入螺线
23	ER	输入螺线半径	
24	扩孔加工〇	选择完整加工	从整块料铣削出圆形腔
		选择再加工	已有一个圆腔或钻孔，需要将其扩大
25	ZA	输入预加工深度	必须选择扩孔再加工
26	$\phi1$	输入预加工直径	必须选择扩孔再加工

注：表内参数 SC、FS 和 ZFS 输入数值不当时，在内轮廓倒角加工中可能会输出的故障信息同上。

7.4.4 矩形凸台铣削循环（CYCLE76）

（1）指令功能 使用矩形凸台铣削循环指令可以对图 7-34 所示的各种矩形（或带有圆角变形）凸台进行粗加工、精加工和倒角加工。该矩形凸台可以正交放置，也可以斜向放置。按照工件图样标注的尺寸，矩形凸台需要确定一个相应的参考点，同时还必须定义一个毛坯凸台。该毛坯凸台外部需要有敞开的区域，以便快速移动刀具时不会发生刀具碰撞、干涉等情况。

图 7-34　矩形凸台（投影）外形

一般矩形凸台只需一次进刀便可完成铣削加工。如果想多次进刀切削，则必须采用不断变小的精加工余量方式来多次编写出该循环指令。

（2）编程操作界面 矩形凸台铣削（CYCLE76）尺寸标注图样及参数对话框如图 7-35 所示，编程界面操作说明见表 7-24。

表 7-24　矩形凸台铣削循环（CYCLE76）"完全"输入模式下编程操作界面说明

序号	界面参数	编程操作	说　　明
1	输入 ○	选择完全/简单方式	
2	PL ○	选择 G17(G18、G19) 选择顺铣、逆铣	选择加工平面 选择铣削方向
3	RP	输入返回平面	铣削完成后的刀具轴的定位高度（绝对）
4	SC	输入安全距离	相对于参考平面的间距，无符号
5	F	输入进给率	单位：mm/min
6	FZ	输入深度进给率	
7	参考点 ○	选择 选择 选择 选择 选择	为矩形凸台选择一个相应的参考点位置
8	加工 ○	选择粗加工 选择精加工 选择倒角	选择加工性质
9	加工位置 ○	选择单独位置	在编程位置（X0，Y0，Z0）上铣削一个矩形台
		选择位置模式（MCALL）	在一个位置模式上（如栅格等）铣削多个矩形台

（续）

序号	界面参数	编程操作	说　明
10	X0	输入参考点 X 坐标	必须选择单独模式,位置取决于参考点
11	Y0	输入参考点 Y 坐标	必须选择单独模式,位置取决于参考点
12	Z0	输入参考点 Z 坐标	位置取决于参考点(abs)
13	W1	输入凸台毛坯宽度	必须选择粗加工或精加工
14	L1	输入凸台毛坯长度	必须选择粗加工或精加工
15	W	输入凸台宽度	
16	L	输入凸台长度	
17	R	输入凸台转角半径	
18	α0	输入旋转角度	水平轴和第 1 坐标轴的夹角
19	FS	输入倒角时的斜边宽度(inc)	必须选择倒角加工
20	ZFS ◯	输入刀尖插入深度(abs/inc)	必须选择倒角加工
21	Z1 ◯	输入钻深(abs/inc)	必须选择粗加工或精加工
22	DZ	输入最大吃刀量	必须选择粗加工或精加工
23	UXY	输入平面精加工余量	必须选择粗加工或精加工
24	UZ	输入精加工余量深度	必须选择粗加工或精加工

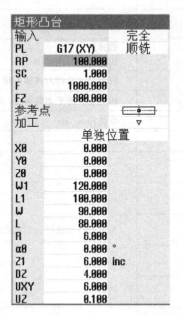
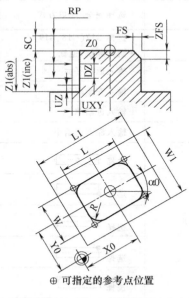

图 7-35　矩形凸台铣削循环尺寸标注图样及参数对话框

7.4.5　圆形凸台铣削循环（CYCLE77）

（1）指令功能　使用圆形凸台铣削循环指令可以对不同直径的圆形凸台进行粗加工、精加工和倒角加工。按照工件图样标注的尺寸，矩形凸台需要确定一个相应的参考点，同时还必须定义一个毛坯凸台。该毛坯凸台外部需要有敞开的区域，以便快速移动刀具时不会发生刀具碰撞、干涉等情况。

一般圆形凸台只需一次进刀便可完成铣削加工。如果想多次进刀切削，则必须采用不断变小的精加工余量方式来多次编写出该循环指令。

（2）编程操作界面　圆形凸台铣削（CYCLE77）尺寸标注图样及参数对话框如图 7-36 所示，编程界面操作说明见表 7-25。

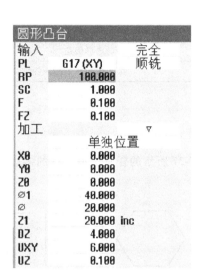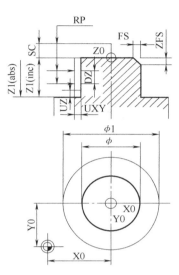

图 7-36　圆形凸台铣削循环尺寸标注图样及参数对话框

表 7-25　铣削圆形凸台循环（CYCLE77）"完全"输入模式下编程操作界面说明

序号	界面参数	编程操作	说　明
1	输入 ⟳	选择完全/简单方式	
2	PL ⟳	选择 G17（G18、G19）	选择加工平面
		选择顺铣、逆铣	选择铣削方向
3	RP	输入返回平面	铣削完成后的刀具轴的定位高度（绝对）
4	SC	输入安全距离	相对于参考平面的间距，无符号
5	F	输入进给率	单位：mm/min
6	FZ	输入深度进给率	
7	加工 ⟳	选择粗加工	加工性质选择（精加工时无最大吃刀量）
		选择精加工	
		选择倒角	
8	加工位置 ⟳	选择单独位置	在编程位置（X0，Y0，Z0）上铣削一个圆形台
		选择位置模式（MCALL）	在一个位置模式上（如整圆等）铣削多个圆形台
9	X0	输入参考点 X 坐标	必须选择单独模式，位置取决于参考点
10	Y0	输入参考点 Y 坐标	必须选择单独模式，位置取决于参考点
11	Z0	输入参考点 Z 坐标	位置取决于参考点（abs）

（续）

序号	界面参数	编程操作	说　明
12	φ1	输入凸台毛坯的直径	必须选择粗加工或精加工,确定逼近位置
13	φ	输入凸台直径	
14	Z1 ○	输入钻深,选择（abs/inc）	必须选择粗加工或精加工
15	DZ	输入最大吃刀量	必须选择粗加工或精加工
16	UXY	输入平面精加工余量	必须选择粗加工或精加工
17	UZ	输入精加工余量深度	必须选择粗加工或精加工
18	FS	输入倒角的斜边宽度	必须选择倒角
19	ZFS ○	输入刀尖插入深度（abs/inc）	加工倒角时的插入深度（刀尖）

7.4.6　多边形凸台铣削循环（CYCLE79）

（1）指令功能

1）使用多边形凸台铣削循环指令可以对图 7-37 所示的任意边沿数目的多边形（或带有圆角变形）凸台进行粗加工、精加工和倒角加工。

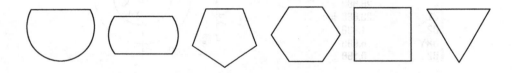

图 7-37　多边形凸台（投影）外形

2）按照工件图样标注的尺寸，矩形凸台需要确定一个相应的参考点，同时还必须定义一个圆柱毛坯凸台。该圆柱毛坯凸台外部需要有敞开的区域，以便快速移动刀具时不会发生刀具碰撞、干涉等情况。

3）若使用符合系统规定的盘形铣刀（150 号刀具）和参数时，系统会选择合适的首次进给量，使刀具的上边沿正好碰到参考点 Z0，可以在一根圆柱体毛坯上加工出一个内部多边形。在加工结束后会将刀具完整地从毛坯凸台中退出。

（2）编程操作界面　多边形凸台循环（CYCLE79）尺寸标注图样及参数对话框如图 7-38 所示，编程界面操作说明见表 7-26。

表 7-26　多边形循环（CYCLE79）"完全"输入模式下编程操作界面说明

序号	界面参数	编程操作	说　明
1	输入 ○	选择完全/简单方式	
2	PL ○	选择 G17（G18、G19） 选择顺铣、逆铣	选择加工平面 选择铣削方向
3	RP	输入返回平面	铣削完成后的刀具轴的定位高度（绝对）
4	SC	输入安全距离	相对于参考平面的间距，无符号
5	F	输入进给率	单位:mm/min

（续）

序号	界面参数	编程操作	说　明
6	加工 ◯	选择粗加工	选择加工性质（精加工时无最大吃刀量）
		选择精加工	
		选择倒角	
		选择边沿精加工	
7	加工位置 ◯	选择单独位置	在编程位置（X0，Y0，Z0）上铣削一个多边形
		选择位置模式（MCALL）	在一个位置模式上（如栅格等）铣削多个多边形
8	X0	输入参考点 X 坐标	必须选择单独模式，位置取决于参考点
9	Y0	输入参考点 Y 坐标	必须选择单独模式，位置取决于参考点
10	Z0	输入参考点 Z 坐标	位置取决于参考点（abs）
11	ϕ	输入凸台直径	
12	N	输入边沿数量	多边形的边数
13	SW/L ◯	输入对边宽度或边沿长度	可选择对边宽度或边沿长度
14	α0	输入旋转角度	边中点和第 1 轴（X 轴）所成旋转角度
15	FS	输入倒角时的斜边宽度	必须选择倒角加工
16	ZFS ◯	输入刀尖插入深度（abs/inc）	必须选择倒角加工
17	R1/FS1 ◯	输入倒角半径或斜边宽度	可选择拐角倒圆或倒角
18	Z1 ◯	输入钻深（abs/inc）	必须选择粗加工、精加工或边沿精加工
19	DXY ◯	选择最大平面进给量（inc）	必须选择粗加工或精加工
		选择最大平面进给量（%）	必须选择粗加工或精加工，是铣刀直径的百分比
20	DZ	输入最大吃刀量	必须选择粗加工或精加工
21	UXY	输入平面精加工余量	必须选择粗加工、精加工或边沿精加工
22	UZ	输入精加工余量深度	必须选择粗加工或精加工

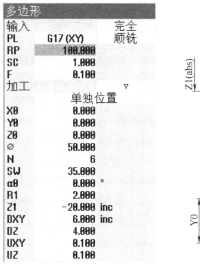
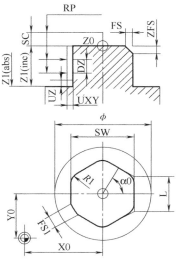

图 7-38　多边形铣削循环尺寸标注图样及参数对话框

7.4.7　纵向槽铣削循环（SLOT1）

（1）指令功能　使用纵向槽铣削循环指令（SLOT1）可以对一个或多个相同大小的纵向槽进行粗加工、精加工、侧壁精加工和倒角加工。按照工件图样纵向槽的标注尺寸，可以为纵向槽确定一个相应的参考点。根据选择的刀具可以配合预钻孔方式进行铣削，或选择预钻孔、垂直、螺旋线和往复方式等进刀策略切入工件，其加工方式始终为从内向外铣削。

（2）编程操作界面　纵向槽铣削循环（SLOT1）尺寸标注图样及参数对话框如图7-39所示，编程界面操作说明见表7-27。

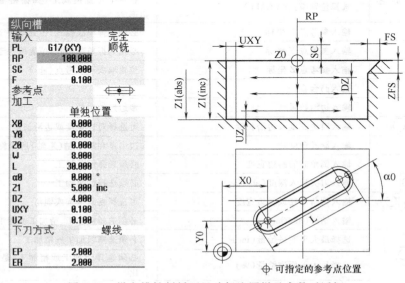

图 7-39　纵向槽铣削循环尺寸标注图样及参数对话框

表 7-27　纵向槽循环（SLOT1）"完全"输入模式下编程操作界面说明

序号	界面参数	编程操作	说　明
1	输入	选择完全/简单（模式）	
2	PL ⟳	选择 G17（G18、G19） 选择顺铣、逆铣	选择加工平面 选择铣削方向
3	RP	输入返回平面	铣削完成后的刀具轴的定位高度（绝对）
4	SC	输入安全距离	相对于和参考平面的间距，无符号
5	F	输入进给率	单位：mm/min
6	参考点 ⟳	选择 选择 选择 选择 选择	为纵向槽选择一个相应的参考点位置

（续）

序号	界面参数	编程操作	说　明
7	加工 ○	选择粗加工	加工性质选择
		选择精加工	
		选择倒角	
		选择边沿精加工	
8	加工位置 ○	选择单独位置	在编程位置（X0，Y0，Z0）上铣出一个槽
		选择位置模式（MCALL）	在编程的位置模式（如直线）上铣出多个槽
9	X0	输入参考点 X 坐标	必须选择单独模式，位置取决于参考点
10	Y0	输入参考点 Y 坐标	必须选择单独模式，位置取决于参考点
11	Z0	输入参考点 Z 坐标	位置取决于参考点（abs）
12	L	输入槽宽度	
13	W	输入槽长度	
14	α0	输入旋转角度	边中点和第 1 轴（X 轴）所成旋转角度
15	Z1 ○	输入槽深（abs/inc）	必须选择粗加工、精加工或边沿精加工
16	DZ	输入最大吃刀量	必须选择粗加工、精加工或边沿精加工
17	UXY	输入平面精加工余量	必须选择粗加工或精加工
18	UZ	输入精加工余量深度	必须选择粗加工、精加工或边沿精加工
19	切入 ○	选择垂直	选择插入方式
		选择螺线	
		选择往复	
		选择预钻削	
20	FZ	输入深度进给率	必须选择切入垂直
21	EP	输入螺线的最大螺距	必须选择切入螺线
22	ER	输入螺线半径	必须选择切入螺线
23	EW	输入最大插入角	必须选择切入往复

7.4.8　圆弧槽铣削循环（SLOT2）

（1）指令功能

1）使用圆弧槽铣削循环指令（SLOT2）可以在整圆或节圆上对一个或多个同样大小的圆弧槽进行粗加工、精加工、侧壁精加工和倒角加工，还可以加工出一个环形槽。按照工件图样圆弧槽的标注尺寸，可以为圆弧槽确定一个相应的参考点。

2）可以选择顺铣，也可以选择逆铣。铣削圆弧槽粗加工时，依次从槽末端半圆的中心开始加工槽的各个平面，直到达到深度 Z1。精加工时，总是首先加工边沿直至达到深度 Z1，在与半径衔接的 1/4 圆内逼近槽边沿，最后一次进给从槽末端的半圆中心点开始加工底部。

（2）编程操作界面　圆弧槽循环（SLOT2）尺寸标注图样及参数对话框如图 7-40 所示，编程界面操作说明见表 7-28。

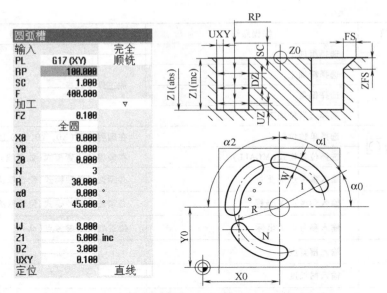

图 7-40 圆弧槽铣削循环尺寸标注图样及参数对话框

表 7-28 圆弧槽循环（SLOT2）"完全"输入模式下编程操作界面说明

序号	界面参数	编程操作	说 明
1	输入	选择完全/简单	
2	PL ⭕	选择 G17(G18、G19)	选择加工平面
		选择顺铣、逆铣	选择铣削方向
3	RP	输入返回平面	铣削完成后的刀具轴的定位高度（绝对）
4	SC	输入安全距离	相对于参考平面的间距，无符号
5	F	输入进给率	单位：mm/min
6	加工 ⭕	选择粗加工	选择加工性质
		选择精加工	
		选择倒角	
		选择边沿精加工	
7	FZ	输入深度进给率	必须选择粗加工或精加工
8	圆模式 ⭕	选择全圆	圆弧槽的间距总是相等
		选择节距圆	圆弧槽的间距可通过角度 α2 来确定
9	X0	输入参考点 X 坐标	必须选择单独模式，位置取决于圆心
10	Y0	输入参考点 Y 坐标	必须选择单独模式，位置取决于圆心
11	Z0	输入参考点 Z 坐标	位置取决于参考点（abs）
12	N	输入槽数量	
13	R	输入圆弧槽半径	
14	α0	输入起始角	
15	α1	输入槽张角	
16	α2	输入分度角	必须选择节距圆

（续）

序号	界面参数	编程操作	说　明
17	W	输入槽宽度	
18	FS	输入倒角时的斜边宽度	必须选择倒角加工
19	ZFS ◯	输入刀尖插入深度（abs/inc）	必须选择倒角加工
20	Z1 ◯	输入槽深，选择（abs/inc）	不能选择倒角加工
21	DZ	输入最大吃刀量	必须选择粗加工或精加工
22	UXY	输入平面精加工余量	必须选择粗加工、精加工或边沿精加工
23	定位 ◯	选择直线	选择槽之间的运动位置
		选择圆弧	

注：1. 如果想生成一个环形槽，参数槽数量 N＝1，张角 α1＝360°。

2. 输入圆弧槽宽（W）参数时应注意与已经选择的圆弧槽半径（R）之间的限制关系。

3. 输入圆弧槽宽（W）参数时应注意与选择的刀具直径的限制关系：

1）粗加工：槽宽（W）/2-精加工余量（UXY）≤铣刀直径（φ）

2）精加工：槽宽（W）/2≤铣刀直径（φ）

3）边沿精加工：精加工余量（UXY）≤铣刀直径（φ）

7.4.9　敞开槽铣削循环（CYCLE899）

（1）指令功能　使用敞开槽铣削循环（CYCLE899）可以在平面上对一个两边开口的长方形槽进行粗加工、半精加工、精加工、侧壁精加工、底部精加工和倒角加工。该敞开槽可以在工件表面上正交放置，也可以斜向放置。

1）根据机床和工件的情况，在粗加工时可以选择螺旋铣削和插铣进刀方式，对于较深的开口槽，可以极大地提高加工效率；在精加工时可以选择顺铣方式、逆铣方式或顺铣和逆铣混合方式。

2）旋风铣的加工方式。粗加工的刀具轨迹是弧形的铣刀运动，是适用于 HSC 粗加工的优选方案。它可以保证刀具不会完全切入材料，能精确保持所设定的重叠，特别是对某些经过退火的材料，该程序可应用于使用涂层铣刀的粗加工和轮廓加工。

旋风铣进刀方式的边界条件（应注意对刀具直径的限制）：

① 粗加工：槽宽（W）/2-精加工余量（UXY）≤铣刀直径（φ）

② 槽宽（W）：$W_{最小}$＝1.15×铣刀直径（φ）+精加工余量（UXY）

$$W_{最大}＝2×铣刀直径（φ）+2×精加工余量（UXY）$$

③ 径向进刀：最小为 0.02×铣刀直径（φ）

最大为 0.25×铣刀直径（φ）

④ 最大进刀深度≤铣刀的切削高度。

⑤ 最大径向进刀取决于铣刀直径，对于较硬的工件材料一般取较小的进刀量。

3）加工方式为插铣。槽的插铣粗加工是指铣刀在一定的进给率下从槽位置的上方垂直插入工件进行加工，然后提升退回，并定位到下一插入点（在槽的左侧和右侧交替式插入）的加工方式，是在"不稳定"的机床和工件几何尺寸上加工凹槽的优选方案。特别是在刀具悬伸长度较大时，使用插铣刀可以减少振颤，从而提高刀具的使用寿命。

插铣进刀方式时的边界条件（应注意对刀具直径的限制）：

① 粗加工：槽宽（W）/2-精加工余量（UXY）≤铣刀直径（φ）。

② 槽宽（W）：最大为 2×铣刀直径（φ）+2×精加工余量（UXY）。

③ 径向进刀：最大为铣刀直径（φ）。

④ 侧向步距：由槽宽、铣刀直径和精加工余量计算得出。

⑤ 退刀：每次插铣运行结束时，铣刀以加工进给率移动一个安全距离。该动作是当铣削绕角小于180°时，以基准环绕区等分角反向45°方向进行退刀移动。

4）加工方式为预精加工。该加工方式是对槽壁上的余料过多、特别是拐角处的余料过多时的一种半精加工方式，从而可以得到较为均匀的精加工余量。

5）加工方式为精加工。在精加工槽壁时，铣刀沿着槽壁运行，和粗加工时一样，也可以在Z轴方向分步进刀。此时，铣刀在安全高度上越过铣槽开始和铣槽末端，使得整个铣槽长度的槽壁表面均匀。

（2）编程操作界面 敞开槽铣削循环（CYCLE899）尺寸标注图样及参数对话框如图7-41所示，编程界面操作说明见表7-29。

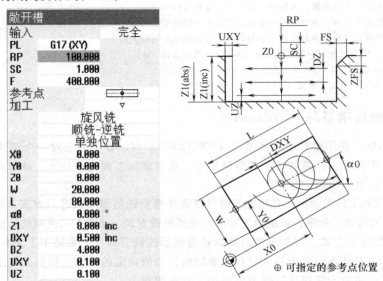

图 7-41 敞开槽铣削循环尺寸标注图样及参数对话框

表 7-29 敞开槽铣削循环（CYCLE899）"完全"输入模式下编程操作界面说明

序号	界面参数	编程操作	说明
1	输入	选择完全/简单	
2	PL ◯	选择 G17（G18、G19）	选择加工平面
3	RP	输入返回平面	铣削完成后的刀具轴的定位高度（绝对）
4	SC	输入安全距离	相对于参考平面的间距，无符号
5	F	输入进给率	单位：mm/min
6	参考点 ◯	选择 ▭	选择参考点位置
		选择 ▭	
		选择 ▭	
		选择 ▭	
		选择 ▭	

（续）

序号	界面参数	编程操作	说　明
7	加工 ○	选择粗加工	选择加工性质
		选择预精整	
		选择精加工	
		选择倒角	
		选择底部精加工	
		选择边沿精加工	
8	工艺 ○	选择旋风铣	粗加工,铣刀以圆弧形轨迹穿过槽并再次退回
		选择插铣	粗加工,沿刀具轴连续钻孔
9	铣削方向 ○	选择顺铣	选择铣削方向
		选择逆铣	
		选择顺铣-逆铣	必须选择粗加工的旋风铣方式
10	加工位置 ○	选择单独位置	在编程位置(X0,Y0,Z0)铣削槽
		选择位置模式(MCALL)	在编程的位置模式中(如全圆等)铣削多个槽
11	X0	输入参考点 X 坐标	必须选择单独模式,位置取决于参考点
12	Y0	输入参考点 Y 坐标	必须选择单独模式,位置取决于参考点
13	Z0	输入参考点 Z 坐标	位置取决于参考点(abs)
14	W	输入槽宽度	
15	L	输入槽长度	
16	α0	输入旋转角度	
17	FS	输入倒角时的斜边宽度	必须选择倒角加工
18	ZFS ○	输入刀尖插入深度(abs/inc)	必须选择倒角加工
19	Z1 ○	输入槽深（abs/inc）	选择粗加工、精加工、底部及预精整精加工
20	DXY ○	选择最大平面进给量(inc)	必须选择粗加工
		选择最大平面进给量(%)	必须选择粗加工,是铣刀直径的百分比
21	DZ	输入最大吃刀量	选择粗加工、预精整精加工或边沿精加工
22	UXY	输入平面精加工余量	必须选择粗加工、预精整或底部精加工
23	UZ	输入精加工余量深度	必须选择粗加工、预精整或边沿精加工

7.4.10　长孔铣削循环（LONGHOLE）

（1）指令功能

1）使用长孔铣削循环指令（LONGHOLE）可以对一个或多个相同大小的长孔槽进行铣削粗加工。按照工件图样纵向槽的标注尺寸，可以为长孔槽确定一个相应的参考点。该长孔槽可以在工件表面上正交放置，也可以斜向放置。根据选择的刀具，可以选择平面方式和往复方式进刀策略切入工件。

2）循环内部会确定最佳的刀具运行行程，避免不必要的空行程。如果加工长孔需要多次深度进刀，会在终点时交替进刀。在每次进刀后，平面内沿着长孔纵向轴的退回轨迹都会换向。在过渡到下一个长孔时，循环会自动找出最短的路径。

3）与槽相反，长孔的宽度由刀具直径确定。

（2）编程操作界面　长孔铣削循环（LONGHOLE）尺寸标注图样及参数对话框如图 7-42 所示，编程界面操作说明见表 7-30。

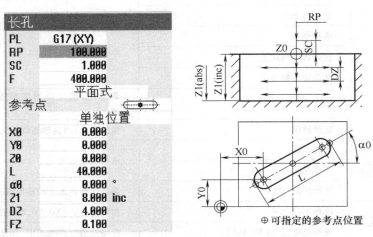

图 7-42　长孔铣削循环尺寸标注图样及参数对话框

表 7-30　长孔铣削循环（LONGHOLE）编程操作界面说明

序号	界面参数	编程操作	说　明
1	PL ⭕	选择 G17（G18、G19）	选择加工平面
2	RP	输入返回平面	铣削完成后的刀具轴的定位高度（绝对）
3	SC	输入安全距离	相对于参考平面的间距，无符号
4	F	输入进给率	单位：mm/min
5	加工方式 ⭕	选择平面方式	在腔的中心运行至进刀深度
		选择往复	沿着直线轨迹往复插入，直到到达吃刀量
6	参考点 ⭕	选择	选择参考点位置
		选择	
		选择	
		选择	
		选择	
7	加工位置 ⭕	选择单独位置	在编程位置（X0，Y0，Z0）铣削一个长孔
		选择位置模式（MCALL）	在编程的位置模式中（如全圆等）铣削多个长孔
8	X0	输入参考点 X 坐标	必须选择单独模式，位置取决于参考点
9	Y0	输入参考点 Y 坐标	必须选择单独模式，位置取决于参考点
10	Z0	输入参考点 Z 坐标	位置取决于参考点（abs）

（续）

序号	界面参数	编程操作	说　明
11	L	输入长孔长度	
12	α0	输入旋转角度	
13	Z1 〇	输入长孔深度	选择（abs/inc）
14	DZ	输入最大吃刀量	
15	FZ	输入深度进给率	必须选择加工方式的平面方式

7.4.11　螺纹铣削循环（CYCLE70）

（1）指令功能　使用螺纹铣刀可以加工相同螺距的内螺纹和外螺纹。螺纹可以被加工为右旋螺纹或者左旋螺纹，刀具可以从上往下或者从下往上进行加工。当加工公制螺纹（螺距 P 为 mm/r）时，循环使用由螺距所计算出的值自动对螺纹深度参数（H1）进行预设置。可以修改该值，必须通过机床数据激活默认设置。

注意，在铣削内螺纹时铣刀直径应<额定直径−2×螺纹深度（H1）

（2）编程操作界面　螺纹铣削循环（CYCLE70）尺寸标注图样及参数对话框如图 7-43 所示，编程界面操作说明见表 7-31。

表 7-31　螺纹铣削循环（CYCLE70）编程操作界面说明

序号	界面参数	编程操作	说　明
1	PL 〇	选择 G17（G18、G19）	选择加工平面
2	RP	输入返回平面	铣削完成后的刀具轴的定位高度（绝对）
3	SC	输入安全距离	相对于参考平面的间距，无符号
4	F	输入进给率	单位：mm/min
5	加工 〇	选择粗加工	选择加工
		选择精加工	
6	加工方向 〇	选择 Z0-Z1	从上往下加工
		选择 Z1-Z0	从下往上加工
7	螺纹旋转方向 〇	选择右旋螺纹	铣削一个右旋螺纹
		选择左旋螺纹	铣削一个左旋螺纹
8	螺纹位置 〇	选择内螺纹	铣削一个内螺纹
		选择外螺纹	铣削一个外螺纹
9	NT	输入每个刀沿齿数	切削刃的齿数
10	加工位置 〇	选择单独位置	
		选择位置模式（MCALL）	
11	X0	输入参考点 X 坐标	必须选择单独模式，位置取决于参考点
12	Y0	输入参考点 Y 坐标	必须选择单独模式，位置取决于参考点
13	Z0	输入参考点 Z 坐标	位置取决于参考点（abs）
14	Z1 〇	输入螺纹长度，选择（abs/inc）	螺纹终点（abs）或螺纹长度（inc）

（续）

序号	界面参数	编程操作	说　明
15	表格 ◯	选择无 选择公制螺纹 选择惠氏螺纹 BSW 选择惠氏螺纹 BSP 选择 UNC	选择螺纹表，必须选择不带编码器的用户输入
16	选择 ◯	选择 M1～M68 选择 W1/16"～W4" 选择 G1/16"～G6" 选择 N1-64UNC～4"-4UNC	必须选择表格的公制螺纹 必须选择表格的惠氏螺纹 BSW 必须选择表格的惠氏螺纹 BSP 必须选择表格的 UNC
17	P	输入螺距	在"表格"和"选择"输入栏中输入螺距
18	P ▢◯	输入模块（模数） 输入螺距 mm/r 输入螺距 inch/r 输入每英寸的螺线	螺距值
19	φ	输入公称直径	螺纹额定直径
20	H1	输入螺纹深度	通过螺距计算螺纹深度
21	DXY	输入最大切宽　（inc）	必须选择粗加工
22	U	输入精加工余量	必须选择粗加工，在 X 轴和 Y 轴的精加工余量
23	αS	输入起始角	起始角度

注：进给率单位保持调用循环前的单位。

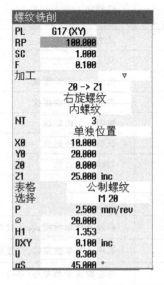

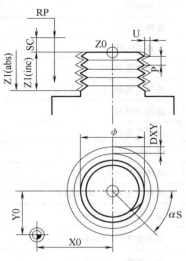

图 7-43　螺纹铣削循环尺寸标注图样及参数对话框

7.4.12　雕刻铣削循环（CYCLE60）

（1）指令功能　使用雕刻铣削功能指令可以在工件上沿着直线或者圆弧线刻铣文字（指字符或数字）。在雕刻时可以刻铣出成比例的文字，也可以刻铣出大小不同的文字。

（2）编程操作界面　雕刻铣削循环（CYCLE60）尺寸标注图样及参数对话框如图 7-44 所示，编程界面操作说明见表 7-32。

表 7-32　雕刻循环（CYCLE60）编程操作界面说明

序号	界面参数	编程操作	说　　明
1	PL ⟲	选择：G17（G18、G19）	选择加工平面
2	RP	输入返回平面	铣削完成后的刀具轴的定位高度（绝对）
3	SC	输入安全距离	相对于参考平面的间距，无符号
4	F	输入进给率	单位：mm/min
5	FZ	输入深度进给率	深度进给
6	镜像文字 ⟲	选择：不	文字不经过左右颠倒，雕刻在工件上
		选择：是	文字经过左右颠倒后，雕刻在工件上
7	排列方式 ⟲	选择：ꓱꓭA 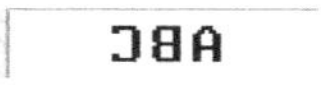	必须选择镜像书写：是
		选择 ꓱꓭA	
		选择 ꓭꓱA	
		选择 ABC 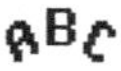	必须选择镜像书写：不
		选择 ABC	
		选择 ABC	
8	参考点 ⟲	选择 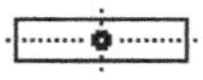	选择参考点
		选择 	
		选择 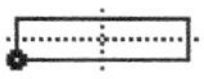	
		选择 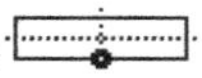	
		选择 	
		选择 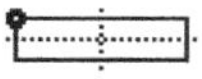	
		选择 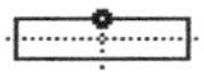	
		选择 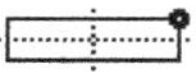	
		选择 	

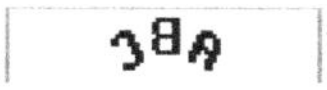

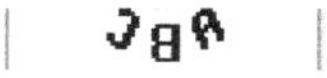

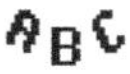

（续）

序号	界面参数	编程操作	说　明
9	雕刻文本		最多 100 个字符
10	X0	选择输入参考点 X 坐标	参考点 X 轴（abs），仅限于直线排列
11	Y0	选择输入参考点 Y 坐标	参考点 X 轴（abs），仅限于直线排列
12	Z0	输入参考点 Z 坐标	位置取决于参考点（abs）
13	Z1 ○	输入雕刻深度（abs/inc）	绝对雕刻深度或相对于 Z0 的深度
14	W	输入字符高度	
15	α1	输入文本方向	仅限于直线排列（文本和第 1 轴所成角度）
16	XM	输入中心点 X 坐标（abs）	仅限于圆弧排列
17	YM	输入中心点 Y 坐标（abs）	仅限于圆弧排列

注：在输入雕刻文本内容时，只允许输入一行文字，且不能使用换行符。

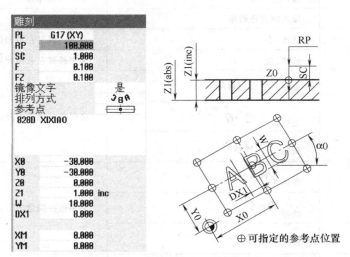

图 7-44　雕刻铣削循环尺寸标注图样及参数对话框

7.5　轮廓铣削循环指令编程

轮廓铣削加工循环功能在 SINUMERIK828D 数控系统中有了很大的改进，不仅能对零件上的单一轮廓进行处理，而且能够对零件上的多个轮廓进行"综合处理"。零件轮廓可以是封闭的曲线，也可以是开放的曲线。组成轮廓轨迹的元素个数至少为 2 个，最多可以有 250 个，相邻的两个轨迹元素之间还可以用圆弧或者倒角进行过渡。

轮廓铣削加工循环编程非常灵活，需要在实践中不断揣摩、总结和提高。

7.5.1　轮廓调用（CYCLE62）

（1）指令功能　由于轮廓轨迹是轮廓铣削编程中最关键的要素，而且不同的轮廓铣削循环都需要用到一个或多个轮廓轨迹，因此，轮廓轨迹的调用不再由各个轮廓加工循环分别执行，而是使用专门的轮廓调用循环——CYCLE62 指令来完成这个任务。

（2）编程操作界面　轮廓调用铣削循环（CYCLE62）调用界面如图 7-45 所示。

选择〖轮廓铣削〗循环（CYCLE62），界面右侧软键有两个选项：〖新建轮廓〗和〖轮廓调用〗。

1）选择"新建轮廓"方式。选择〖新建轮廓〗方式时，其编程过程是：输入新轮廓名称，单击〖接收〗；进入下一个起点界面，输入轮廓的起点坐标数值，可以根据所编图形分别选择〖图形视图〗和〖极点〗两个软键。进入图形编辑器界面，编写轮廓图形轨迹，最后单击〖接收〗软键，即完成这个新轮廓程序段的编写。

图 7-45　轮廓调用循环的调用界面

2）选择"轮廓调用"方式。选择〖轮廓调用〗方式，其对话框界面内只有两个输入参数选择项：轮廓选择（编写轮廓的方式，使用选择键确定）和轮廓名称（输入编写的轮廓名称），如图 7-46 所示。

图 7-46　轮廓调用对话框

第一个参数是用来指示轮廓的位置，图 7-47 中有四种选择轮廓的方式可以使用：轮廓名称、标签、子程序和子程序中的标签。对应第一个参数项内容，第二个参数则有着一定的对应关系，见表 7-33。

图 7-47　轮廓名称选择项内容

界面操作小技巧：当光标移动到轮廓选择参数项时，单击【END】键，将展开全部选择项内容。单击【▷】或【◁】键，则收回或展开内容。

表 7-33　轮廓调用循环（CYCLE62）编程界面参数说明

序号	对话框参数	编程操作	说　明
1	轮廓名称	选择	0 = 轮廓名称
			1 = 标签
			2 = 子程序
			3 = 子程序中的标签
2	CON	输入	轮廓名称,选择轮廓
3	PRG	输入	子程序名称,选择子程序或子程序中的标签
4	LAB1	输入	标签 1,轮廓起始,选择标签
5	LAB2	输入	标签 2,轮廓结束

① 轮廓名称。在轮廓选择方式下，第二个参数项名称为"CON"。只需在 CON 一栏填写轮廓的名字即可。当然，这个轮廓的名字是不能随意填写的。例如，如果在这里填写轮廓名称为"TTT"，就必须先在主程序的结束符 M30 之后，预先用轮廓编辑器建立一个名为"TTT"的轮廓图形轨迹；否则，系统在执行相关轮廓处理的循环时，将找不到这个轮廓，如图 7-48 和图 7-49 所示。

图 7-48　轮廓名称方式下输入轮廓名称举例

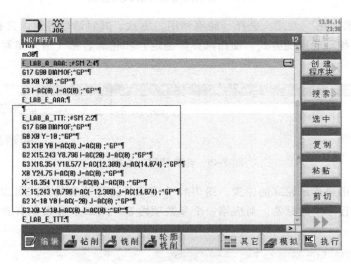

图 7-49　轮廓名称方式下的轮廓编辑示例

② 标签。使用标签的方法设置轮廓，主程序中 CYCLE62 循环指令编译后的程序格式参数列表中，LAB1 处应该填写轮廓开始的标记"AA_ BEG"，而 LAB2 处应该填写轮廓结束的标记"AA_ END"。填写时有两点需要注意：第一，此处填写的是标记名而不是标记，没有冒号；第二，标记名是区分大小写字母的，如图 7-50 所示。

使用标签的方法设置轮廓需要将轮廓描述部分的程序段放置在主程序后面。但是需要在轮廓程序段的开头和结束部分加入标记。标记由标记名和冒号构成，标记名可以是一个字符串。一

图 7-50 标签方式下输入标记名举例

般的命名规则是：前两个字符为字母，其后可以跟随字母、数字和下划线等符号。图 7-51 所示的示例为：在轮廓程序段的第一行用"AA_BEG:"作为轮廓开始的标记，而在轮廓程序段的最后一行用"AA_END:"作为轮廓结束的标记。

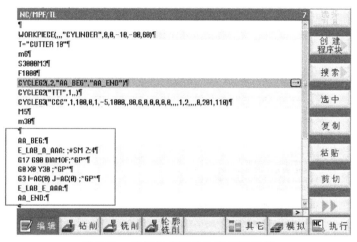

图 7-51 标签方式下的轮廓编辑示例

关于轮廓程序段指令的编写可以使用轮廓编辑器自动生成的轮廓程序段，也可以手工编写的轮廓程序段。

③ 子程序。选择子程序方式，则是在子程序里编写轮廓程序段，也是描述轮廓中最常见的用法。轮廓子程序可以放在专门的子程序目录当中，但是程序名的扩展名必须是".SPF"。轮廓子程序也可以放在零件程序目录中，虽然其后缀名为".MPF"，但是仍然可以作为子程序被其他的主程序调用。需要注意的是，如果有两个同名的轮廓子程序，一个以".MPF"为扩展名，存放在零件程序目录中，而另一个以".SPF"为扩展名，存放在子程序目录中，则优先被调用的是存放在零件程序目录下的同名主程序。子程序方式下输入子程序名示例如图 7-52 所示，子程序方式下的轮廓编辑示例如图 7-53 所示。

图 7-52 子程序方式下输入子程序名示例

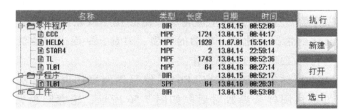

图 7-53 标签方式下的轮廓编辑示例

225

④ 子程序中的标签。选择子程序中的标签方式，是指可以将多个轮廓程序段写在同一个子程序当中，甚至可以直接调用其他主程序中带有标记的轮廓程序段。首先，在轮廓调用时必须在参数 PRG 一栏中正确填写包含轮廓程序段的子程序名称，如 L012。然后，在 LAB1 和 LAB2 后面分别填上子程序中被调用程序段的起止标记名，如 BB_ BEG，BB_ END，如图 7-54 所示，子程序中的标签方式下的轮廓编辑示例如图 7-55 所示。

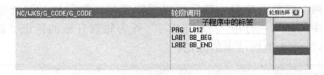

图 7-54　子程序中的标签方式下输入子程序名和标记号示例

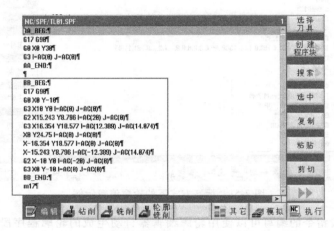

图 7-55　子程序中的标签方式下的轮廓编辑示例

7.5.2　预钻轮廓腔循环指令（CYCLE64）

（1）指令功能

1）使用轮廓腔预钻孔/定心循环，利用钻头类刀具对即将要铣削的单个或多个轮廓腔进行预钻孔或定心工艺，则在后续的腔铣削工艺中，对于不带切削底刃的铣削刀具可以采用垂直进刀的下刀方式，而不需要采用螺旋或往复的下刀方式。

2）采用不带切削底刃的铣刀进行轮廓腔加工的编程工艺步骤可以定义为：调用轮廓→轮廓腔钻中心孔 → 轮廓腔预钻孔 → 轮廓腔铣削。这种轮廓腔的工艺方法可以合理利用刀具资源并有效优化加工工艺，提升加工效率。

3）预钻孔（CYCLE64）循环包括两个子循环内容：钻中心孔和预钻孔。后者比前者多了一个 UZ 参数选项。可以根据工艺需要选择生成轮廓腔定心程序或轮廓腔预钻孔程序。所需预钻削的数量和位置取决于具体的情况，比如：轮廓的类型、刀具、平面进刀位置、精加工余量。进行该循环编程时，需要进行加工刀具的选择操作。

（2）编程操作界面　预钻轮廓腔（CYCLE64）编程界面操作说明见表 7-34，轮廓腔定心孔循环（CYCLE64）尺寸标注图样及参数对话框如图 7-56 所示，轮廓腔预钻孔循环（CYCLE64）尺寸标注图样及参数对话框如图 7-57 所示。

表 7-34 预钻轮廓腔循环（CYCLE64）编程界面操作说明

序号	屏幕界面参数	编程操作	说 明
1	PRG	输入待生成程序的名称	根据所选铣削刀具、轮廓腔形状、位置及相关参数生成一个预钻孔程序
2	PL	选择 G17（G18、G19）	选择加工平面
3	○	选择顺铣、逆铣	选择铣削方向
4	RP	输入返回平面	铣削完成后的刀具轴的定位高度（绝对）
5	SC	输入安全距离	相对于参考平面的间距，无符号
6	F	输入进给率	切削进给率（单位：mm/min）
7	TR D ○	输入刀具名称，选择刀沿号	选择切削刀具名称和刀沿号（1~9）
8	Z0	输入参考点 Z 坐标	参考点 Z
9	Z1 ○	输入最终深度（abs/inc）	最终深度
10	DXY ○	选择最大平面进给量（inc）	必须选择粗加工
		选择最大平面进给量（%）	必须选择粗加工，是铣刀直径的百分比
11	UXY	输入平面精加工余量	无符号数值，轮廓侧面的精加工余量
12	UZ	输入精加工余量深度	无符号数值，轮廓底部的精加工余量
13	返回模式 ○	选择到返回平面	选择退刀后的位置模式
		选择 Z0 + 安全距离	

注：返回模式：如果腔区域没有大于 Z0 的元素，就可以选择"Z0 + 安全距离"作为退刀模式。

除了预钻削还可以使用循环进行钻中心孔。为此需要调用由循环生成的钻中心孔或预钻削程序。

如果铣削多个腔，并且希望避免不必要的换刀，可以先预钻所有腔，然后再加工。这种情况下，对于钻中心孔/预钻，必须设置在按下"全部"模式时出现的参数，而且必须符合相应加工步骤的参数。

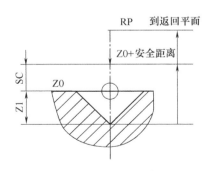

图 7-56 轮廓腔钻中心孔标注尺寸图样及循环参数对话框

对应图 7-56 轮廓腔预钻中心孔循环生成的程序样例如下：
CYCLE64（"KONG_1",0,100,0,3,4,200,2,0.1,,0,"CENTERDRILL 6",1,,0,21,1）
对应图 7-57 轮廓腔预钻孔循环生成的程序样例如下：
CYCLE64（"KONG-2",0,100,0,3,30,200,0.5,2,0,0,"DRILL 8.5",1,,0,11,1）

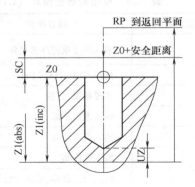

图 7-57　轮廓腔预钻孔标注尺寸图样及循环参数对话框

7.5.3　路径铣削循环指令（CYCLE72）

（1）指令功能

1）使用路径铣削循环可以铣削任意编程的轮廓。该功能使用铣刀半径补偿进行加工。加工方向是任意的，即按照编程轮廓方向进给铣削或者与之相反。轮廓最多允许由 170 个轮廓元素组成（包括倒角/倒圆）。

2）使用路径铣削循环不强制要求轮廓是闭合的。可以进行内部或外部加工（轮廓左或右）或沿着中心路径的加工。

3）可以对平面内的任意轮廓（开放轮廓或封闭轮廓）编程，主要步骤如下：

① 输入轮廓。轮廓由各个不同的相连轮廓元素组成。可以在子程序或加工程序中定义轮廓，并放在程序结束指令 M30（或 M02）后面。

② 轮廓调用（CYCLE62）。选择待加工的轮廓。

③ 路径铣削（粗加工）。加工轮廓时考虑不同的逼近和回退策略。

④ 路径铣削（精加工）。若在粗加工时编写了精加工余量，可再次调用加工轮廓。

⑤ 轮廓倒角。用专用刀具进行轮廓边沿的倒角加工，可再次调用加工轮廓。

4）轮廓左侧或右侧的轨迹铣削。可以使用铣刀半径左侧/右侧补偿加工一个编程轮廓。此时，可以选择不同的逼近/退回模式以及不同的趋近/退回策略。

5）在半径补偿关闭时，则在中心轨迹上加工所编程的轮廓。此时，只能沿着直线或垂直线逼近和回退。比如，封闭轮廓可采用垂直逼近/退回。

（2）编程操作界面　路径铣削循环（CYCLE72）编程界面操作说明见表 7-35，路径铣削循环系统界面的参数项如图 7-58所示。

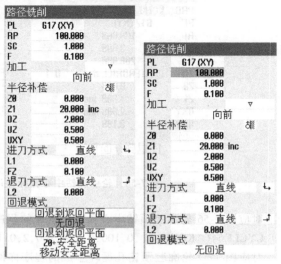

图 7-58　路径铣削循环系统界面的参数项

表 7-35 路径铣削循环（CYCLE72）编程界面操作说明

序号	屏幕界面参数	编程操作	说 明
1	P L ⟳	选择 G17(G18、G19)	选择加工平面
2	RP	输入返回平面	铣削完成后的刀具轴的定位高度(abs)
3	SC	输入安全距离	相对于参考平面的间距，无符号
4	F	输入进给率	进给率
5	加工 ⟳	选择粗加工▽	选择加工性质
		选择精加工▽▽▽	
		选择倒角	
6	加工方向 ⟳	选择向前	按照编程的轮廓方向进行加工
		选择回退	按照编程的轮廓方向反向进行加工
7	半径补偿 ⟳	选择 ✦	半径补偿在轮廓的左侧
		选择 ✦	半径补偿在轮廓的右侧
		选择 ⊠	半径补偿关，刀具中心沿着轮廓路径加工
8	Z0	输入参考点 Z 轴坐标	abs/inc
9	Z1 ⟳	输入最终深度(abs/inc)	必须选择粗加工或精加工
10	FS	输入倒角时的斜边宽度(inc)	必须选择倒角加工
11	ZFS ⟳	输入刀尖插入深度(abs/inc)	必须选择倒角加工
12	DZ	输入最大进刀深度	必须选择粗加工或精加工
13	UZ	输入精加工余量深度	必须选择粗加工
14	UXY	输入平面精加工余量	必须选择粗加工，不能选择半径补偿 ⊠
15	进刀方式 ⟳	选择直线	空间中的斜线
		选择四分之一圆	螺旋线的形式，仅针对带刀补的路径进刀
		选择半圆	螺旋线的形式，仅针对带刀补的路径进刀
		选择垂直	和路径垂直，仅针对中心轨迹上的路径进刀
		选择 �	选择沿轴的进刀逼近模式
		选择 ↘	选择三维进刀，仅适于半圆或四分之一圆
16	L1	输入逼近长度	必须选择进刀方式的直线
17	R1	输入逼近半径	必须选择四分之一圆或半圆的进刀方式
18	FZ	输入深度进给率	必须选择沿轴的进刀逼近模式
19	退刀方式 ⟳	选择直线	选择平面内直线的回退模式
		选择四分之一圆	螺旋线的形式，仅针对带刀补的路径退刀
		选择半圆	螺旋线的形式，仅针对带刀补的路径退刀
		选择 ⊣→	选择沿轴的直线回退模式
		选择 ↗	选择三维退刀，仅适于半圆或四分之一圆
20	L2	输入返回长度	必须选择直线退刀方式

（续）

序号	屏幕界面参数	编程操作	说　明
21	R2	输入回退半径	必须选择半圆或四分之一圆退刀方式
22	回退模式 ⟳	选择到返回平面	不能选择倒角加工。选择重新进给前的退刀模式，如需要多次深度进给，应指定刀具在各次进给之间回退到的高度
		选择 Z0+安全距离	
		选择无回退	
		选择移动安全距离	

7.5.4　轮廓综合铣削指令（CYCLE63）

（1）指令功能　本书将 CYCLE63 循环指令称为轮廓综合铣削循环指令，该循环指令功能非常强大，其内容也非常丰富。该循环包括型腔循环、型腔余料循环、凸台循环和凸台余料循环四个部分。虽然循环指令名称均为 CYCLE63，但可分为全面加工形式的型腔循环和凸台循环，以及仅用于粗加工的型腔余料循环和凸台余料循环。

1）在铣削加工带有中心岛的型腔之前，必须首先输入型腔和中心岛的轮廓。第一个指定的轮廓被视为型腔轮廓，而所有后续轮廓被视为中心岛。中心岛还可以部分在腔的外面或互相重叠。

2）在输入手动预设起始点时，起始点可以位于腔外。例如，在加工一个一侧开口的腔体时，起始点设定在腔体外时，刀具便不插入而是直线运动到腔体的开口侧。

3）在铣削凸台之前，必须首先输入一个毛坯轮廓，然后再输入一个或多个凸台轮廓。毛坯轮廓确定了没有材料的区域，即在该区域外可以快速进给。而毛坯轮廓和凸台轮廓之间的材料将被切除。

4）循环创建编写的轮廓铣削加工程序需要在对话框界面上输入一个待生成程序名称。

5）可以选择加工模式（粗加工、精加工）。如果要先粗加工随后精加工，必须调用两次加工循环（程序段1＝粗加工，程序段2＝精加工），编写的参数在第二次调用时仍保留。

6）如果已铣削了一个轮廓凸台，但是仍然有余料，会被自动识别（作为精加工余量保留的材料不属于余料）。余料根据加工时使用的铣刀计算。如果使用适合的刀具，不必重新加工整个凸台即可切削余料，可以避免不必要的退刀。

7）如果铣削多个凸台，并且希望避免不必要的换刀，可以先清理所有凸台，然后切除余料。

（2）型腔铣削循环编程操作界面　型腔铣削循环（CYCLE63）编程界面操作说明见表 7-36，型腔铣削循环和型腔余料循环对话框（CYCLE63）界面的参数项如图 7-59 所示，铣削凸台循环和凸台余料循环对话框（CYCLE63）界面的参数项如图 7-60 所示。

表 7-36　型腔铣削循环（CYCLE63）编程界面操作说明

序号	屏幕界面参数	编程操作	说　明
1	输入	选择完全/简单	
2	PRG	输入待生成程序的名称	
	PL ⟳	选择 G17（G18、G19） 选择顺铣（逆铣）	选择加工平面 选择铣削方向
3	RP	输入返回平面	铣削完成后的刀具轴的定位高度（绝对）

（续）

序号	屏幕界面参数	编程操作	说　明
4	SC	输入安全距离	相对于参考平面的间距，无符号
5	F	输入进给率	mm/min
6	加工 ○	选择粗加工▽	加工性质选择
		选择边沿精加工▽▽▽	
		选择底部精加工▽▽▽	
		选择倒角	
7	Z0	参考点 Z 轴坐标	
8	Z1 ○	输入最终深度（abs/inc）	必须选择粗加工、底部精加工和边沿精加工
9	FS	输入倒角时的斜边宽度	必须选择倒角加工
10	ZFS ○	输入刀尖插入深度（abs/inc）	必须选择倒角加工
11	DXY ○	选择最大平面进给量（inc）	必须选择粗加工
		选择最大平面进给量（%）	必须选择粗加工，是铣刀直径的百分比
12	DZ	输入最大背吃刀量	必须选择粗加工或边沿精加工
13	UXY	输入平面精加工余量	必须选择粗加工、底部精加工和边沿精加工
14	UZ	输入精加工深度余量	必须选择粗加工和底部精加工
15	起始点 ○	选择手动（预设）	必须选择粗加工或底部精加工
		选择自动	必须选择粗加工或底部精加工
16	XS	输入起始点 X 坐标	必须选择起始点手动
17	YS	输入起始点 Y 坐标	必须选择起始点手动
18	下刀方式 ○	选择垂直	铣刀必须在中心上方切削或必须预钻削
		选择螺线	沿着由半径和每转深度定义的螺线轨迹运行
		选择往复	铣刀中心点沿着直线路径来回往复插入
19	FZ	输入深度进给率	必须选择切入垂直和粗加工
20	EP	输入螺线的最大螺距	必须选择切入螺线
21	ER	输入螺线半径	必须选择切入螺线
22	EW	输入最大插入角	必须选择切入往复
23	重新进给前的回退模式 ○	选择：到返回平面	不能选择倒角加工。如需要多次深度进给，应指定刀具在各次进给之间回退到的高度
		选择：Z0+安全距离	

注：进给率单位保持调用循环前的单位

对应图 7-59 参数生成的型腔铣削循环生成的程序样例如下：

CYCLE63("XQ_1",1,100,0,3,16,300,0.2,6,4,0.2,0.15,0,0,0,2,2,15,1,2,"",1,,0,101,101)

对应图 7-59 参数生成的型腔余料铣削循环生成的程序样例如下：

CYCLE63("XQ_2",1001,100,0,3,30,350,,12,6,0.1,0.1,0,0,0,,,,,,,"CUTTER16",1,,0,1101,1)

对应图 7-60 参数生成的铣削凸台循环生成的程序样例如下：

CYCLE63("TT_1",4,100,0,3,20,400,,6,4,0.1,0.1,0,,,,,,,1,2,,,,0,201,101)

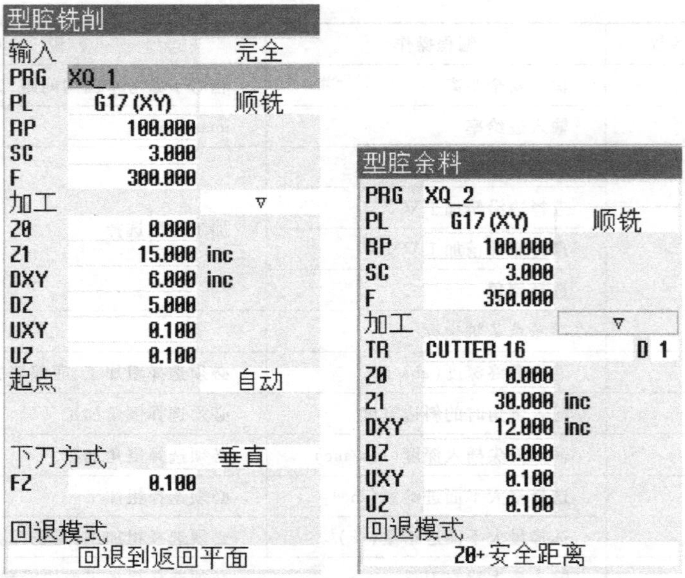

型腔铣削

输入		完全
PRG	XQ_1	
PL	G17 (XY)	顺铣
RP	100.000	
SC	3.000	
F	300.000	
加工		▽
Z0	0.000	
Z1	15.000 inc	
DXY	6.000 inc	
DZ	5.000	
UXY	0.100	
UZ	0.100	
起点		自动
下刀方式		垂直
FZ	0.100	
回退模式		
回退到返回平面		

型腔余料

PRG	XQ_2	
PL	G17 (XY)	顺铣
RP	100.000	
SC	3.000	
F	350.000	
加工		▽
TR	CUTTER 16	D 1
Z0	0.000	
Z1	30.000 inc	
DXY	12.000 inc	
DZ	6.000	
UXY	0.100	
UZ	0.100	
回退模式		
Z0+安全距离		

图 7-59 型腔铣削循环和型腔余料循环对话框界面的参数项

铣削凸台

输入		完全
PRG	TT_1	
PL	G17 (XY)	顺铣
RP	100.000	
SC	3.000	
F	400.000	
加工		▽▽▽边沿
Z0	0.000	
Z1	20.000 inc	
DZ	4.000	
UXY	0.100	
回退模式		
回退到返回平面		

凸台余料

PRG	TT_2	
PL	G17 (XY)	顺铣
RP	100.000	
SC	1.000	
F	0.100	
加工		▽
TR	CUTTER 12	D 1
Z0	0.000	
Z1	−25.000 abs	
DXY	60.000 %	
DZ	5.000	
UXY	0.200	
UZ	0.100	
回退模式		
回退到返回平面		

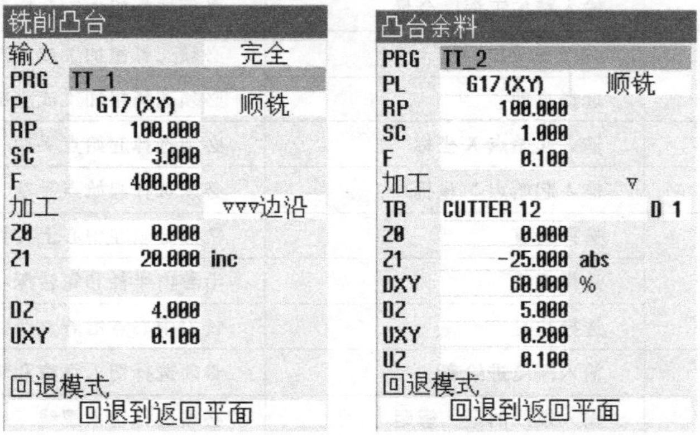

图 7-60 铣削凸台循环和凸台余料循环对话框界面的参数项

对应图 7-60 参数生成的凸台余料循环生成的程序样例如下：

CYCLE63("TT_2",1,100,0,1,−25,0.1,,60,5,0.2,0.1,0,,,,,,,,,"CUTTER12",1,,0,1201,10)

轮廓腔铣削循环（CYCLE63）指令的编程详细方法可参看第 8 章中相关内容。

7.5.5 高速设定（CYCLE832）

（1）功能简介 模具制造加工中不仅要求有较快的加工速度，而且对工件轮廓形面精度和表面粗糙度也有严格要求。实践中人们认识到模具加工程序的完善和优化对于加工的效率以及质量尤为重要。目前，多数程序员编制的加工程序都是采用 CAM 软件生成的由大量微短距离的小线段轨迹指令组成。在使用配置 828D 数控系统的机床加工中，结合相应的编程指令，例如程序段预读、压缩器功能等，可以最大化实现在最短的加工时间内达到最佳的表面加工质量、最高的加工精确度的完美结合。对于一般的用户，可以使用高速设定（CYCLE832）循环指令，只需要简单设定两个参数：轮廓公差、加工方式（粗加工，半精加工，精加工），就能够对任意形状平面的加工数据进行预设，在数控系统内置控制软件的帮助下实现最佳加工状态。

高速设定循环（CYCLE832）与"Advanced Surface"精优曲面功能相互关联。需要在工艺程序中、调用小线段逼近程序之前调用该循环。

系统内部预设的不同加工方式下的参考标准值，按右侧〖标准值〗软键，预设的"标准值"数据自动载入对话界面中的轴公差输入栏中。

（2）编程操作界面　高速设定（CYCLE832）指令参数操作界面如图 7-61 所示。高速设定（CYCLE832）编程界面操作说明见表 7-37。

图 7-61　高速设定（CYCLE832）指令参数操作界面

表 7-37　高速设定（CYCLE832）编程界面操作说明

序号	对话框参数	编程操作	说　明
1	公差	轮廓公差	轮廓公差等同于几何轴的轴公差
2	加工 ○	取消选择	对应的第 59 组 G 代码：DYNNORM
		▽（粗加工）	对应的第 59 组 G 代码：DYNROUGH
		▽（半精加工）	对应的第 59 组 G 代码：DYNSEMIFIN
		▽（精加工）	对应的第 59 组 G 代码：DYNFINISH

示例 1：CYCLE832（0，0，1）　　　；用于撤销选择 CYCLE832

示例 2：CYCLE832（　）　　　　　　；同样用于撤销选择 CYCLE832

需要更多了解高速设定（CYCLE832）指令时，可以在〖加工画面〗的〖所有 G 代码〗菜单里查看当前调用的高速设定循环（CYCLE832）所激活的各种指令，或者通过在零件程序文件夹下创建"TEMP_ CYCLE832.MPF"程序查看详细的高速设定循环所激活的各种指令以及当前刀具信息记录。

第 **8** 章

铣削工艺循环编程实例

编写出一个能够较好地应用于实际加工的零件程序，需要编程者不断实践与总结。本章所举出的零件加工程序的编写过程，旨在说明对零件图样的不同解读，对系统编程指令的不同理解，采取标准工艺循环指令，可以在人机界面上编辑和创建出不同形式的加工程序。

使用 SINOMERIK 828D 系列数控系统的标准循环指令编写加工程序，是依据对图样尺寸的标注形式的严格要求。但是，面对复杂的加工图形的编程，如果图样的尺寸标注不能或者局部不能满足系统的人机对话界面信息录入条件，也需要编程者使用基本指令编写出必要的程序段，灵活运用 G 代码指令配合标准循环指令完成加工程序的编制。

8.1 轮廓铣削循环编程中的两个小工具

在工业产品的轮廓图形中，除了典型的圆形、方形、正多边形的轮廓图素外，还有许多非典型（或非规则）的轮廓图素组合的轮廓外形。对这种轮廓进行铣削加工前，需要对这种轮廓（刀具路径）进行准确的描述。实际编程中，准确描述较为复杂的轮廓形状需要花费很多时间和精力。SINUMERIK 828D 系统中提供了两个很好的编辑工具。

1)"图形轮廓编辑器"（系统的标配功能）。

2)"DXF 轮廓导入器"（系统的选购功能）。

8.1.1 "图形轮廓编辑器"的操作说明

轮廓铣削循环指令是非常有用的循环指令，也是 828D 数控铣削系统的一个特色。使用轮廓铣削循环指令时，需要将零件轮廓图形编辑成"系统图形指令"，以便于数控系统对其进行计算与分析。这种编辑方法与过程称为"图形轮廓编辑器"，其基本使用与操作方法简单说明如下：

（1）平面功能区划分 屏幕自左至右分为四个功能区。最左侧区为图素编辑"进程树"显示区；其次是轮廓图形显示区，第三个是图素几何尺寸数值输入区，最右侧是操作软键区，如图 8-1 所示。

1）图素编辑"进程树"显示区：自上而下，按照编辑顺序排列编辑符号，每个符号对应着一个图素或编辑操作动作。

2）轮廓图形显示区：在彩色界面下，显示对应图形及标注尺寸的对应关系。标注尺寸与图素几何尺寸输入区中不同的数值形式同步变化，且该尺寸颜色变成橙色。线段行进方向的端点为一橙色方点。

3）图素几何尺寸数值输入区：用于在系统屏幕上输入图素尺寸数据，线段行进方向及相关刀具路径参数等。尺寸数据为非绝对方式、绝对方式或相对方式。与轮廓图形显示区相对应，变为橙色的栏目为输入栏，不变色的栏目为关联尺寸栏，关联尺寸栏目不能输入数值。

4）操作软键区：竖直排列的功能软键，根据标注字符含义或图形含义选择操作。

（2）非垂直直线角度规定：以加工平面第一轴的正方向为 0°，顺时针转角为负值，逆时针转角为正值。

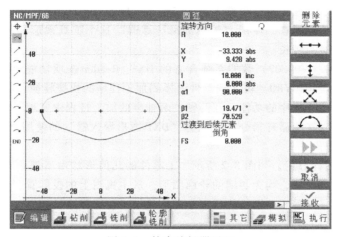

图 8-1　轮廓编辑器界面

（3）光标键的功能

1）按光标键◀，接收输入数值，并在屏幕上画出轮廓线条（当前轮廓图素为深黄色），再次按此键，则进入程序编辑器界面。

2）按光标键▶，调出图素几何尺寸显示和数值输入界面，激活数值输入框。

光标键◀和▶为界面互逆操作功能形式。

3）按光标键▲和▼，在激活的功能区，可以选择相应的项目（图素符或输入栏目）。

（4）图形轮廓编辑器使用

1）在编辑界面内，每个生成的循环指令行最后都有一个符号→，表示光标右键，按光标键▶，屏幕将进入循环参数输入界面。而在循环参数输入界面，按光标键◀可直接退出当前界面，返回程序编辑界面。

2）第一次使用"图形轮廓编辑器"时，在屏幕最左侧的"图素符与编辑操作符显示区"的最上边存在两个功能符号：第一个符号"⊕"为图形起点符号，下面有一个END为图形结束符号。这两个符号是不能删除的。编辑图形轮廓时，首先需要确定图形起点坐标位置，其后的轮廓图素按照规划好的方向分别插入上述两个符号之间。若有问题，可以回退修改。

3）当输入坐标值数据有明显错误时，如忽视了坐标值的正负号，屏幕上将弹出提示框"放弃输入 几何值相矛盾"，且拒绝输入下一个数值。此时，应检查前面所输入数据的正确性。

4）在输入坐标值数据后，如输入圆弧图样数据后，右侧可能会出现新软键〖对话选择〗和〖接收对话〗。根据图形区显示图形与参数输入区中各非输入参数项显示的几何数据，对其进行合理性判断，先反复按软键〖对话选择〗，最后按软键〖对话接收〗，认可所输入的图形几何数据。如果仍不正确，则应检查图样的尺寸关系或标注尺寸的方法。

5）当编辑圆弧与直线连接或圆弧与圆弧连接时，若为相切的约束关系，需要按右侧的软键〖与前面元素相切〗。系统在编辑两个图素时，才会判断与处理此关系。

8.1.2　"DXF 图形导入器"的使用方法

当需要加工的外形轮廓是由不规则的图样构成时，描述其图形元素及基点坐标的工作也就非常繁重，也是经常发生差错的环节。上节介绍的"图形轮廓编辑器"已经方便了编程者按照图样标注尺寸，实现了零件轮廓参数输入与加工程序生成的对接。但是，如果零件轮廓图形比较复杂，或者存在多个轮廓图素，使用"轮廓编辑计算器"这个工具来形成加工轮廓程序块依旧感到比较烦琐，编程时间较长。

SINUMERIK 828D（V04.07）数控系统含有的 DXF_Reader 选项功能（DXF_Reader 的产品序列号为 6FC5800-0AP56-0YB0）可实现工件图样到加工程序的快捷转换，具备了将 DXF 格式图形文件导入直接生成加工程序的功能，在两轴、两轴半的加工过程中实现了使 CAD/CAM 与数控加工无缝集成。本节以铣削循环指令为例说明"DXF 图形导入器"的使用方法。

（1）前期准备工作

1）加工零件的图样分析。如图 8-2 所示加工零件的几何形状由不规则轮廓构成的凹形腔和不规则轮廓构成的凸台组成，均为封闭的轮廓图形。从主视图上的投影看，还应包括矩形毛坯轮廓。如果加工此零件，则需要分别构建这三个完整的加工轮廓程序块。

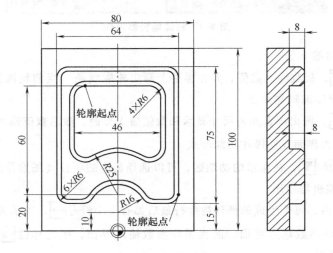

图 8-2 方板零件图样

2）使用 CAD 软件将零件图样转换为 DXF 格式的图形文件。这个 DXF 格式图形文件的基本要求是：只包括以 1:1 比例绘制的加工零件图形轮廓的主视图（正视图），不要保留中心线等辅助线段及尺寸标注线，并需要明确编程原点坐标位置。也就是说，保留的轮廓图形原则上是独立的、封闭的。如果制作的封闭轮廓线质量不好，出现不封闭或多余线段未剪切干净的情况，会造成图形转换失败。

3）将 CAD 生成的 DXF 格式文件（如 Fangban_1.dxf）复制到 U 盘，然后插入到数控系统面板的对应 USB 插口上。

4）进入数控系统程序管理器，按软键〖NC〗，在"工件"路径下，新建一个类型为"工件WPD"的目录文件"LUNKUO"。然后，新建"主程序 MPF"文件，键入新文件名"FP1"，按软键〖确认〗后，进入程序编辑界面。

5）在编辑界面下先编写铣削加工的准备程序指令部分，创建毛坯程序段，留出一段空间准备编写加工程序指令，编写加工完成后的工艺状态程序指令，最后书写程序结束指令 M30。将光标移至 M30 程序指令段的下方，如图 8-3 所示。

（2）导入 DXF 格式文件图形

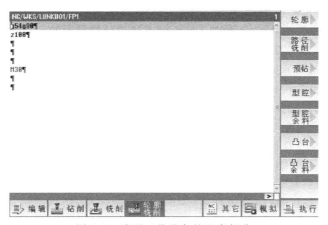

图 8-3　编写工艺准备的程序部分

1）按屏幕下方的软键〖轮廓铣削〗进入其界面，在屏幕的右侧上方按软键〖轮廓〗，出现新软键列表，按软键〖新建轮廓〗，输入新建轮廓的名称"147"，再按软键〖从 DXF 导入〗，继续按软键〖接收〗后，屏幕显示"程序管理器"状态下的文件路径。可以在 U 盘上（或系统中）找到存放准备加工轮廓的 DXF 文件（也可以按软键〖搜索〗找到）Fangban_1. dxf，按软键〖确认〗，导入所要加工零件轮廓图形，如图 8-4 所示。

2）确定工件的编程原点（参考点），即指定一个在加工中可以使用的工件原点。按右侧软键〖指定参考点〗，出现一组新软键列表，屏幕上出现一个移动的、橙色的原点符号。选择参考点的方法有〖元素起点〗、〖元素中心〗、〖元素终点〗、〖圆心〗、〖光标〗和〖自由输入〗六种。在这些指定参考点的方法中，选择一个适合描述本工件编程原点的方法，确定编程原点位置。本例选择的是使用〖元素中心〗的方法，将工件编程原点确定在毛坯轮廓最下边直线的中点位置，按软键〖确定〗，此时，橙色的原点符号便变成灰色的原点符号固定在这个位置上了，如图 8-5 所示。数控系统由此位置点开始计算其他各基点坐标位置和图样元素坐标数据。

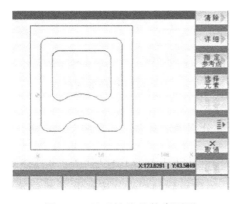

图 8-4　显示转换的轮廓图形

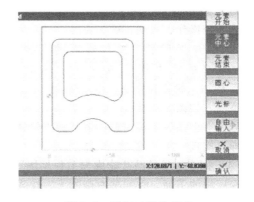

图 8-5　指定工件参考点

（3）构建毛坯的加工轮廓程序块　根据对图样的分析，加工此零件需要分别构建这三个完整的加工轮廓程序块。可以由外至内构建 DXF 格式文件上的三条轮廓线。

最外轮廓是毛坯外形，构建毛坯轮廓的操作步骤如下：

1）按软键〖选择元素〗，屏幕图形区中的一个轮廓线段变成橙色细线段，线段的一端出现蓝色方点。按软键〖接收元素〗，选择加工中离刀具进刀位置最近的一条线段。

2）确定这个线段的蓝色端点是作为这个轮廓的起点，还是终点。如图 8-6 所示。先按软键〖元素起点〗（高亮），按软键〖确认〗，浅橙色线段变成蓝色细线段，下一个元素线段变为橙色粗实线，查看线段变色的行进方向是否符合设想（如顺时针方向），若不符合，则要按软键〖撤销〗，取消刚才所进行的接收元素的工作，重新按软键〖元素终点〗，则线段的行进方向发生改变（逆时针方向）。

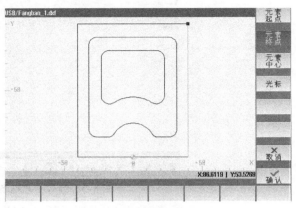

图 8-6　选择第一条轮廓的起始点

3）继续按软键〖接收元素〗，橙色粗线段继续行进，最终回到出发点，此时的蓝色方点外面包围了一个橙色的外框线，且橙色线段消失，则表示一个轮廓已经全部接收完成。当行进的线段出现错误时，按软键〖撤销〗，则取消刚才所进行的接收元素的工作，可以连续进行撤销操作。

4）按软键〖传输轮廓〗，界面上弹出一个"结束从 DXF 文件中接收？"提示对话框，按软键〖是〗，出现如图 8-7 所示的界面。

在屏幕左侧的"图形轮廓编辑进程树"中可以看到每一图素行进中新创建的图符。中间图形区显示二维坐标标示的轮廓图形。将进程树与轮廓图形进行对照检查有无差错，单击进程树中的任意一个进程，图形区中对应的线段变橙色，屏幕右侧参数区则显示该线段元素的各项参数。可以对已经接收的轮廓线段元素进行删除、修改等操作，直到正确为止。

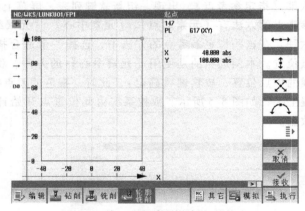

图 8-7　第一个轮廓转换任务的核查

5）检查无误后，按右侧软键〖接收〗，数控系统中就生成了一个名为"147"的加工轮廓程序块，出现在 M30 指令的下面，如图 8-8 所示。

如果有多条轮廓线需要构建其加工轮廓程序块，只要分别确定其名称，参照上述步骤，逐一创建即可实现。

（4）构建零件的凸台轮廓加工程序块　在编辑界面下，将光标移动到刚完成的"147"加工轮廓程序块的下面。在屏幕右侧的上方按软键〖轮廓〗，出现新软键列表，按软键〖新建轮廓〗，输入新建轮廓的名称"258"，按软键〖从 DXF 导入〗，再按右侧软键〖接收〗，屏幕显示"程序管理器"状态下的文件路径，找到"Fangban_1.dxf"文件，按软键〖确认〗，屏幕显示所要加工零件轮廓图形。选择中间的那条不规则凸台外轮廓，构建零件的凸台轮廓加工程序块。操作步骤与毛坯轮廓程序块"147"的步骤1）～步骤5）相同。生成的第二个名为"258"的凸台外轮廓加工程序块，出现在"147"加工轮廓程序块的下面。过程略。

（5）构建零件的凹形腔内轮廓加工程序块　在编辑界面下，将光标移动到刚完成的"258"加工轮廓程序块的下面。在屏幕右侧的上方按软键〖轮廓〗，出现新软键列表，再按软键〖新建轮廓〗，输入新建轮廓的名称"369"，按软键〖从 DXF 导入〗，再按右侧软键〖接收〗，屏幕显示"程序管理器"状态下的文件路径，找到"Fangban_1.dxf"文件，按软键〖确认〗，屏幕显示所要加工零件轮廓图形。选择最里边的那条不规则凹形腔内轮廓，构建零件的凹形腔轮廓加工程序块。操作步骤与毛坯轮廓程序块"147"的步骤 1）～步

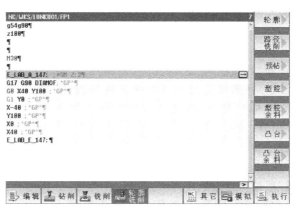

图 8-8　生成的第一个加工轮廓程序块

骤 5）相同。生成的第三个名为"369"的凹形腔内轮廓加工程序块，出现在"258"加工轮廓程序块的下面。过程略。

至此，工件的三个加工轮廓程序块就构建完成了。

（6）倒角轮廓的处理　零件图中要求对凸台的边缘和凹形腔的边缘进行倒角加工。根据对图形分析，这两个倒角轮廓均为其外形轮廓引申出来的，并不需要进行创建；从使用的加工刀具来看，选择的刀具也是倒角刀（刀具类型：220）。所以，在编写两处倒角加工的程序中，可以分别调用这两个加工轮廓程序块。

（7）对交叉轮廓线段的处理　DXF 格式图形中出现交叉轮廓（也称为非独立轮廓）线段，最常见的非独立轮廓中是半封闭轮廓。在主视图的复合轮廓投影中，半封闭轮廓与其他轮廓可以组成不同的封闭轮廓路径。当在屏幕图形区单击图形元素线段或按软键〖接收元素〗时，系统自动行进到线段交叉点时，后面相关的线段变成橙色较粗的虚线段了。如何处理呢？行进方向如果出现粗虚线，则需要选择轮廓线段的行进方向，确认下一个正确的线段，按软键〖选择元素〗，线段由粗虚线变为粗实线，继续按软键〖接收元素〗。

一个最基本的方法（也是建议初学者采用的方法）是在前期准备工作阶段中，事前拆分发生线段交叉的复合投影主视图为独立轮廓的 DXF 格式图形文件，再分别进行 DXF 格式图形文件的编辑转换工作。

DXF_Reader 的功能很多，扩展界面中还有很多软键的操作使用方法，限于篇幅的关系无法详细介绍，请使用者继续实践和掌握。

8.2　菱形方阵排列群孔加工编程

加工如图 8-9 所示样式群孔。图中给出了两种尺寸标注方法，是为了适应不同的循环指令形式。

对图样分析，各孔系的位置分布有一定的排列规律，又有其特殊性。其分为五列五行，各行间距相同，各列间距相同，且行距与列距也相同，行排孔的孔间连线与 X 轴的夹角为 30°。共 22个孔呈菱形分布。其中，第 1 行的第五个孔、第 3 行的第三个孔和第 5 行的第一个孔不加工，即除了第 2 行与第 4 行直线排列孔形状相同外，其余三行都不相同。

根据该图样特点，编程原点选定在工件上表面的对称中心处（G55），选择 φ10mm 钻头（刀

号为 T = "DIRLL_10")。可以选择"位置"孔加工模式与配用"隐藏位置"孔功能完成编程。

（1）编程思路（一） 使用直线等距孔循环指令编写五行排列的群孔。编程步骤如下：

1）按系统键盘上【程序管理】键，在"工件"目录下新建一个类型为"工件 WPD"的目录文件"KONG"，然后，新建"主程序 MPF"文件。键入新文件名"LXK_01"，按软键〖确认〗后，进入程序编辑界面。

2）编写钻孔工艺准备内容程序段（又称程序头）。

3）创建毛坯模型。按屏幕下方软键〖其它〗，按屏幕右侧软键〖毛坯〗，选

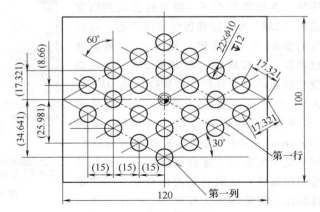

图 8-9 方阵排列群孔编程

择毛坯类型"中心六面体"，填入参数：W = 100，L = 120，HA = 0，HI = -25。按软键〖接收〗，生成如下程序段：

WORKPIECE (,"",,"RECTANGLE", 0, 0, -25, -80, 120, 100)；中心六面体毛坯模型

4）编写孔钻削加工程序。按水平软键〖钻削〗进入钻削界面。按右侧垂直软键〖钻削铰孔〗，进入钻削循环参数输入界面，输入模式选项选择"简单"，加工位置选项选择"位置模式"，依次输入加工参数或选择参数形式：RP = 20，Z0 = 0，参照模式选择"刀杆"，Z1 = -12，DT = 0，按〖接收〗软键即生成如下程序段：

MCALL CYCLE82 (20, 0, 1, -12,, 0, 0, 10001, 11)；位置模式钻孔加工循环

5）使用直线孔循环指令编写五行呈直线排列的等间距孔系。在右侧的下方按软键〖位置〗，进入"位置"界面。按软键〖行位置模式〗（直线孔分布），进入行位置模式分布孔参数输入界面。

由于本例的直线排列孔基本不具备重复的图样，不会借用正在编辑的本循环指令，故参数输入表的首行 LAB"重复位置跳跃标记"输入项可以直接跨越过去。

在图 8-9 所示的左侧的标注尺寸已经把每行直线排列孔的参考点（每行第 1 个孔的圆心）标明。编辑第一行直线位置孔循环参数：X0 = 0，Y0 = -34.641，α0 = 30，L0 = 0，L = 17.321，N = 5。按右侧上方软键〖隐藏位置〗，根据图样表示的含义，第五个孔不加工，则移动光标键，在显示第五孔坐标位置数据（60.002，0.001）后面的选择框内取消勾选，孔位图形在相应位置由"×"变为"⊙"。按软键〖返回〗，回到参数输入界面，再按软键〖接收〗即生成如下程序段：

HOLES1 (0, -34.641, 30, 0, 17.321, 5,, 0,"5",, 1)；缺少第 5 孔的第 1 行孔位置说明

依次完成其余四行直线排列孔的编程和结束位置模式钻孔指令。

6）程序结尾部分编程。

参考程序如下：

;LXK_1.MPF	;程序名称
;菱形分布孔 1	;程序说明信息
;2017-06-01	;程序编写日期
N10 T = "DIRLL_10"	;调用钻头

```
N20 M6
N30 G17G0G90G55X0Y0                                          ;确定工艺数据
N40 D1Z150S700M3F300M9
N50 WORKPIECE(,"",,"RECTANGLE",64,0,-25,-80,120,100);中心六面体毛坯模型
N60 MCALL CYCLE82(20,0,1,-12,,0,0,10001,11)                  ;位置模式钻孔循环
N70 HOLES1(0,-34.641,30,0,17.321,5,,0,"5",,1)                ;第一行孔位置
N80 HOLES1(-15,-25.981,30,0,17.321,5,,0,,,1)                 ;第二行孔位置
N90 HOLES1(-30,-17.321,30,0,17.321,5,,0,"3",,1)              ;第三行孔位置
N100 HOLES1(-45,-8.66,30,0,17.321,5,,0,,,1)                  ;第四行孔位置
N110 HOLES1(-60,0,30,0,17.321,5,,0,"1",,1)                   ;第五行孔位置
N120 MCALL                                                   ;取消位置模式钻孔
N130 G0Z150M5M9                                              ;返回初始平面
N140 M30                                                     ;程序结束
```

编程说明：

1）为节省编程时间与编写程序工作量，多孔的样式钻削加工应选择"位置模式"。

2）每行直线排列孔的参考点位置的确定非常关键，它们是按照实际每行第一个孔的实际坐标位置表达的。各孔之间的间隔距离则按照直线排列尺寸表达。

3）由于确定每行第一个孔的圆心位置为参考点，则第一个孔距参考点的距离（L0）参数数值则应为 0。

4）为了缩短空行程时间，返回平面位置参数（RP）可取值小一些，本例取值为 20mm，钻孔全部结束之后使用 G0 指令再将刀具提升至初始高度。

5）钻孔循环的钻深参照"刀杆"输入为 Z1 = -12，由于钻头的 Z 向对刀点为钻头尖，程序运行时，打开屏幕右侧的〖基本程序段〗软键，看到实际钻头钻深位置是 -14.887。控制钻深位置由数控内部根据所选刀具的刀尖角度自动计算确定。

6）位置模式钻孔结束后，应在独立程序段中编写"MCALL"指令，表示结束位置模式钻孔。否则，在后续的带有位置坐标数据的指令下依然有钻孔动作。

7）将刀具号用刀具名称和规格来表示，比使用数字表示的刀具号更直观和清晰。

（2）编程思路（二）　使用栅格位置孔循环指令编程。编程步骤如下：

1）编写孔加工工艺准备程序部分（略）。

2）创建毛坯模型（略）。

3）编写孔钻削加工程序（略）。

4）使用"栅格位置"孔循环指令编写五行五列呈菱形排列的等间距孔系。按软键〖位置〗进入其界面。选择"栅格位置"模式，然后输入参数：参考点 X0 = 0，Y0 = -34.641；旋转角 α0 = 0，剪切角 αX = 30，剪切角 αY = 60；列间距 L1 = 15，行间距 L2 = 8.66；列数 N1 = 5，行数 N2 = 5。再按右侧上方软键〖隐藏位置〗，根据图样表示的含义，第 1 行的第 5 个孔（孔号排行为 5）不加工，则移动光标键，在显示第 5 孔坐标位置数据（60.002，0.001）后面的选择框内取消勾选，孔位图形在相应位置由"×"变为"⊙"；同样，取消第 3 行第 3 个孔（孔号排行为 13，坐标数据：0.000 和 0.001）和第 5 行第 1 个孔（孔号排行为 21，坐标数据：-60.002，0.001）；按软键〖返回〗，回到参数输入界面，按软键〖接收〗即生成如下程序段：

```
CYCLE801（0，-34.641，0，15，8.66，5，5，0，0，30，60,"5，13，21",，1)
                                        ;缺少三个孔的栅格位置钻孔循环
```

5）编写程序结束部分。

参考程序如下：

;LXK_02.MPF	;程序名称
;菱形分布孔 1	;程序说明信息
;2017-06-01	;程序编写日期
N10 T="DIRLL_10"	;调用钻头
N20 M6	
N30 G17G0G90G55X0Y0	;确定工艺数据
N40 D1Z150S700M3F300M9	
N50 WORKPIECE(,"",,"RECTANGLE",64,0,-25,-80,120,100)	;中心六面体毛坯模型
N60 MCALL CYCLE82(20,0,1,-12,,0,0,10001,11)	;位置模式钻孔循环
N70 CYCLE801(0,-34.641,0,15,8.66,5,5,0,0,30,60,"5,13,21",,1)	
	;栅格位置循环
N80 MCALL	;取消位置模式钻孔
N90 G0Z150M5M9	;返回初始平面
N100 M30	;程序结束

编程说明：

1）栅格位置模式钻孔循环指令中的坐标数据比直线排列等距孔的参数要多一些，栅格位置孔呈菱形分布，故其旋转角为0°，但其剪切角分别为30°和60°，其行距和列距数值为加工平面坐标系的孔位尺寸。

2）明显看到栅格位置模式钻孔循环模式的编程比直线排列孔的编程要简单很多。

8.3 钻削孔循环中的"重复位置"加工示例

如图 8-10 所示的孔系图样（板厚 12mm）中有相同分布形式的孔系。

图样分析：图样中的孔系可以理解为四个单独的孔系：两个呈水平直线排列的等间距孔系和两个呈圆周排列的间距均匀的孔系。也可以看作是两个孔系组：以编程原点为对称原点的两个呈直线排列的等间距孔系和两个呈圆周排列的均匀间距的孔系。不同的图样解读会引起不同的编程思路。

编程原点设在工件上表面的对称中心处（G56），刀具选用 φ6mm 麻花钻头（DRILL 6）。

（1）按照四个独立孔系编程 编程步骤如下：

1）按系统键盘上【程序管理】键，在"工件"目录下打开目录文件"KONG"，然后，新建"主程序 MPF"文件。键入新文件名"CFWZK_1"，按软键〖确认〗后，进入程序编辑界面。

2）编写钻孔工艺准备内容程序段（又称程序头）。

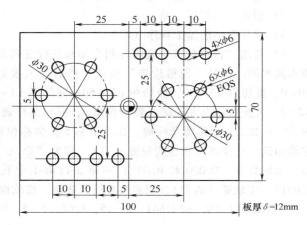

图 8-10 重复位置孔系的加工编程

3）创建毛坯模型。按屏幕下方软键〖其它〗，按屏幕右侧软键〖毛坯〗，选择毛坯类型"六面体"，填入参数：X0 = 0，Y0 = 0，X1 = 100，Y1 = 70，ZA = 0，ZI = − 12。按软键〖接收〗，生成如下程序段：

WORKPIECE（,"",,"BOX", 0, 0, −12, −80, 0, 5, 100, 70）　;创建"六面体"毛坯模型

4）编写孔钻削加工程序。按水平软键〖钻削〗，进入钻削界面。按右侧垂直软键〖钻削铰孔〗，进入钻削循环参数输入界面，输入模式选择"简单"，加工位置选项选择"位置模式"，依次输入加工参数或选择参数形式：RP = 20，Z0 = 0，参照模式选择"刀杆"，Z1 = − 13，DT = 0。按〖接收〗软键即生成如下程序段：

MCALL CYCLE82（20, 0, 1, −13,, 0, 10, 10001, 11）　;位置模式钻孔加工循环

5）使用"行位置模式"的直线孔循环指令编写呈直线排列的等间距孔系（右上）。如果把本例的孔系看作不具备重复的图样，不会借用正在编辑的本循环指令，故参数输入表的首行 LAB "重复位置跳跃标记"输入项可以直接跨越过去。

按软键〖位置〗，进入"位置"界面。按软键〖行位置模式〗（直线孔分布），进入行位置模式分布孔参数输入界面。依次输入相应的位置参数：X0 = 5，Y0 = 25，α0 = 0，L0 = 0，L = 10，N = 4。按软键〖接收〗即生成如下程序段：

HOLES1（5, 25, 0, 0, 10, 4,, 0,,, 1）　;以编程原点为基准右上直线孔系

第二次按软键〖行位置模式〗（直线孔分布），编写呈直线排列的等间距孔系（左下）。进入行位置模式分布孔参数输入界面。依次输入相应的位置参数：X0 = − 35，Y0 = − 25，α0 = 0，L0 = 0，L = 10，N = 4。按软键〖接收〗即生成如下程序段：

HOLES1（−35, −25, 0, 0, 10, 4,, 0,,, 1）　;以编程原点为基准左下直线孔系

6）使用圆周孔循环指令编写两个呈圆周排列的均匀间距的孔系。按软键〖圆周分布孔〗，进入圆周分布孔参数输入界面。依次输入相应的位置参数：X0 = 25，Y0 = − 5，α0 = 0，R = 15，N = 6。按软键〖接收〗即生成如下程序段：

HOLES2（25, −5, 15, 0, 30, 6, 1000, 0,,, 1）　;以编程原点为基准右下圆周分布
孔系

第二次按软键〖圆周分布孔〗，进入圆周分布孔参数输入界面。依次输入相应的位置参数：X0 = − 25，Y0 = 5，α0 = 0°，R = 15，N = 6，按软键〖接收〗即生成如下程序段：

HOLES2（−25, 5, 15, 0, 30, 6, 1000, 0,,, 1）　;以编程原点为基准左上圆周分布孔系

7）编写程序结束部分

参考程序如下：

```
;CFWZK_1.MPF                                    ;程序名称
;重复位置孔系加工 1
;2017-06-01                                     ;程序编写日期
N10 T="DRILL 6"                                 ;选用钻头
N20 M6                                          ;换刀至主轴
N30 G17G90G0G55X0Y0                             ;确定工艺数据
N40 Z100M3S900F300M8                 ;
N50 WORKPIECE(,"",,"BOX",0,0,-12,-80,-50,-35,100,70);创建六面体毛坯模型
N60 MCALL CYCLE82(20,0,1,,-13,0,10,10001,11)    ;位置模式钻孔加工循环
N70 HOLES1(5,25,0,0,10,4,,0,,,1)                ;右上直线孔系位置
```

```
N80  HOLES1(-35,-25,0,0,10,4,,0,,,1)              ;左下直线孔系位置
N90  HOLES2(25,-5,15,0,30,6,1000,0,,,1)           ;右下圆周分布孔系位置
N100 HOLES2(-25,5,15,0,30,6,1000,0,,,1)           ;左上圆周分布孔系位置
N110 MCALL                                        ;取消位置模式钻孔
N120 G0Z100M5M9                                   ;返回初始平面
N130 M30                                          ;程序结束
```

（2）按照两个孔系组编程 按照第二种思路可以把每种相同分布形式的孔系看作一个子程序（循环指令），使用循环指令加平移等程序流程控制指令实现完整的加工结果。编程步骤如下：

1）编写程序头部分信息（略）。

2）创建毛坯模型（略）。

3）编写孔钻削加工程序（略）。

4）使用"行位置模式"的直线孔循环指令编写呈直线排列的等间距孔系（右上）。按软键〖位置〗，进入"位置"界面。按软键〖行位置模式〗（直线孔分布），进入行位置模式分布孔参数输入界面。相同分布形式的孔系的位置模式的钻孔是要在多个位置上加工，在"位置"界面的参数对话框栏目的第一行 LAB "重复位置跳跃标记"处填写上标记符（不少于两个字符），如输入要重复位置的跳转标记的名称"KK1"。此时，考虑先加工右上直线排孔，将坐标系向上平移 25mm，再依次输入相应的位置参数：$X0=5$，$Y0=0$，$\alpha0=0$，$L0=0$，$L=10$，$N=4$。按软键〖接收〗即生成如下程序段：

```
TRANS X0 Y25                            ;编程参考点位置的偏移
KK1: HOLES1 (5, 0, 0, 0, 10, 4,, 0,,, 1);以编程原点为基准右上直线孔系
```

5）编写将工件坐标系平移至坐标系的（X-40，Y-25）处（此点不是 X-35 Y-25，此时，可以看作右上的直线排列的四个孔移动到了左下的位置）指令，程序如下：

```
ATRANS X-40 Y-50                        ;右上直线分布孔参考点位置的再偏移
```

6）按软键〖重复位置〗，输入重复位置的跳转标记"KK1"，按软键〖接收〗即生成如下程序段：

```
REPEATBKK1; #SM                         ;调用右上直线孔循环指令
```

7）使用"位置圆弧"循环指令编写两个呈圆周排列的等间距孔系。在右侧垂直软键的下方按软键〖位置〗，进入"位置"界面。按软键〖位置圆弧〗（圆周孔位置），进入位置圆弧模式分布孔参数输入界面。相同分布形式的孔系的位置模式的钻孔是要在多个位置上加工，在"位置"界面的参数对话框栏目的第一行 LAB "重复位置跳跃标记"处填写上标记符（不少于两个字符），如输入要重复位置的跳转标记的名称"CC1"。此时，考虑先加工右下圆周分布孔，将坐标系继续向上平移 $X=65mm$，$Y=20mm$（即原坐标系中 X25 Y-5 处），再依次输入相应的位置参数：$X0=0$，$Y0=0$，$\alpha0=0$，$R=15$，$N=6$。按软键〖接收〗即生成如下程序段：

```
ATRANS X65 Y20                          ;左下直线孔编程参考点位置的再偏移
CC1: HOLES2 (0, 0, 15, 60, 30, 6, 1000, 0,,, 1);以右下圆周分布孔中心为基准编程
```

8）编写将工件坐标系平移至原坐标系的 X-25 Y-5 处（此时可以看作右下的圆周排列孔移动到了左上的位置）指令，程序如下：

```
ATRANS X-50 Y10                         ;对右下圆周分布孔圆心位置的再偏移
```

9）按软键〖重复位置〗，输入重复位置的跳转标记"CC1"，按软键〖接收〗即生成如下程

序段：

REPEATB CC1；#SM；调用右下圆周分布孔循环指令

10）编写程序结束部分

参考程序如下：

```
;CFWZK_2.MPF                                      ;程序名称
;重复位置孔系加工 2
;2017-06-01                                       ;程序编写日期
N10 T="DRILL 6"                                   ;选用钻头
N20 M6                                            ;换刀至主轴
N30 G17G90G0G56X0Y0                               ;确定工艺数据
N40 Z150S1000M3F200M8                             ;
N50 WORKPIECE( ,"" ,,"BOX" ,0,0,-12,-80,-50,-35,100,70);创建六面体毛坯模型
N60 MCALL CYCLE82(20,0,1,-13,,0,10,1,11)          ;位置模式钻孔加工循环
N70 TRANS X0Y25                                   ;相对编程参考点位置的偏移
N80 KK1: HOLES1(5,0,0,0,10,4,,0,,,1)              ;以偏移坐标系原点的右上直线孔系
N90 ATRANS X-40Y-50                               ;右上直线分布孔参考点位置的再偏移
N100 REPEATB KK1;#SM                              ;调用右上直线孔循环指令
N110 ATRANS X65Y20                                ;左下直线孔编程参考点位置的再偏移
N120 CC1: HOLES2(0,0,15,60,30,6,1000,0,,,1)       ;以右下圆周分布孔中心为基准编程
N130 ATRANS X-50 Y10                              ;右下圆周孔圆心位置的再偏移
N140 REPEATB CC1;#SM                              ;调用右下圆周分布孔循环指令
N150 MCALL                                        ;取消位置模式钻孔
N160 TRANS                                        ;取消坐标系移动
N170 G0Z100M5M9                                   ;钻孔加工工艺结束状态
N180 M30                                          ;程序结束
```

此例仅仅是说明编程可以有不同的思路。可以看到第一种编程方法比较简洁、直观。实际使用中，要根据图样特点，具体选择灵活与方便的编程指令和编程方法。

8.4　水平位置分布的纵向槽循环指令（SLOT1）加工编程

如图 8-11 所示的 5 个自左向右排列的纵向槽图形。槽的图形尺寸相同（槽的起始角度均为 90°，长度为 28mm，宽度为 8mm，槽深 5mm），每个槽形属于典型规则类的几何形状，但是描述槽本身的参考点位置分布在不同的 5 个位置上，编程原点设在工件上表面的下沿的中间位置。

图 8-11 的图形的编程思路之一，是使用独立位置方法编写 5 个纵向槽的加工。即在单独位置模式下，依次使用每个纵向槽的参考点编写一个纵向槽循环指令，注意，最后一个槽的返回平面位置不同。刀具为 φ6mm

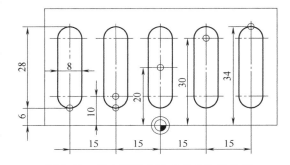

图 8-11　纵向槽尺寸及参考点位置分布

的键槽立铣刀，采用往复下刀方式加工。

参考程序如下：

```
;ZXC_A.MPF                                              ;程序名称
;纵向槽循环加工 A
;2017-06-01                                             ;程序编写日期
N10 T="CUTTER_6"                                       ;选用立铣刀
N20 M6                                                 ;换刀至主轴
N30 G17G90G00G54X0Y0                                   ;确定工艺数据
N40 Z100S2000M3F200                                    ;
N50 WORKPIECE(,"",,"BOX",0,0,-10,-80,-45,0,90,40);创建工件毛坯模型
N60 SLOT1(20,0,1,,5,1,28,8,-30,6,5,90,0,0.1,500,2.5,0,0.1,31,0.1,15,15,
0.1,15,2,0,1,2,3100,1011,101)                          ;自左起第一个槽
N70 SLOT1(20,0,1,,5,1,28,8,-15,10,5,90,0,0.1,500,2.5,0,0.1,31,0.1,15,15,
0.1,15,2,0,1,2,1100,1011,101)                          ;自左起第二个槽
N80 SLOT1(20,0,1,,5,1,28,8,0,20,5,90,0,0.1,500,2.5,0,0.1,31,0.1,15,15,
0.1,15,2,0,1,2,100,1011,101)                           ;自左起第三个槽
N90 SLOT1(20,0,1,,5,1,28,8,15,30,5,90,0,0.1,500,2.5,0,0.1,31,0.1,15,15,
0.1,15,2,0,1,2,2100,1011,101)                          ;自左起第四个槽
N100 SLOT1(100,0,1,,5,1,28,8,30,34,5,90,0,0.1,500,2.5,0,0.1,31,0.1,15,15,
0.1,15,2,0,1,2,4100,1011,101)                          ;自左起第五个槽,返回初始平面
N100 M5M9                                              ;结束工艺状态
N110 M30                                               ;程序结束
```

图 8-11 所示图形的编程思路之二，是使用"位置模式"方法编写 5 个纵向槽的加工。这时需要对五个纵向槽指定统一的参考点位置。以第三个纵向槽为例，该纵向槽的参考点在槽的中心位置。编写程序时，需要先在"单独位置"下完成这个槽的铣削循环指令编写，如 ZXC_A.MPF 程序中的 N70 语句。然后，再将"单独位置"改为"位置模式"。下面，将所有五个槽的参考点统一指定在同一个 Y 方向位置上。参考程序如下：

```
;ZXC_2.MPF                                             ;程序名称
;纵向槽循环加工 2
;2013-06-01                                            ;程序编写日期
N10 T="CUTTER_6"                                       ;选用立铣刀
N20 M6                                                ;换刀至主轴
N30 G17G90G00G54X0Y0                                   ;确定工艺数据
N40 Z100S2000M3F200M08                                 ;
N50 WORKPIECE(,"",,"BOX",0,0,-10,-80,-45,0,90,40);创建工件毛坯模型
N60 MCALL SLOT1(20,0,1,,5,1,28,8,0,20,5,90,0,0.1,500,3,0,0,31,0.1,
15,15,0,15,2,0,1,2,100,1011,101)                       ;位置模式加工纵向槽
N70 X-30Y20                                            ;自左起第一个槽
N80 X-15Y20                                            ;自左起第二个槽
N90 X0Y20                                              ;自左起第三个槽
N100 X15Y20                                            ;自左起第四个槽
```

```
N110 X30Y20                          ;自左起第五个槽
N120 MCALL                           ;取消位置模式
N130 G0Z100M5M9                      ;返回初始平面
N140 M30                             ;程序结束
```

注意，程序中 N70～N100 行中的 Y20 坐标虽然数值相同，但是不能省略，若省略不写，执行程序时会发现，自第二个槽开始，后面的四个槽依次向下偏移 10mm 位置。也需要注意最后一个槽的返回平面位置同前面的 20mm。

图 8-11 所示图形的编程思路之三，是在编程思路二的基础上引出的。使用"行位置模式"孔循环（HOLES1）指令也可以完成 5 个纵向槽的加工。程序结构非常简洁。

这时需要对五个纵向槽指定统一的参考点位置。

1) 以第三个纵向槽为例，纵向槽的参考点在槽的中心位置。编写程序 ZXC_3. MPF 时，需要先在加工方式"单独位置"下完成这个槽的铣削循环指令编写，如上面 N70 语句。然后，再将加工方式"单独位置"改为"位置模式"。

2) 再调用钻孔循环中的"行位置模式"，在"位置"界面的参数对话框栏目的第一行 LAB"重复位置跳跃标记"处填写上标记符名称"HH1"。在对话框界面填写最左面纵向槽参数：X0 = -30，Y0 = 20，α0 = 90，L0 = 0，L = 15（槽间距），N = 5，将所有五个槽的参考点统一指定在同一个 Y 方向位置上。

参考程序如下：

```
;ZXC_3. MPF                          ;程序名称
;纵向槽循环加工 3
;2017-06-01                          ;程序编写日期
N10 T="CUTTER_6"                     ;选用立铣刀
N20 M6                               ;换刀至主轴
N30 G17G90G00G54X0Y0                 ;确定工艺数据
N40 Z100S2000M3F200M8                ;
N50 WORKPIECE(,"",,"BOX",0,0,-10,-80,-45,0,90,40);创建工件毛坯模型
N60 MCALL SLOT1(20,0,1,,5,1,28,8,0,20,5,90,0,0.1,500,3,0,0,31,0.1,
15,15,0,15,2,0,1,2,100,1011,101)    ;位置模式加工纵向槽
N70 HH1: HOLES1(-30,20,0,0,15,5,,0,,,1);重复位置的行位置模式循环钻孔
N80 MCALL                            ;取消位置模式孔加工
N90 G0Z100M5M9                       ;返回初始平面
N100M30                              ;程序结束
```

8.5　圆弧径向分布的纵向槽循环指令（SLOT1）加工编程

如图 8-12 所示为圆弧径向分布的纵向槽，其图形特点是纵向槽的轴线穿过设定的编程原点的圆心，呈径向分布。

编程前需要进行使用编程指令的规划：如何快速地完成编程的规则，使用自己熟悉的指令或编程技巧是首选方案。本题最让人困惑的是对图中 20°夹角的理解。很多初学者往往一上来就理解为纵向槽循环指令参数中的初始角。纵向槽参数中的初始角度是以槽的参考点位置与第一

轴（立式机床为水平轴 X）的交角。但图样摆放的位置是纵向槽槽轴线与 X 轴夹角 20°，不是起始角角度。

编程思路之一，五个径向分布的纵向槽的加工编程可以考虑采用纵向槽循环指令的基础上，增加坐标系旋转和控制循环指令实现。工件编程原点确定为工件上表面的对称中心处（G55）。选择第一个槽的中间位置为参考点，起始角度为 20°，槽间的角度增量为 72°，五个纵向槽均布。刀具为 φ6mm 的键槽立铣刀，采用往复下刀方式加工。

设定槽 1 按照水平位置摆放，即初始角度 α0＝0，在对话框界面填写第一纵向槽参数：X0＝24，Y0＝0，W＝8，L＝28（槽长），α0＝0，往复下刀方式等；如果循环指令中设置了初始角度 20°，则会使纵向槽的分布发生变形。而第一个纵向槽与轴形成的夹角，可以使用坐标系旋转指令 ROT RPL＝20（加工平面 XY 旋转，也可使用 ROT Z＝20）来解决。

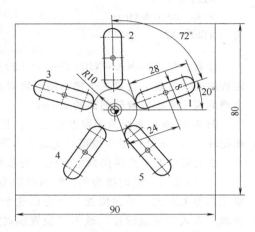

图 8-12　径向分布的纵向槽加工编程

参考程序如下：

```
;JXC_1.MPF                              ;程序名称
;圆弧径向分布的纵向槽1
;2017-06-01                             ;程序编写日期
N10 T="CUTTER_6"                        ;选用立铣刀
N20 M6                                  ;换刀至主轴
N30 G17G90G0G57X0Y0                     ;确定工艺数据
N40 Z100S2000M3F200M8
N50 WORKPIECE(,,,"BOX",0,0,-0,-80,-45,-40,90,80)  ;创建六面体毛坯模型
N60 R1=1                                ;循环计数器，为计数器赋初值
N70 ROT RPL=20                          ;设置槽1的初始角度
N80 SA1:                                ;设置跳转标志
N90 SLOT1(20,0,1,,5,1,28,8,24,0,5,0,0,0.1,500,2.5,0,0.1,31,0.1,15,15,
0.1,15,2,0,1,2,100,1011,101)           ;第一个纵向槽循环指令
N100 AROT RPL=72                        ;纵向槽间隔位置角度旋转(增量方式)
N110 R1=R1+1                            ;槽数计数器增1
N120 IF R1<=5 GOTOB SA1                 ;已加工槽数的判断
N130 ROT                                ;取消坐标系旋转
N140 G00Z100M5M9                        ;返回初始平面及工艺状态结束
N150 M30                                ;程序结束
```

注：也可以使用 N100 REPEAT N80 P5 指令段代替 N110 和 N120 两个程序段完成路径循环。

编程思路之二，使用"位置圆弧"（圆周孔）循环指令（HOLES2）钻孔模式编写五个圆弧径向分布的纵向槽的加工程序。程序结构非常简洁。

这时需要对五个纵向槽指定统一的参考点位置。

1）按软键【铣削】，进入"铣削"加工模式；按软键【槽】，再按软键【纵向槽】，编写第

1 个纵向槽程序指令，可以指定纵向槽的参考点在槽的中心位置。需要先在加工方式"单独位置"下完成这个槽的铣削循环指令编写，在对话框界面填写第一纵向槽参数：X0 = 0，Y0 = 24，W = 8，L = 28（槽长），α0 = 0，往复下刀方式等；然后，再将加工方式"单独位置"改为"位置模式"。

提示读者：这里设定第一个纵向槽的轴线与 X 轴重合。

2）调用钻孔循环中的"位置圆弧"，按软键〖钻孔〗，进入"钻孔"加工模式，按软键〖位置〗，在"位置"界面的参数对话框栏目的第一行 LAB"重复位置跳跃标记"处写上标记符名称"CC1"。按软键〖位置圆弧〗（圆周孔分布）方式，在"位置圆弧"对话框界面，输入参数：X0 = 0，Y0 = 0，α0 = 20，R = 24，N = 5；将所有五个槽的参考点统一指定在同一个圆弧半径位置上。提示读者：这里设定第一个圆周孔的起始角为 20°。

生成的加工参考程序如下：

```
;JXC_2. MPF                                    ;程序名称
;圆弧径向分布的纵向槽2
;2017-06-01                                    ;程序编写日期
N10 T = "CUTTER_ 6"                            ;选用立铣刀
N20 M6                                         ;换刀至主轴
N30 G17G90G0G57X0Y0                            ;确定工艺数据
N40 Z100S2000M3F200M8                          ;
N50 WORKPIECE(,,,"BOX",0,0,-20,-80,-45,-40,90,80);创建六面体毛坯模型
N60 MCALL SLOT1(20,0,1,,-5,1,28,8,0,24,5,0,0,0.1,500,2.5,0,0.1,31,0.1,
15,15,0.1,15,2,0,1,2,100,1011,101)            ;位置模式的纵向槽加工
N70 CC1: HOLES2(0,0,24,20,30,5,1000,0,,,1)     ;重复位置圆周孔循环钻孔
N80 MCALL                                      ;取消位置模式孔加工
N90 G0Z100M5M9                                 ;返回初始平面
N100 M30                                       ;程序结束
```

8.6　菱形端盖铣削加工编程

带有工艺底托的菱形端盖零件尺寸如图 8-13 所示。已经准备好的毛坯为 100mm×60mm×25mm，在立式加工机床上完成零件加工。

零件图分析：这个零件的几何图形是由典型图形轮廓（φ20mm 圆形腔、φ30mm 圆形凸台、φ10mm 孔及矩形毛坯外形）和非典型图形轮廓（带有过渡圆弧的菱形）构成的。从图形加工上分析，φ30mm 圆形凸台也不能看作一个单独的圆形凸台，而是要和矩形毛坯轮廓组合在一起，当作一个型腔零件考虑。同理，菱形端盖外形也要与毛坯外形组合在一起，当作一个型腔零件考虑。

（1）加工计划

1）加工刀具选择。根据铣床加工的特点，以刀具划分工序内容。该零件外形和圆型腔均采用 φ12mm 铣刀（EN_ 12）铣削，2 个 φ10mm 孔用 φ10mm 钻头加工，编写为两个程序。

2）加工顺序安排

① 程序 1：用 φ12mm 铣刀（EN_ 12）先铣削深度为 4mm 的表面，然后铣削深度为 12mm 的表面，其后加工 φ20mm 圆形腔。

② 程序 2：用 φ10mm 麻花钻（DIRLL_ 10）加工 2 个 φ10mm 孔。

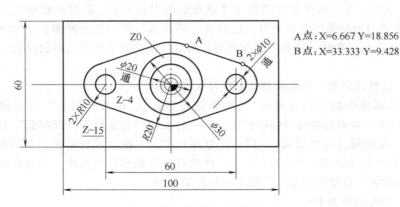

A点：X=6.667 Y=18.856
B点：X=33.333 Y=9.428

图 8-13　带工艺底托的端盖零件尺寸

（2）加工程序 1 编制过程

1）编写准备毛坯程序。进入软键【其它】界面，按软键【毛坯】，进入参数输入界面，选择毛坯类型为"中心六面体"（零件的图形与尺寸标注选择毛坯类型为"中心六面体"是最方便的），输入参数后，按【接收】软键即生成如下程序段：

WORKPIECE（,"",," RECTANGLE", 0, 0, −25, −80, −50, −30, 100, 60）

2）在程序编辑页面内依次编写岛屿外形轮廓铣削工艺准备指令如下：

T = " EN_ 12"　　　　　　　　　；φ12mm 铣刀

M06

G17G90G54G0X0Y0

Z100S2000M3M8F1000

3）编写毛坯外形与岛屿轮廓外形程序

① 第一步，编写工件毛坯外形轮廓。按软键【轮廓铣削】进入其界面，在右侧软键表中按软键【轮廓】，出现新的软键名称表，按软键【新轮廓】，在对话框中输入新轮廓的名称"1"，按软键【接收】后进入建立型腔轮廓的轮廓编辑器界面。首先设定型腔轮廓起点坐标 X-50 Y-30，按软键【接收】，完成绘制毛坯图形起点的设定。而后，按屏幕右侧软键上对应的"图素"软键，建立出毛坯外形轮廓图形。在屏幕左侧的图形轮廓编辑进程树中可以看到每一图素建立的图符，若有问题，可以回退修改。

按软键【接收】即生成如下程序段：

E_CON（"1", 1," E_LAB_ A_1"," E_LAB_ E_1" ）；＊RO＊

E_LAB_ A_1：；#SM Z：3

……（程序略）

E_LAB_ E_1：

② 第二步，编写第一岛屿（菱形圆角外形）轮廓。按软键【轮廓铣削】进入其界面，按右侧软键【轮廓】，再按软键【新轮廓】，在对话框中输入新轮廓的名称"2"，按软键【接收】后进入建立型腔轮廓的轮廓编辑器界面。首先设定型腔轮廓起点坐标 X40 Y0，按软键【接收】，完成绘制菱形圆角轮廓图形起点的设定。而后，按照图素连接顺序按屏幕右侧软键上对应的"图素"软键，输入图素数据，依次建立出菱形圆角轮廓图形，如图 8-14 所示。

说明：在建立圆弧图素时，输入圆弧图素数据后，对话框中的非输入数据栏项出现数据，对应的在图形区出现两个圆弧弧线，与数据相匹配的是橙黄色的圆弧线。同时，屏幕右侧出现新软键〖选择对话〗和〖接收对话〗，编程者依据对圆弧图素的判断，可以反复按软键〖选择对话〗，待确认圆弧图素数据后，按软键〖接收对话〗完成圆弧图素的数据输入，恢复原软键列表，按软键〖接收〗，完成圆弧图素的绘制。

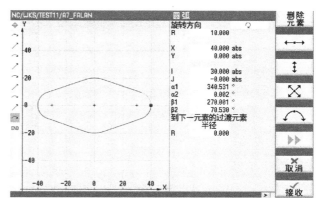

图 8-14　第一外形岛屿轮廓生成过程

本图形中各图素之间存在着约束关系——相切，因此，在绘制下一个图素时，输入完图素尺寸数据后，需要按右侧软键列表中的〖与前元素相切〗键，屏幕中出现"放弃输入 与几何元素相矛盾"提示框，几秒钟后自动消失。数控系统会对全部信息进行分析后得出正确的图形关系与图形数据。直到全部图素线段变为黑色、终点的黑方点被橙色方框线框住时，才算完成该轮廓线的绘制。

按软键〖接收〗即生成如下程序段：

E_LAB_A_2：；#SM Z：8

······（程序略）

E_LAB_E_2：

如果图样标注尺寸为图 8-15 所示形式，此轮廓用四条斜线加过渡圆弧定义会更简单些，其轮廓编辑过程如图 8-16 所示。

E_LAB_A_2：；#SM Z：2

G17 G90 DIAMOF；＊GP＊

G0 X33.333 Y9.428 ；＊GP＊

G2 X33.333 Y-9.428 I=AC（30）J=AC（-0）；＊GP＊

G1 X0 Y-21.213 RND=20 ；＊GP＊

X-60.002 Y0 RND=10 ；＊GP＊

X0 Y21.213 RND=20 ；＊GP＊

X33.333 Y9.428 ；＊GP＊

E_LAB_E_2：

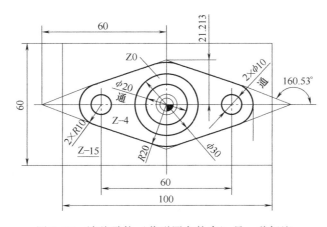

图 8-15　端盖零件（菱形圆角轮廓）另一种标注

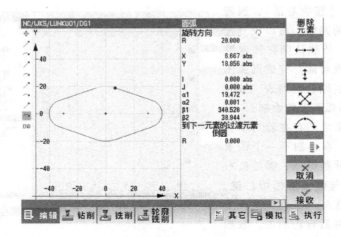

图 8-16　使用四条斜线加过渡圆弧定义菱形圆角轮廓

③ 第三步，编写第二岛屿（φ30mm 圆柱凸台）轮廓。按软键〖轮廓〗，再按软键〖新轮廓〗，在对话框中输入新轮廓的名称 "3"，按软键〖接收〗后进入建立型腔轮廓的轮廓编辑器界面。首先设定型腔轮廓起点坐标 X15，Y0，按软键〖接收〗，完成绘制图形起点的设定。按屏幕右侧软键上对应的 "图素" 软键，建立一圆形的轮廓图形。

按〖接收〗软键即生成如下程序段：

E_LAB_A_3：；#SM Z：7

……（程序略）

E_LAB_E_3：

上面三步建立的轮廓和岛屿外形轮廓程序应放至 M30 指令之后。

4）编写外形轮廓及岛屿的加工程序。去除零件外形多余材料的加工顺序可以根据工艺条件选择。本例采用了先浅后深的加工顺序。

第一步编写铣削第二岛屿（φ30mm 圆柱凸台）加工程序：铣削深度为 4mm 的外形。

① 按软键〖轮廓铣削〗进入其界面，按软键〖轮廓调用〗，在轮廓调用界面对话框中输入要调用的轮廓名称 "1"。按软键〖接收〗即生成如下程序段：

CYCLE62（"1"，1,,)　；毛坯外形轮廓调用

② 按软键〖轮廓铣削〗进入其界面，按软键〖轮廓调用〗，在轮廓调用界面对话框中输入要调用的轮廓名称 "3"。按软键〖接收〗即生成如下程序段：

CYCLE62（"3"，1,,)　；第二岛屿（圆柱凸台）轮廓调用

③ 按软键〖返回〗回到轮廓铣削界面，按软键〖型腔〗，进入型腔铣削循环参数输入界面（见图 8-17），依次输入参数或选择参数形式后，按软键〖接收〗即生成如下程序段：

CYCLE63（"13"，1，20，0，1，-4，400，200，65，2，0.2，0.15，0，0，0，2，2，15，1，2,""，1,，0，10101，111）　；型腔铣削循环

编程说明：

① 起点选项的设置是确定下刀点的位置，可以通过选择键选择，有 "自动" 和 "手动" 两项。如果下刀的起点选择为 "自动" 方式，循环加工的下刀点位置坐标由数控系统内部计算，省去了手工选择下刀点位置的工作。如果选择 "手动" 方式，对话框中将出现人工选择下刀点位置的输入项（XS 和 YS），本例可分别输入 XS = 42，YS = 22。本例循环的下刀点将会出现在该

位置上。

② 本循环 DXY 输入项（最大平面进给切入值）选择为刀具直径的百分比（%）方式。设定的百分数不能过大（本例取 65%），否则会出现 61945# 报警 "平面进刀过大，保留了余角"。

③ 为了减少空进给，本例循环的回退模式选择为 "Z0+安全距离" 方式，分层铣削后抬刀至此位置再次下刀，而不是回到返回平面（RP）位置。

④ 注意轮廓调用的前后顺序，当程序指令中连续调用 2 个或多个不同的轮廓时，系统默认将调用的第 1 个轮廓定义为轮廓腔的形状，从第二个以及之后调用的轮廓视为轮廓腔里面的岛屿。

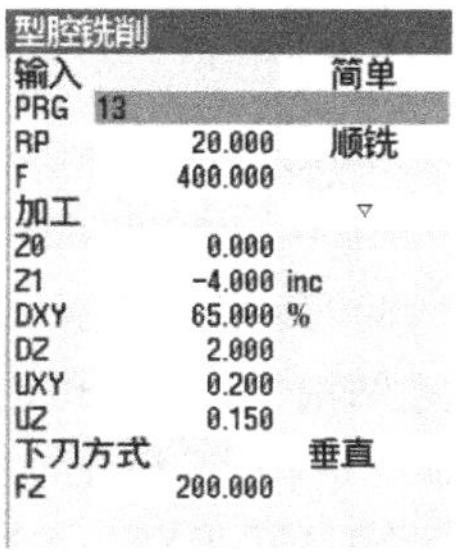

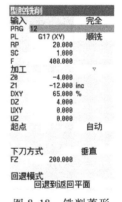

图 8-17　型腔铣削循环参数输入

第二步编写铣削第一岛屿（菱形圆角外形轮廓）加工程序：铣削深度为 12mm 的外形。

编程步骤同上，如图 8-18 所示，生成程序段如下：

CYCLE62 （"1", 1,,）

CYCLE62 （"2", 1,,）

CYCLE63 （"12", 1, 20, -4, 1, -12, 400, 200, 65, 4, 0, 0, 0, 0, 0, 2, 2, 15, 1, 2,"", 1,, 0, 101, 111）

　　　　　　　　　　　　；型腔铣削循环

编程说明：

① 铣削菱形圆角外形的型腔加工是在上一个型腔铣削之后进行的，因此应当对前面的加工状态进行继承。具体来讲，该型腔循环指令的参考平面应当设定在 Z-4 平面位置。如果仍设定在 Z0 平面上，则本循环的第一刀将进行空进给，第二刀才会切入实际毛坯中。

② 注意，此时循环的回退模式应当选择 "到返回平面" 方式，而不能选择为 "Z0+安全距离" 方式，有可能系统在计算刀具路径中忽略了零件图形中部的 φ30mm 的圆柱，刀具会将其切削掉。

③ 本循环 DXY 输入项（最大平面进给切入值）取值过大会出现 61945# 报警。

图 8-18　铣削菱形圆角轮廓

5）编写圆型腔（φ20mm）加工工艺准备指令程序。在程序编辑页面内依次编写铣削圆形腔工艺准备指令如下：

T="EN_12"　　；φ12mm 铣刀

M06

G90G54G0X0Y0

Z100S2000M3M8

6）编写圆形腔铣削加工程序。按软键〖铣削〗进入其界面，按软键〖型腔〗，然后按软键〖圆型腔〗，进入型腔铣削循环参数输入界面，依次输入参数或选择参数形式后，按软键〖接收〗（见图 8-19）即生成如下程序段：

POCKET4 （100, 0, 1, -13, 20, 0, 0, 3, 0.2, 0.2, 600, 200, 0, 11, 80, 9, 15, 0, 1, 0, 1, 2, 10100, 10111, 110）

　　　　　　　　　　　　；圆型腔循环指令

7）编写钻削 2 个 φ10mm 孔加工工艺准备指令程序。在程序编辑页面内依次编写钻削 2 个 φ10mm 孔工艺准备指令如下：

```
T = " DIRLL_ 10"          ; φ10mm 钻头
M6
G90G54G0X0Y0
Z100S1000M3F250M8
```

8）编写孔钻削加工程序。按水平软键〖钻削〗进入其界面，按软键〖钻削铰孔〗，再按软键〖钻削〗，进入孔钻削循环参数输入界面，依次输入参数或选择参数形式后，按软键〖接收〗（见图 8-20），即生成如下程序段：

```
MCALL CYCLE82 (20, -4, 1,, -13, 0, 10, 10001, 11)   ; 位置模式孔循环加工
X- 30Y0                                              ; 左边孔
X30Y0                                                ; 右边孔
MCALL                                                ; 结束模态钻孔加工方式
```

9）最后输入程序结束指令程序段如下：

```
G0Z100M5M9                                           ; 返回初始平面
M30                                                  ; 程序结束
```

编程说明：去除材料的外形加工中的刀具轨迹是由数控系统内部根据两个内、外相套的轮廓尺寸相差及设定刀具参数自动完成计算的，无须编程人构思，因而，大大提高了编程工作效率。实际上，型腔铣削循环指令编程相当于二维平面轮廓的 CAM 编程过程，且不再需要后置处理及加工程序文件传送等操作了。

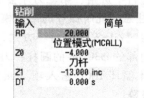

图 8-19　圆形腔铣削循环参数输入　　　　　　图 8-20　2 个 φ10mm 孔钻削循环参数输入

> **提示**：型腔刀具轨迹计算取决于加工程序中图形轮廓尺寸数据和刀具参数的设定数据是否符合实际加工情况的需要。

对上述所编程序进行模拟加工时，可以看到在第一次型腔铣削（深度 0~4mm）时，毛坯平面的四个角点处出现未加工到的残料，第二次型腔铣削（深度-4~12mm）时，不仅毛坯平面的四个角点处出现了未加工到的残料，而且铣削区域也存在如图 8-21 所示残料。这是毛坯平面尺寸的限制以及刀具直径限制造成的。图 8-21 中可以看到菱形端盖轮廓与毛坯平面轮廓之间的刀具通道宽度只有 10mm，不可能通过直径 12mm 的立铣刀；四方平面毛坯轮廓的角点也不可能被圆柱形立铣刀铣削到。同时，型腔铣削是一种由内向外的铣削方式，对于刀具轨迹通道宽度有限制的型腔加工，系统采用了"区域加工"策略。本例采用重新绘制毛坯外形轮廓图形的方法，即重新编写"E_ LAB_ A_ 1"，"E_ LAB_ E_ 1"。毛坯轮廓外形至少要放大到 104mm×64mm，如果

出现"平面进刀过大，保留了余角"报警时，可以继续加大毛坯轮廓外形，也可将两处 CYCLE63 循环指令的参数"DXY 最大平面进给切入"值（%）降低来解决，如降低到 30%。当毛坯轮廓外形放大为 112mm×72mm 时，两处 CYCLE63 循环指令的参数"DXY 最大平面进给切入"值（%）可设置到 50%。

在三维视图的模拟加工界面上，按右侧软键〖详细▷〗，按软键〖剖面▷〗，再按软键〖剖面有效〗，屏幕上会出现加工后零件的剖开界面立体图，如图 8-22 所示。还可以通过软键〖X+〗、〖X-〗、〖Y+〗、〖Y-〗、〖Z+〗、〖Z-〗来移动剖面的位置，以得到合适的剖面结果。

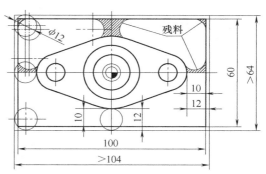

图 8-21　菱形外轮廓与六方体毛坯
间的残料示意（上半部分）

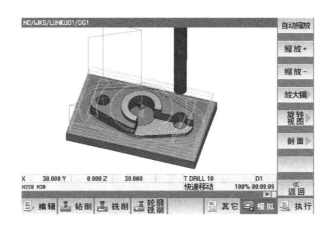

图 8-22　端盖加工程序模拟刀具路径（剖分）图

生成的端盖零件加工程序代码如图 8-23 所示。

图 8-23　生成的端盖零件加工程序代码

8.7 连接方盘零件加工示例

（1）零件图形分析 零件如图 8-24 所示，毛坯为 100mm×100mm×20mm，毛坯的外形尺寸已经加工完成。

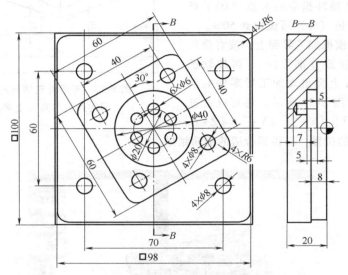

图 8-24 加工零件尺寸图

该零件由典型的轮廓元素圆形腔、矩形腔和 14 个孔组成，图素位置的尺寸标注也是完整的。矩形凸台正向放置。圆形腔的圆心与编程原点重合，其底面分布的 6 个孔均布，其孔位分布形式，若从图示位置看，第一个孔位可以设定为最上面的那个孔，与水平轴的夹角为 90°；若按坐标系旋转 30°方向看，第一个孔位应在旋转后水平轴上的那个孔，与水平轴夹角为 0°。矩形腔放置位置为斜向放置，旋转了 30°。对图样的具体分析，有助于后面编程时选择不同的循环指令及其内部格式与参数。

编程原点设定在零件上表面的对称中心点上。

（2）零件加工计划拟定

1）用 ϕ12mm 立铣刀（EN_12）进行矩形凸台、矩形腔和圆形腔的粗加工。

2）用 ϕ10mm（EN_10）立铣刀进行矩形腔和圆形腔侧面及底面精加工。

3）用 ϕ6mm 钻头钻削矩形凸台上平面 4×ϕ8mm 孔和圆形腔底平面 6×ϕ6mm 圆周分布孔，矩形腔底平面的 4×ϕ8mm 孔。

（3）程序编制参考过程

1）在程序编辑页面内编写程序名称与编制日期，创建毛坯

; LJFP_1. MPF　　　　　; 程序名称

; 2017-03-15　　　　　; 编写程序时间

编写准备毛坯程序。按软键〖其它〗进入其界面，按软键〖毛坯〗，进入参数输入界面，选择毛坯类型为"六面中心体"，输入参数 L=100，W=100，HA=0，HI=-20，按软键〖接收〗即生成如下程序段：

WORKPIECE (,"",,"RECTANGLE", 0, 0, -50, -80, 100, 100)；创建毛坯模型（六面

中心体)

2）在程序编辑页面内编写粗铣矩形凸台、矩形腔、圆形腔工艺准备指令。

在编辑界面下，按软键〖铣削〗，按右侧软键〖选择刀具〗，在刀具表界面内选择"EN_12"立铣刀（刀具应当已经编写在刀具存储器中），并完成以下程序编写。

```
T="EN_12"                    ;调用 φ12mm 立铣刀
M06
G90 G0 G54 X0 Y0             ;编写粗铣工艺准备指令
D1 Z100 S2000 M3
MSG("粗铣外形与型腔")
```

注：在系统键盘上，按【Alt】+【S】键打开中文输入模式，再次按【Alt】+【S】键，则取消中文输入状态。

3）编写铣削矩形凸台粗加工程序。矩形凸台外侧只安排一次粗铣削。

选用 φ12mm 立铣刀（EN_12）进行矩形凸台粗加工，每次切深 4mm。

按软键〖铣削〗，在铣削编程界面中按右侧软键〖多边形凸台〗进入凸台铣削对话界面；再按软键〖矩形凸台〗，在弹出的矩形凸台对话框中输入如图 8-25 所示参数，生成 CYCLE76 循环指令程序段。

根据图样分析，正向放置的"矩形凸台"的铣削编程，可以选择"简单"输入模式，可以减少参数选择项目。

4）编写铣削矩形腔、圆形腔粗加工程序。按软键〖铣削〗，在铣削编程界面中按右侧软键〖型腔〗，再按软键〖矩形腔〗，在弹出的"矩形腔"对话框中输入如图 8-26 所示参数，生成 POCKET3 循环指令程序段。

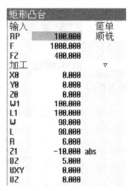

图 8-25　矩形凸台参数界面

根据图样分析，斜向放置的矩形腔由于存在 30° 旋转角，必须选择"完全"输入模式，才可以有旋转角这个参数项，而圆形腔仍可以选择"简单"输入模式。

在铣削编程界面中按右侧软键〖型腔〗，再按软键〖圆形腔〗，在弹出的"圆形腔"对话框中输入如图 8-27 所示参数，生成 POCKET4 循环指令程序段。

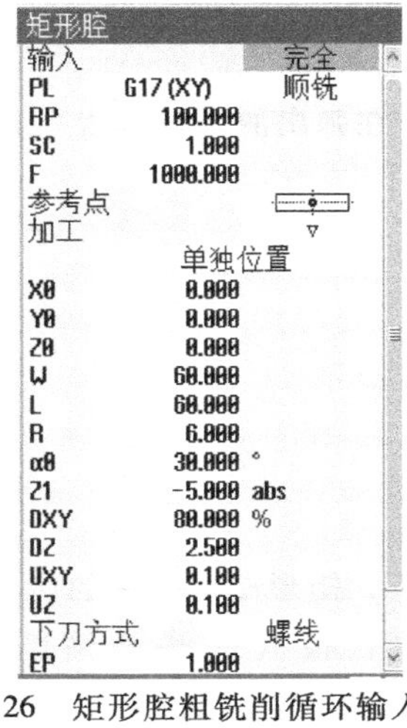

图 8-26　矩形腔粗铣削循环输入界面

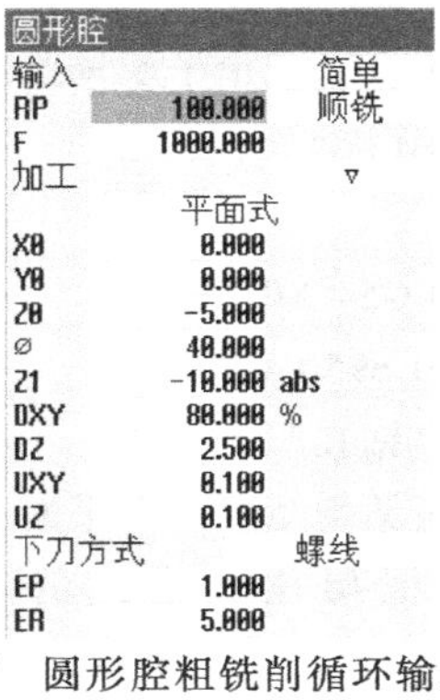

图 8-27　圆形腔粗铣削循环输入界面

说明：在型腔铣削循环参数中，DXY 参数项（最大平面进给切入值）有两种数据形式：其一为增量尺寸（inc）方式，其二为刀具直径的百分比（%）方式。这两种进给切入值输入数据一般不要超过刀具直径的80%。建议读者使用第二种方式输入 DXY 项数据，不仅是人体感官上对进给切入值有大致的判断，也保持了对刀具数据的继承，不致出现与刀具数据不符的情况发生。

5）在程序编辑页面内编写精铣削矩型腔、圆型腔的加工工艺准备指令。在编辑界面下，按软键〖铣削〗，按右侧软键〖选择刀具〗，在刀具表界面内选择"EN_10"立铣刀（刀具应当已经编写在刀具存储器中），并完成以下程序编写。

```
T = "EN_10"              ; φ10mm 立铣刀
M06
G90 G0 G54 X0 Y0         ; 编写精铣工艺准备指令
Z100 S2000 M3
MSG（"精铣型腔"）          ; 屏幕信息区提示内容
```

6）编写铣削矩形腔、圆形腔精加工程序。按软键〖铣削〗，在铣削编程界面中按右侧软键〖型腔〗，再按软键〖矩形腔〗，在弹出的"矩形腔"对话框中输入如图 8-28 所示参数，生成 POCKET3 循环指令程序段。

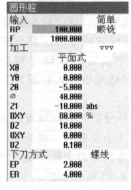

图 8-28　矩形腔精铣循环输入界面　　　　图 8-29　圆形腔精铣循环输入界面

在编辑界面中按右侧软键〖型腔〗，再按软键〖圆形腔〗，在弹出的"圆形腔"对话框中输入如图 8-29 所示参数，生成 POCKET4 循环指令程序段。

7）编写钻孔加工工艺准备指令。

```
T = "DRILL6"             ; φ6mm 麻花钻头
M06
G90 G0 G54 X0 Y0         ; 钻孔工艺准备指令
D1 Z100 S950 M3
MSG（"钻孔"）              ; 屏幕信息区提示内容
```

8）编写钻削矩形凸台平面 4×φ8mm 孔程序。根据图样分析，矩形凸台上面的四个孔为正向分布，符合框架位置模式的尺寸标注形式。先使用带位置模式的浅孔钻削循环指令（CYCLE82），再使用框架位置模式钻孔循环指令（CYCLE801），编写矩形凸台平面 4×φ8mm 孔钻削加工程序，指令参数如图 8-30 所示。其后，需要在一个单独程序段内写入取消模式状态指令。

9）编写钻削圆形腔底面 6×ϕ6mm 圆周分布孔程序。先使用带位置模式的浅孔钻削循环指令（CYCLE82），再使用位置圆弧钻孔循环指令（HOLES2），编写圆形腔底面 6×ϕ6mm 圆周分布孔钻削加工程序，指令参数如图 8-31 所示。其后，需要在一个单独程序段内写入取消模式状态指令"MCALL"。

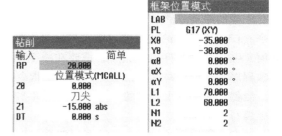

图 8-30　凸台平面钻孔循环输入界面

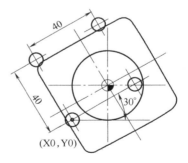

图 8-31　圆形腔底平面钻孔循环输入界面

10）编写钻削矩形腔底面 4×ϕ8mm 孔加工程序。根据图样分析，斜向放置的矩形腔由于存在 30°旋转角，其底平面内的四个孔也随其斜向摆置。如果仍然按照原图的标注尺寸和前面的编程思路，可能会编写出一个带有 30°旋转角的框架位置模式钻孔循环指令（CYCLE801）。加工后发现，出现如图 8-33 所示的孔位置情况，与图 8-32 所示的四个孔的位置不符。为什么会出现这种情况呢？编写铣削循环指令的正确使用条件是必须符合其尺寸标注形式。

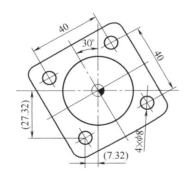

图 8-32　零件图中的四孔标注尺寸　　图 8-33　位置模式钻孔的标注尺寸形式

直接使用框架位置模式，旋转角为 30°，编写出来的循环指令加工出来的四个孔位置没有绕着编程原点发生 30°旋转。这样编写的指令钻出的孔位置是图 8-33 所表达的图形。对比图 8-33 中的四孔标注尺寸形式和图 8-32 典型位置模式钻孔的标注尺寸形式就会发现，第一个孔位坐标（X0，Y0）对应的是坐标系旋转前的基点位置（-20，-20），而不是坐标系旋转后新坐标内的位置；而且，这里的 30°角是指框架位置水平行与坐标系水平轴线的夹角，不是坐标系的旋转角。显然，这是编程者对该孔位尺寸标注不能正确理解造成的。

有读者认为这四个孔的位置是绕着编程原点旋转了30°，这个认识也不对，读者可自行分析。

正确的编程思路是，应当先编写坐标系旋转30°指令段，再使用带位置模式的浅孔钻削循环指令（CYCLE82）的位置模式格式和框架位置模式钻孔循环指令（CYCLE801）编写加工矩形腔底面4×φ8mm孔程序段。其后，需要在一个单独程序段内写入取消模式状态指令；需要在一个单独程序段内继续写入取消坐标系旋转的指令。

当然，如果四个孔位的尺寸标注为图8-32中括号内的尺寸数据，可以使用任意位置孔循环指令编写加工程序。

注意，最后完成钻削矩形腔底面四孔加工后的返回高度的位置是Z10。

11）编写全部完成加工后的工艺状态指令及程序结束指令。在编辑界面内按"重新编号"软键，

编辑完成的"LJFP_1"连接方盘零件的加工程序界面如图8-34所示。

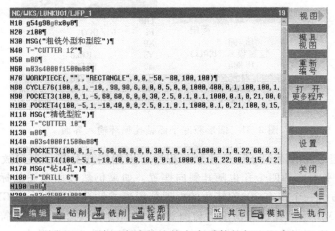

图8-34 编写完成的连接方盘零件的加工程序

8.8 五角形双层凸台零件加工示例

如图8-35所示的零件是一个双层结构的五角形双层凸台。

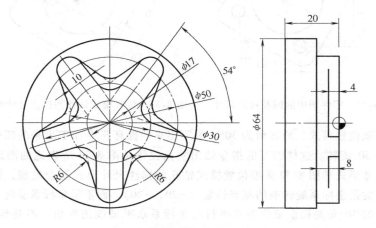

图8-35 五角形双层凸台零件

（1）零件图样分析　该零件的上层五角形凸台是由在基圆 ϕ50mm 上等间隔分布的五个 R5mm 凸形半圆、与半圆两侧相切且相距 10mm 的直线及所形成的 R6mm 过渡圆弧连接成的封闭轮廓线形成。下层五角形凸台是由在基圆 ϕ30mm 上向 R5mm 凸形半圆引切线，相邻两切线所成 R6mm 过渡圆弧及 R5mm 凸形半圆连接成的封闭轮廓线形成。可以看到，若用人工计算这个非典型五角形图形轮廓线段的基点坐标数据是一件比较费时的工作。采用导入方式生成轮廓参数数据程序块方法则是比较容易的操作。

（2）加工零件轮廓图形导入准备　由于凹形过渡圆弧半径为 R6mm，且五角形凸台轮廓外形半径约 30mm，采用直径 ϕ10mm 的圆柱立铣刀加工。

1）准备一个不保留中心线、尺寸标注线等辅助线段的 DXF 格式图形文件，并将 CAD 生成的 WJXSHT. dxf 复制到 U 盘，然后插入到数控系统面板上的 USB 插口。

2）参照 8.1.2 DXF 图形导入器的使用方法一节，做好准备工作。

第一，按照前期准备工作的步骤，建立主程序 WJXSHT. mpf。

第二，按照导入 DXF 格式文件图形的步骤，导入 WJXSHT. dxf 格式的图形，如图 8-36 所示。

第三，按照构建加工轮廓程序块的步骤，构建 WJXSHT 零件的三个加工轮廓程序块。

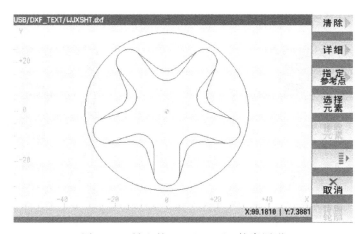

图 8-36　导入的 WJXSHT. dxf 轮廓图形

3）生成毛坯圆加工轮廓程序块的五个步骤

① 接收离下刀点较近的一个轮廓图素，使这个轮廓线段变成橙色细线段。

② 确定这个线段的蓝色端点作为这个轮廓的起点还是终点。

③ 按软键〖接收元素〗，使橙色粗线段继续行进，最终回到出发点，且橙色线段消失，一个轮廓全部接收完成。

④ 对这个轮廓转换工作进行核查。

⑤ 检查无误后，按软键〖接收〗，生成了一个命名为 "A1" 的加工轮廓程序块。

4）生成的五角形双层凸台毛坯圆加工轮廓程序块 A1 出现在 M30 指令的下面。

（3）创建下层凸台轮廓加工块　方法同上，过程从略。生成的 A2 非典型五角形上层凸台加工轮廓程序块出现在 A1 加工轮廓程序块的下面。

（4）创建上层凸台轮廓加工块　方法同上，过程从略。生成的 A3 非典型五角形上层凸台加工轮廓程序块出现在 A2 加工轮廓程序块的下面。

(5) 完成加工程序的编制 进入程序编辑界面，在已经完成的加工工艺准备指令程序段下面开始进行凸台轮廓加工程序的编写。

双层凸台轮廓的铣削加工过程采用自上向下的方法，逐层加工，先粗后精。

1) 上层凸台轮廓粗铣削加工。使用 CYCLE62 指令调用轮廓 A1 和轮廓 A3，注意调用轮廓的先后顺序。当程序指令中连续调用 2 个或多个不同的轮廓时，系统默认将调用的第 1 个轮廓定义为轮廓腔的形状，从第二个以及之后调用的轮廓视为轮廓腔里面的岛屿。这里，A3 为实际上层凸台轮廓，A1（毛坯圆轮廓）在此处定义为 A3 轮廓外的余量，然后使用 CYCLE63 指令进行凸台轮廓的切削。A3 轮廓铣削加工参数如图 8-37 所示。

提示读者：A1 加工轮廓程序块是按照图样尺寸编辑的，选择 10mm 立铣刀会留下很多余料，无法完成加工。故放弃了图样中给定的直径 ϕ64mm 的毛坯轮廓线，重新生成了直径 ϕ80mm 圆形毛坯轮廓线作为铣削边界线，编辑新的 A1 加工轮廓程序块。

生成的程序代码如下：

```
CYCLE62 ("A1", 1)
CYCLE62 ("A3", 1)
CYCLE63 ("A13", 11, 20, 0, 1, -4, 1200, 200, 50, 4, 0.15, 0, 0, 0, 0, 2, 2, 15,
1, 2,"", 1,, 0, 10101, 111)
```

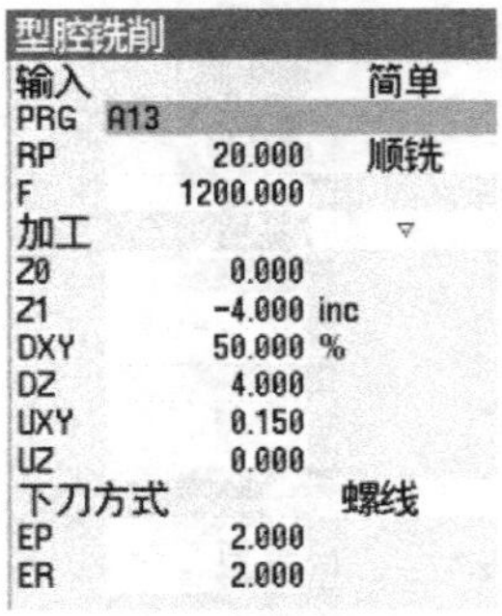

型腔铣削		
输入		简单
PRG	A13	
RP	20.000	顺铣
F	1200.000	
加工		▽
Z0	0.000	
Z1	-4.000 inc	
DXY	50.000 %	
DZ	4.000	
UXY	0.150	
UZ	0.000	
下刀方式		螺线
EP	2.000	
ER	2.000	

图 8-37　A3 轮廓粗加工参数

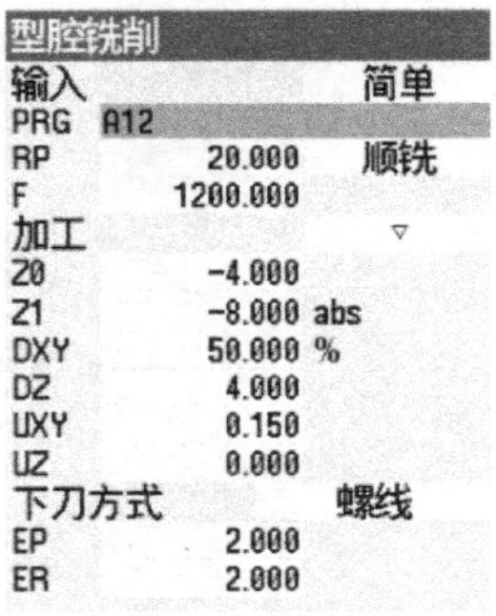

型腔铣削		
输入		简单
PRG	A12	
RP	20.000	顺铣
F	1200.000	
加工		▽
Z0	-4.000	
Z1	-8.000 abs	
DXY	50.000 %	
DZ	4.000	
UXY	0.150	
UZ	0.000	
下刀方式		螺线
EP	2.000	
ER	2.000	

图 8-38　A2 轮廓粗加工参数

2) 下层凸台轮廓粗铣削加工。使用 CYCLE62 指令调用轮廓 A1 和轮廓 A2，这里，A2 为实际下层凸台轮廓，A1（毛坯圆轮廓）在此处定义为 A2 轮廓外的余量，然后使用 CYCLE63 指令进行凸台轮廓的切削。A2 轮廓铣削加工参数如图 8-38 所示。

生成的程序代码如下：

```
CYCLE62 ("A1", 1)
CYCLE62 ("A2", 1)
CYCLE63 ("A12", 11, 20, -4, 1, -8, 1200, 200, 50, 4, 0.15, 0, 0, 0, 0, 2, 2,
15, 1, 2," ", 1,, 0, 10101, 110)
```

3) 上层凸台轮廓精铣削加工。上层凸台轮廓精加工铣削参数如图 8-39 所示。

生成的程序代码如下：

```
CYCLE62 ("A1", 1,,)
CYCLE62 ("A3", 1,,)
```

CYCLE63（"A1133"，14，20，0，1，-4，1000，200，50，4，0.15，0，0，0，0，2，2，15，1，2,""，1，0，10101，111）

4）下层凸台轮廓精铣削加工。下层凸台轮廓精加工铣削参数如图 8-40 所示。

生成的程序代码如下：

CYCLE62（"A1"，1,,）

CYCLE62（"A2"，1,,）

CYCLE63（"A1122"，4，20，-4，1，-8，1200，200，50，4，0.15，0，0，0，0，2，2，15，1，2,""，1,,0，10101，110）

型腔铣削		
输入		简单
PRG	A1133	
RP	20.000	顺铣
F	1000.000	
加工		▽▽▽边沿
Z0	0.000	
Z1	-4.000 inc	
DZ	4.000	
UXY	0.150	

图 8-39　上层凸台轮廓精加工参数

型腔铣削		
输入		简单
PRG	A1122	
RP	20.000	顺铣
F	1200.000	
加工		▽▽▽边沿
Z0	-4.000	
Z1	-8.000 abs	
DZ	4.000	
UXY	0.150	

图 8-40　下层凸台轮廓精加工参数

说明： 边沿精加工余量若填入 0，则该输入栏的背景色变为粉色，〖确认〗软键也不显示。可以按照粗加工时的余量参数输入在这里，实际的精加工是将余量视为 "0" 值的。这是因为系统要计算刀具切入工件的入刀位置，即要把精加工余量计算在内，防止刀具直接碰到带有精加工余量尺寸的工件，可以看作这是一种保护措施。我们发现，当输入 0.001mm 的数值后，界面恢复正常。

五角形双层凸台轮廓模拟加工如图 8-41 所示。

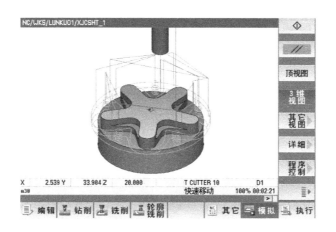

图 8-41　五角形双层凸台轮廓模拟加工

生成的五角形双层凸台加工程序如图 8-42 所示。

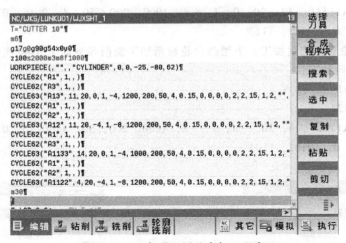

```
NC/WKS/LUNKUO1/WJXSHT_1                                    19
T="CUTTER 10"¶
m6¶
g17g0g90g54x0y0¶
z100s2000m3m8f1000¶
WORKPIECE(,"",,"CYLINDER",0,0,-25,-80,62)¶
CYCLE62("A1",1,,)¶
CYCLE62("A3",1,,)¶
CYCLE63("A13",11,20,0,1,-4,1200,200,50,4,0.15,0,0,0,0,2,2,15,1,2,"",
CYCLE62("A1",1,,)¶
CYCLE62("A2",1,,)¶
CYCLE63("A12",11,20,-4,1,-8,1200,200,50,4,0.15,0,0,0,0,2,2,15,1,2,""
CYCLE62("A1",1,,)¶
CYCLE62("A3",1,,)¶
CYCLE63("A1133",14,20,0,1,-4,1000,200,50,4,0.15,0,0,0,0,2,2,15,1,2,"
CYCLE62("A1",1,,)¶
CYCLE62("A2",1,,)¶
CYCLE63("A1122",4,20,-4,1,-8,1200,200,50,4,0.15,0,0,0,0,2,2,15,1,2,"
m30¶
```

选择刀具　合成程序块　搜索　选中　复制　粘贴　剪切

编辑　钻削　铣削　轮廓铣削　其它　模拟　执行

图 8-42　五角形双层凸台加工程序

附录 SinuTrain 仿真软件的应用

一、SinuTrain 仿真软件的特点

SinuTrain 是基于 SINUMERIK Operate 操作界面的实用数控系统培训软件（版本 2.6、4.4 以上），适用于 SINUMERIK 840D sl 和 SINUMERIK 828D 数控系统。该软件基于 SINUMERIK 数控内核，操作界面非常友好，各种操作、编程功能与控制器本身完全相同。借助该软件，用户可以在计算机上针对 SINUMERIK 控制系统的数控编程和操作进行自学、离线编程或是专业演示。

该产品的特点如下：

1）SinuTrain 的操作与真实的机床完全相同，这对于了解加工准备工作和机床的使用奠定了必要的基础。

2）支持 DIN 和 ISO 编程方式、SINUMERIK 高级指令、加工循环编程，以及 ShopMill/Shop-Turn 工步编程，是学习数控编程的理想工具。

3）集成了仿真的机床控制面板，无需配置任何额外硬件即可真实地模拟机床。

4）具有良好的程序模拟和实时模拟功能，可轻松实现高效的数控编程，确保最优的加工可靠性。

5）设计有集成的学习程序，便于自学。系统集成了在线帮助功能，无需翻阅纸质文档，只需按下帮助键，便可以查看所有的必要信息。

6）提供多种界面语言。

7）具备机床受硬件限制而无法实现的功能：驱动功能、V24 接口、批量调试、远程诊断、安全功能和 PLC 功能。

8）能够保存生成的 NC 程序，并能够在 SINUMERIK Operate 操作界面中打印程序。

1. SinuTrain 软件的安装方法

（1）计算机系统硬件要求　处理器：2GHz（单核）或更高。硬盘空间：3GB。内存：最小 1GB。培训键盘（选配）。

（2）计算机操作系统　Windows XP SP3（32 位专业版、家庭版），Windows 7（32/64 位专业版、家庭版、企业版、旗舰版）。

该软件的 60 天体验版本可以从以下网站免费下载：http://www.cnc4you.siemens.com/cms/website.php？id=/en/cnc-downloads.htm。

（3）安装步骤

1）安装该软件需要具备计算机管理员权限。如果是下载的软件安装包，请首先将其解压缩。双击可执行文件　Setup.exe Setup Siemens AG。

2）弹出安装对话框，如图 1 所示。

3）单击"Next"按钮，如图2所示。

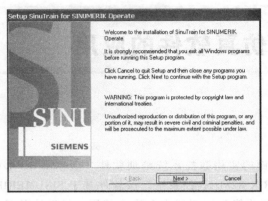

图 1   图 2

4）单击"Next"按钮，接受授权协议，如图3所示。

5）单击"Next"按钮，选择产品的语言种类，默认为英文，建议勾选中文和英文，如图4所示。安装成功后启动 SinuTrain 软件里的机床，其操作界面的语言可选中文或英文。每增加一种安装语言，需要增加约 700MB 的硬盘空间。

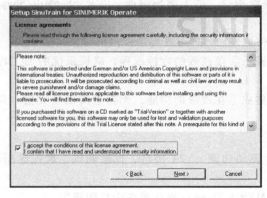

图 3   图 4

6）单击"Next"按钮，如图5所示。如果是第一次安装该软件，将默认安装3个打包软件：自动授权管理器（必装）、SinuTrain 软件（可选）、轮廓编辑器（可选），也可自由选择。单击 Next 按钮立即开始安装。待安装结束后，单击"Finish"。安装完毕出现提示是否重启计算机，退出安装界面。

7）计算机的桌面会自动生成3个快捷图标：

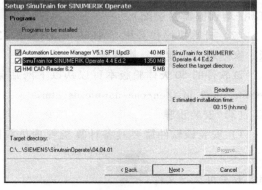

图 5

自动授权管理器、SinuTrain 软件、轮

廓编辑器。

注意：安装 4.4 版本的 ED2 后会自动重启一次计算机。

2. SinuTrain 软件的运行

安装 SinuTrain 软件后即可使用。具体操作步骤如下：

（1）运行 SinuTrain 软件

1）双击桌面的快捷图标 或单击 按钮选择程序中的 SinuTrain 软件。弹出提示框后按"启动"按钮，进入机床列表。如果不希望在每次启动 SinuTrain 时都弹出使用提示，可以勾选复选框"不再显示该提示"，如图 6 所示。

2）机床列表中提供了多个模板，包括通用型默认数据、车床、3 轴立式加工中心、3+2 轴立式加工中心，选择后可创建一个机床。

3）设置机床操作语言和分辨率。

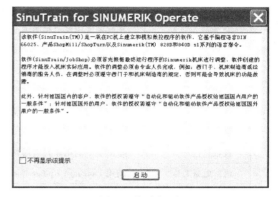

图 6　启动提示

4）选择某个机床并单击 启动，软件开始进行 Sinumerik Operate 的操作和编程应用。

（2）退出 SinuTrain 软件　单击菜单"文件"→"退出"。

注意：如果在机床正在运行时关闭 SinuTrain，机床会受控停机。如果只有 60 天体验版的授权，在启动机床时需要单击并激活该授权，激活后的 60 天内便可全方位体验 SinuTrain 软件了。

3. SinuTrain 软件的操作

（1）菜单布局（见图 7）。

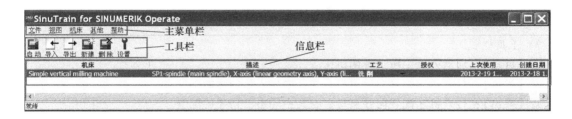

图 7　菜单布局

1）主菜单栏功能说明（见表 1）。

表 1　主菜单栏功能说明

菜单	菜 单 项	功　　　能
文件	新建...	启动机床配置向导
	删除	删除选中的 SinuTrain 机床

（续）

菜单	菜 单 项	功 能
文件	导入…	打开机床配置向导，将已经创建好的机床配置备份导入到 SinuTrain 机床列表中
	导出…	打开机床配置向导，从 SinuTrain 机床列表导出机床配置
	页面设置…	打开"页面设置"窗口，确定页边距和打印范围，并选择数控程序的显示方式
	打印	按照"页面设置"中的设置，打印 SINUMERIK Operate 编辑器中的程序
	退出	退出 SinuTrain for SINUMERIK Operate
	全屏	在此处选择窗口视图或全屏视图
视图	启动	启动在 SinuTrain 机床列表的下拉菜单中选中的机床配置
机床	重启	重新启动 SinuTrain 机床
	关闭	关闭 SinuTrain 机床。但 SinuTrain 机床列表仍保持打开
	设置…	打开"设置"窗口，设置 SINUMERIK Operate 界面的语言和分辨率
	检查授权	检查选中的 SinuTrain 机床是否有充分的授权
	授权信息…	指出选中的机床具有哪些授权
	语言更新工具	调用 Language Update Tool
其他	机床配置工具	调用 SinuTrain for SINUMERIK Operate Machine Configuration Tool
	检查所有授权	检查机床列表中的所有机床配置是否具有授权
	选项…	修改 SinuTrain 界面的语言
	提示信息	激活或关闭 SinuTrain for SINUMERIK Operate 中的提示信息，例如"在删除 SinuTrain 机床时的数据丢失"
	帮助主题	打开 SinuTrain for SINUMERIK Operate 的在线帮助内容
帮助	工具	打开 SinuTrain for SINUMERIK Operate Machine Configuration Tool 的在线帮助内容
		只有在安装了 SinuTrain for SINUMERIK Operate Machine Configuration Tool 后才显示该项
	关于…	打开"关于 SinuTrain for SINUMERIK Operate"的窗口，其中指出了安装的 SinuTrain for SINUMERIK Operate 的版本。在"已安装的工具"中指出了所有安装的插件的版本，例如 SinuTrain for SINUMERIK Operate Machine Configuraion Tool 的版本
		单击"高级…"按钮，打开一个包含所有安装组件版本的对话框

2）工具栏

①【启动】：启动列表中所选择的机床。

②【导入】：打开机床配置向导窗口，在其中导入已创建的配置。

③【导出】：打开机床配置向导窗口，在其中导出已创建的配置。

④【新建】：打开机床配置向导。

⑤【删除】：删除选中的机床配置。

⑥【设置】：打开"设置"窗口，在其中设置名称、语言和 SINUMERIK Operate 界面的分辨率。

3）信息栏　信息栏显示所有已创建的机床并包含以下信息：

①机床：机床名称，配置时在第三步的"常规"中设置的名称。

②描述：机床的简要说明，配置时在第三步的"常规"下输入的信息。

③工艺：显示机床的属性，取决于所选择的默认配置，分为通用工艺、车削工艺、铣削

工艺。

④ 授权：显示机床的授权状态，分为以下几种：

a. 绿色勾 ✔：有完整授权。

b. 红色叉 ✖：无有效的授权。

c. 黄色时钟 🕐：有有效的测试授权。

d. 黑色短线 ▬：授权状态不明。

⑤ 上次使用：显示机床上次关机时的时间。

⑥ 创建日期：显示机床被创建的时间。

启动机床后，SinuTrain 软件应用界面如图 8 所示。

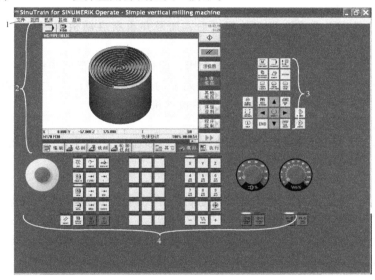

图 8　SinuTrain 软件应用界面

1—SinuTrain 菜单　2—SINUMERIK Operate 操作界面　3—操作面板的操作单元
4—带有进给倍率和主轴倍率的机床控制面板

（2）更改 SinuTrain 的语言　可以更改 SinuTrain 操作界面的语言。安装时选择的语言种类会全部显示。

操作步骤：选择菜单"其他"→"设置"→"语言"。

> 说明：在 SINUMERIK Operate 的操作界面中还可以使用组合按键【Ctrl】+【L】切换语言，如图 9 所示。

（3）更改屏幕视图

1）窗口视图　可以对 SinuTrain 窗口进行移动、最小化、最大化以及还原。如果在显示时屏幕不够大，会在下方或侧面显示出一个滚动条。

2）全屏　在屏幕上只能看到 SinuTrain SINUMERIK Operate。建议在进行专业演示时采用全

图 9　更改软件的语言

屏显示方式。

（4）启动和关闭机床模板 打开 SinuTrain 的机床列表，在选择列表中选择所需的机床。单击工具栏中的【启动】，或选择菜单"文件"→"机床"→"启动"。

1）打开虚拟机床，其中包含了操作面板、SINUMERIK Operate 操作界面、机床控制面板 MCP（含进给倍率开关和主轴倍率开关）和数控键盘。可以借助鼠标、标准键盘或 USB 教学键盘来操控 SINUMERIK Operate 界面。

在使用 SINUMERIK Operate 界面的过程中按【HELP】或【F12】键，可显示关于 SINUMERIK Operate 窗口和输入屏幕的在线帮助。

2）关闭机床。如果要退出当前的机床配置，可菜单"文件"→"机床"→"关闭"。然后重新返回 SinuTrain 机床列表。

3）重新启动机床。在修改机床数据之后，如果要重新启动机床配置，可单击菜单"文件"→"机床"→"重新启动"。

（5）新建一台机床 可以采用模板新建机床，前提是提供了车床和铣床的标准配置；采用已有机床配置新建机床，前提是 SinuTrain 机床列表的选择列表中已有之前所创建的机床配置；采用导入机床配置新建机床，前提是由导入和修改的机床配置。

1）采用模板创建机床

① 单击工具栏中的【新建】，打开"机床配置向导程序"对话框。"采用模板新建机床配置"选项被激活，如图 10 所示。

② 单击"下一步"按钮。

③ 在"机床配置向导程序"对话框的"机床选择"项中选择需要的机床属性，如图 11 所示。

④ 单击"下一步"按钮。

⑤ 在"机床配置向导程序"中的设置项中对常规、语言和分辨率进行设置，如图 12 所示。

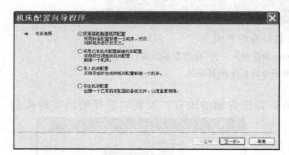

图 10 "机床配置向导程序"对话框

图 11 机床选择项

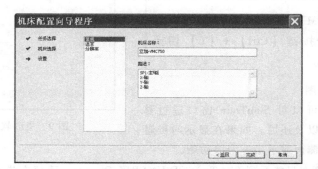

图 12 SinuTrain 软件机床设置

⑥ 单击"完成"按钮，新建的机床即被添加到机床配置列表中。

2）采用已有机床配置创建机床

① 单击工具栏中的【新建】。

② 在"机床配置向导程序"对话框中选择"采用已有机床配置新建机床配置"。

③ 单击"下一步"按钮。

④ 在"机床配置向导程序"对话框的"机床选择"项中选择需要的机床并修改需要的设置。其余步骤类同。

3）采用导入机床配置创建机床　前提条件是导出了作为备份或工作起点的机床配置。

① 单击工具栏中的【导入】。

② 在"机床配置向导程序"对话框中选择"导入机床配置"，单击"下一步"按钮。

③ 单击"..."，打开保存已导出配置的文件目录，选择机床配置文件（∗.set），并单击"打开"重新返回到"机床配置向导程序"对话框中。输入保存路径，单击按钮"下一步"按钮。

④ 在"机床配置向导程序"对话框中修改需要的设置并完成配置。其余步骤类同。

（6）删除一台机床　如果不再需要某个机床配置时，可以将它删除，操作步骤如下：

1）选择一个需要删除的机床配置。

2）单击工具栏中的【删除】，或单击菜单"文件"→"删除"。

3）单击"确认"，弹出数据丢失的提示信息，在接着弹出的询问对话框中单击"是"按钮，删除机床。

> **注意：** 带有用户数据的 SinuTrain 机床在删除一台机床后，所有的用户数据都将丢失，如数控程序、零点偏移等，被删机床的数据无法再次恢复。
>
> 如果不希望在每次删除机床时都弹出数据丢失提示，可以勾选复选框"不再显示该提示"来关闭。

（7）导出一个机床配置　可以将配置好的机床导出用于备份。所导出的机床配置可作为日后机床配置的工作起点或作为备份使用。

导出机床配置可以实现在两台计算机之间交换数据或者向以后新版本的 SinuTrain 中导入数据。

> **说明：** "导出机床配置"功能不用于 BASIC 型 828D。

操作步骤如下，SinuTrain 机床列表打开后，利用模板创建了机床。单击工具栏中的【导出】。

1）打开"机床配置向导"对话框，从中选择任务。勾选"导出机床配置"复选框。

2）单击按钮"下一步"按钮。

3）在"机床配置向导程序"对话框的"机床选择"项中选择需要的机床，并单击"下一步"按钮。

4）在"机床配置向导程序"对话框中单击"..."，打开"另存为"对话框。

5）选择需要的保存位置并单击"保存"按钮。

6）单击"完成"按钮，机床配置文件即被保存。该文件可以随时再次导入。

（8）更改机床设置　可以对机床的以下设置进行修改：

1）常规　机床名称及其描述。

2）语言 机床界面语言有德语、英语、法语、西班牙语、意大利语和简体中文，只能切换到已安装的语言。如果曾经通过 Language Update Tool 安装了特殊语言包，也会显示该特殊语言界面。

3）分辨率 机床界面的分辨率支持"640×480""800×600"或"1024×768"。

> 说明：SINUMERIK 828D BASIC 型的分辨率只有"640×480"一个选项。

更改机床设置的操作步骤如下：

1）在 SinuTrain 机床列表中选择需要修改的机床配置。

2）单击工具栏中的【设置】。

3）在左侧的选择窗口中选择需要的设置选项并输入新的名称或简要说明，选择需要的语言或确定 SINUMERIK Operate 操作界面的分辨率。

4）单击"确认"按钮完成更改。

（9）打印导出一个加工程序 可以直接在 SINUMERIK Operate 的操作界面中通过 SinuTrain 打印文本文件的内容，如 NC 程序。在"页面设置"对话框中可以设置打印版式和确定 NC 程序的打印范围。

> 说明："打印程序"功能不适用于 BASIC 型 828D。

在"页面设置"对话框中可以设置打印版式和确定 NC 程序的打印范围，见表 2。

表 2 页面设置及作用

设　置		作　用
页边距		设置打印时的页边距，确定上、下、左、右边与对应行之间的间距，单位为 mm
打印范围	全部	打印全部的 NC 程序
	行	打印其中的几行 NC 程序
	已选择区域	只打印在编辑器中所选中部分的 NC 程序
展开程序块		当使用到程序块时，程序块中的程序语句也会被打印出来
循环作为 G 代码打印		工步程序（ShopMill/ShopTurn）会作为 G 代码打印出来

操作步骤如下：

1）在程序管理器的存储目录中选择需要打印的程序。

2）将光标定位到该程序上并单击"打开"，程序便在编辑器中打开。

3）单击菜单"文件"→"页面设置"。

4）在"页面设置"对话框中输入页边距，确定打印范围及显示方式，并单击"确认"按钮，以确认输入。

5）选择菜单"文件"→"打印"，带有有效默认打印机（本地打印机、网络打印机）的"打印"对话框。

6）单击"打印"。根据所确定的打印范围来打印整个程序、具体行数的程序或所选中范围的程序。

（10）组合键及其功能（见表 3）

表 3　组合键及其功能

组　合　键	功　能	组　合　键	功　能
<F1>…<F8>	水平软键1~8	<Insert>	INSERT
Shift+<F1>…<F8>	垂直软键1~8	数字区<5>	SELECT
<F9>	∧	<Esc>	ALARM CANCEL
Shift+<F9>	>	<Ctrl>+<Alt>+<Shift>+<1>	JOG
<F10>	MENU SELECT	<Ctrl>+<Alt>+<Shift>+<2>	EXIT（只在教学键盘上）
Shift+<F10>	MACHINE	<Ctrl>+<Alt>+<Shift>+<3>	RESET
<F11>	1…n CHANNEL	<Ctrl>+<Alt>+<Shift>+<4>	CYCLE START
<F12>	HELP	<Ctrl>+<Alt>+<Shift>+<5>	CYCLE STOP
<Page Up>	PAGE UP	<Ctrl>+<Alt>+<Shift>+<6>	MDA
<Page Down>	PAGE DOWN	<Ctrl>+<Alt>+<Shift>+<7>	SINGLE BLOCK
<Enter>	INPUT		

　　SinuTrain 键盘是用于 SinuTrain 系统的，它简化了 SinuTrain 软件的操作，并且在计算机上便可熟悉控制系统真实按键的使用方法。

　　1）键盘使用 USB 数据线和 USB 接口来连接。

　　2）键盘可以同时用于计算机键盘和鼠标。

　　3）若要使用 SinuTrain 键盘的所有按键，在计算机上必须具有英文字符集。

　　4）数字区按键必须关闭，否则教学键盘的一些按键会不起作用。

　　说明：SinuTrain USB 教学键盘不能连接在 SINUMERIK 控制系统上。

二、通信软件 RCS Commander 的使用

1. RCS Commander 通信软件的安装方法

　　1）双击安装文件，开始进入安装步骤。

2）首先选择安装语言，只有英文和德文两种语言可选，并单击"OK"按钮确认，如图13所示。

3）进入安装界面，单击"Next"按钮进入下一步骤，如图14所示。

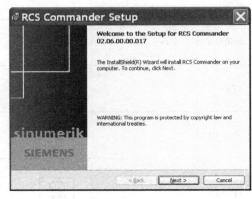

图 13 图 14

4）选择接受授权协议，并单击"Next"按钮进入下一步，如图15所示。

5）如果希望更改安装路径，可单击"Change..."按钮选择软件的目标安装路径，并单击"Next"按钮进入下一步，如图16所示。

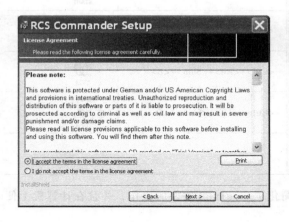

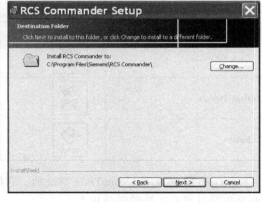

图 15 图 16

6）单击"Install"按钮开始软件安装，如图17所示。

7）安装结束，单击"Finish"按钮确认完成安装，如图18所示。

8）在桌面生成快捷图标，可双击该图标启动RCS Commander通信软件。

2. RCS Commander通信软件的连接和应用方法

1）推荐使用系统的X127接口，X127接口是DHCP服务器，其固定的IP地址是192.168.215.1。因此，将计算机的IP设置为自动获取即可，如图19所示。

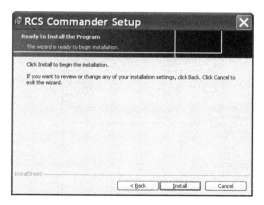 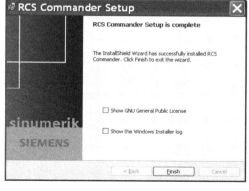

图 17　　　　　　　　　　　　　图 18

 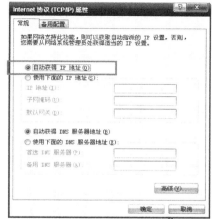

图 19　设置计算机 IP 地址

2）双击计算机桌面的图标 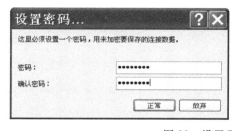，启动 RCS Commander 通信软件。

3）初次启动该软件需要设置密码来加密保存的连接，推荐输入 "SUNRISE"。使用默认的 X127 直接连接，其 IP 地址是 192.168.215.1，如图 20 所示。

图 20　设置登录密码

4）首次连接需要认证。登录选择制造商，设置密码 "CUSTOMER"，然后保存认证，单击 "正常" 按钮即可。连接完成，可以读取系统 CF 卡上的信息了，如图 21 所示。

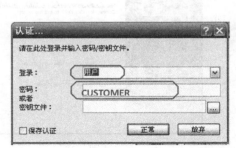

图 21　登录设置及通信界面

5) 将计算机中需要复制到机床的程序（∗.MPF）拖拽到"NC 数据 \ MPF"文件夹中。

注意：计算机中存放加工程序的文件夹名字不能为中文，否则会出现故障。